# 大数据开发

# 面试笔试精讲

## 在线真题实训视频版

郑萌◎编著

清華大学出版社

北 京

## 内容简介

本书围绕大数据开发的相关技术，以大数据开发的基本要求为纲，以企业在笔试和面试中的试题为核心，从企业考核的角度组织内容，并对这些试题加上了详细的分析说明，以考促学。本书既包括 Java、Python 等基础编程知识，又涵盖 Hadoop、Hive/HBase、Tushare、NumPy、Pandas、Matplotlib 等大数据开发关的技术。全书分为 4 篇 14 章，第 1 篇为 Java 编程，第 2 篇为 Python 编程，第 3 篇为大数据开发，第 4 篇为数据分析与可视化。本书还配有大量的视频讲解，方便读者进一步学习。

本书适合读者在学习过程中进行自测，也适合读者在应聘之前进行有针对性的复习。本书对大数据相关的重要知识点都有详细的讲解，并配备了完整的从知识到实践的学习视频，也适合作为系统学习的材料。



**图书在版编目（CIP）数据**

Offer 来敲门：大数据开发面试笔试精讲：在线真题实训视频版 / 郑萌编著 . —北京：清华大学出版社，2022.6

ISBN 978-7-302-60752-6

Ⅰ . ① O… Ⅱ . ①郑… Ⅲ . ①数据处理 Ⅳ . ① TP274

中国版本图书馆 CIP 数据核字 (2022) 第 076926 号

**责任编辑：**袁金敏
**封面设计：**杨纳纳
**责任校对：**徐俊伟
**责任印制：**丛怀宇
**出版发行：**清华大学出版社
**网　　址：**http://www.tup.com.cn，http://www.wqbook.com
**地　　址：**北京清华大学学研大厦 A 座　　**邮　　编：**100084
**社 总 机：**010-83470000　　**邮　　购：**010-62786544
**投稿与读者服务：**010-62776969，c-service@tup.tsinghua.edu.cn
**质 量 反 馈：**010-62772015，zhiliang@tup.tsinghua.edu.cn
**印 装 者：**三河市天利华印刷装订有限公司
**经　　销：**全国新华书店
**开　　本：**190mm × 235mm　　**印　　张：**17.5　　**字　　数：**412 千字
**版　　次：**2022 年 8 月第 1 版　　**印　　次：**2022 年 8 月第 1 次印刷
**定　　价：**89.00 元

---

产品编号：097700-01

# 前 言

Preface

## 本书的编写目的

目前，大数据和人工智能是IT行业中最热门的两个细分领域，行业的火热也带来了大量的用人需求，相关人员的薪资待遇也鹤立鸡群于所有的开发岗位中。因为大数据开发的相关技术比较新且还在不断发展中，所以对于人才的技能要求也比较高，在招聘中，通常会要求候选人通过比较严格的笔试和面试。

猿圈作为专业的测评机构，自2014年成立以来，已经为大量企业测试了几十万的专业人才，并在此过程中积累了大量的用人需求和测评试题。为了给想进入这个行业的开发人员提供更好的帮助，我们编写了本书，试图从企业招聘的角度为读者提供帮助。

## 本书结构

本书共分为4篇14章，涵盖了大数据开发从基础到实践的各部分内容，具体结构如下图所示。

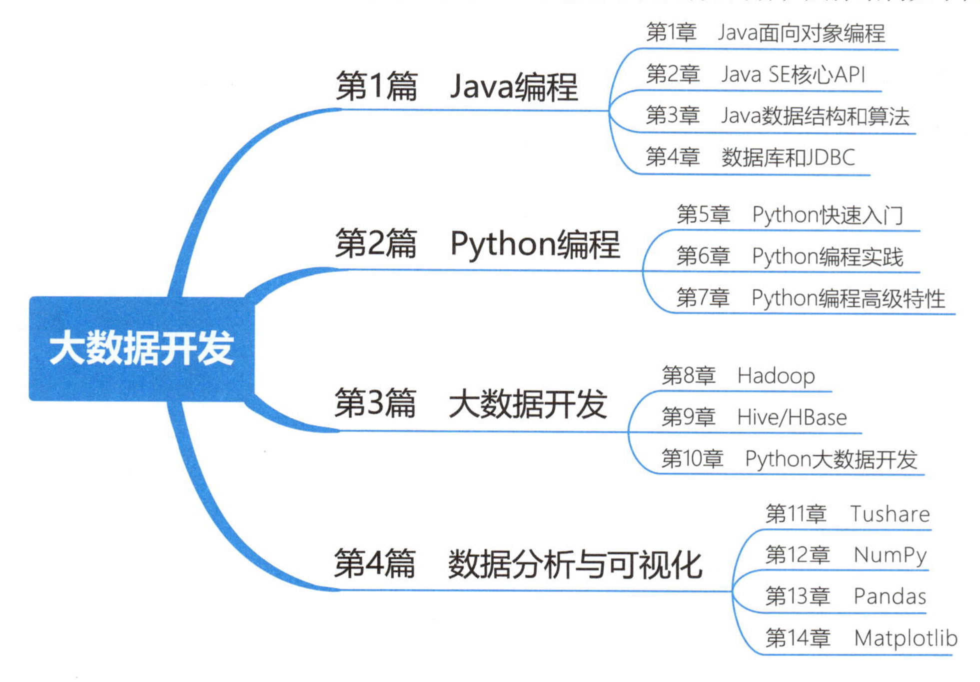

## 本书特色

本书具备以下特色。

**1. 专门围绕一类岗位笔试和面试真题编写**

这是专门针对大数据开发笔试和面试的真题教材，方便读者了解企业招聘大数据开发人员时的关注重点。

**2. 大量来自于企业的笔试和面试真题**

本书的试题很多来自于企业招聘时的真题。这些真题反映了企业对大数据开发人员的要求，读者可以通过本书掌握这些知识和技能。

**3. 涵盖面广**

本书涵盖从 Java、Python 等基础开发语言到大数据开发及数据可视化实战的相关技术，涉及的知识点非常广泛和全面。

**4. 配套学习视频**

本书主要围绕知识点来组织内容。为了让读者更好地掌握相关的内容，尤其是偏向于动手实践的内容，我们给本书配备了 300 多节课的视频，作为本书的有力补充，读者可扫描本书封底二维码进行观看。

## 本书配套视频资源使用提示

本书的内容脉络和视频基本一致，但视频不是本书内容的重复，而是对书本内容的补充。本书着重于知识点的讲解，而视频着眼于实践。建议读者在读完一章之后，再查看视频内容，或者反之，先看完一章视频内容后，通过本书中的试题进行自测，并通过试题之后的解释进一步巩固所学知识。

作者

2022 年 4 月

# 目 录

Contents

## 第 1 篇 Java 编程

## 第 3 篇　大数据开发

# 第1篇 Java编程

# 第1章 Java 面向对象编程

内容导读

Java 是一种面向对象语言，本章重点考查面向对象的基本概念，通过掌握一门面向对象语言的语法，熟悉面向对象的设计原则，通过熟悉面向对象设计模式来学习面向对象思想，建立面向对象的思维方式。本章应重点掌握类的定义与组成结构（属性、方法），多态的多种形式，类与对象的关系，构造方法的使用、重写与调用的逻辑，内部类、抽象类、接口等相关概念的定义、特征、常用方法，以及基于 Java 语言背景的常用语法。

## 1.1 类和对象

本节主要考查类和对象的基本概念、联系，要求理解修饰符的使用与区别，构造方法与匿名方法（Lambda）的概念、特征，基于 Java 语言的常用语法与逻辑，熟练掌握对象的内存分配。

### 1.1.1 类和对象概述

本节主要考查类和对象的定义、组成结构（属性、方法）与面向对象的特点，类与对象的关系，要求理解类和对象的定义格式，抽象类的定义、特征、常用方法，以及基于 Java 语言背景的常用语法。

1. 面向对象程序设计语言不同于其他语言的主要特点不包括（　　）。

A. 继承性　　B. 消息传递
C. 多态性　　D. 封装性

解释: 注意题目要求是“不包括”。面向对象程序设计语言的特点是继承、多态与封装。

答案: B

2. 关于一个类的静态成员的描述，下列不正确的是（　　）。

A. 该类的对象共享其静态成员变量的值
B. 静态成员变量可被该类的所有方法访问
C. 该类的静态方法只能访问该类的静态成员变量
D. 该类的静态成员变量的值不可修改

解释: 类的静态成员与类直接相关，与对象无关。在一个类的所有实例之间共享同一个静态成员变量，A 选项正确。

非静态成员方法中可以调用静态成员变量，B 选项正确。

静态成员方法中不能调用非静态成员变量，C 选项正确。

常量成员不能修改，静态成员变量必须初始化，但可以修改，D 选项错误。

答案: D

3. 关于 Java 抽象类的说法中，正确的是（　　）。

A. 某个抽象类的父类是抽象类，则这个子类必须重载父类的所有抽象方法
B. 可以用抽象类直接实例化创建对象
C. 接口和抽象类是同一回事
D. 一个类只能继承一个抽象类

解释: 非抽象类继承抽象类，必须将抽象类中的方法重写，否则需将方法再次声明为抽象，A 选项错误。这个方法还可再次声明为抽象，而不用重写。重载是在同一个类中，重写、覆盖才是在父子类中。抽象类无法实例化，无法创建对象，B 选项错误。抽象类可以没有抽象方法，接口是完全的抽象，只能出现抽象方法，C 选项错误。因为类是单继承的，类继承了一个抽象类以后，不能再继承其他类，D 选项正确。

答案: D

4. 下述概念中不属于面向对象方法的是（　　）。

A. 对象、消息　　B. 继承、多态
C. 类、封装　　D. 过程调用

解释: 对象、消息、继承、多态、类、封装都是面向对象方法中的概念。过程调用属于面向过程方法，通过调用方法来实现。

答案: D

5. 下列关于变量作用域的描述中，不正确的一项是（　　）。

A. 变量属性是用来描述变量作用域的

B. 局部变量作用域只能是它所在方法的代码段

C. 类变量能在类的方法中声明

D. 类变量的作用域是整个类

解释：类变量在类中声明，作用域是整个类，它不能在类的方法中声明。局部变量在类的方法中声明，作用域只能是它所在方法的代码段。

答案：C

6. 下列关于 Java 的说法正确的是（　　）。

A. Java 中的类可以有多个直接父类

B. 抽象类不能有子类

C. 最终类可以作为其他类的父类

D. Java 中的接口支持多继承

解释：在 Java 中，接口支持多继承，所以 D 选项正确。Java 语言只允许类间有单继承关系，所以 A 选项错误。抽象类是专门为其他类继承而定义的，所以 B 选项错误。用 final 声明一个类后，这个类不能被其他类继承，所以 C 选项错误。

答案：D

7. 下列叙述正确的是（　　）。（2017 年，美图）

A. abstract 修饰符可以修饰字段、方法和类

B. 抽象方法的方法体（body）部分必须用一对大括号（{}）括起来

C. 声明抽象方法时，大括号可有可无

D. 声明抽象方法时不可以写出大括号

解释：abstract 修饰符用来修饰类和成员方法。

（1）用 abstract 修饰的类是抽象类，抽象类不能被实例化。

（2）用 abstract 修饰的方法是抽象方法，抽象方法没有方法体。抽象方法用来描述系统具有什么功能，但不提供具体的实现。

一个类中只要有一个 abstract 方法，这个类就要被声明为 abstract，但是其中可以有非 abstract 方法。abstract 类使类的设计者能够创建方法的原型，而真正的实现留给使用这个类的人。D 选项正确。

答案：D

8. 以下关于类的叙述正确的是（　　）。

A. 在类中定义的变量称为类的成员变量，在其他类中可以直接使用

B. 局部变量的作用范围仅仅在定义它的方法内，或者在定义它的控制流块中

C. 使用其他类的方法仅仅需要引用方法的名字即可

D. 只要没有定义不带参数的构造方法，JVM 都会为类生成一个默认的构造方法

解释：A 选项，类的成员变量在其他类中不可以使用。C 选项，通过类的对象引用方法的名字。D 选项，只要没有定义任何构造方法，JVM（Java 虚拟机）都会为类生成一个默认的构造方法。

答案：B

9. 程序文件名必须与公共外部类的名称完全一致（包括大小写）。（　　）（2017 年，德邦）

解释：一个 Java 文件中可以有多个类，但是只能有一个公共外部类，并且类名必须和 .java 文件名相同。

答案：正确

10. 有关类和对象的说法，不正确的是（　　）。（2018 年，广联达）

A. 对象是类的实例

B. 一个类只有一个对象

C. 任何一个对象只能属于一个类

D. 类与对象的关系和数据与变量的关系相似

解释：一个类可以有很多个对象。

答案：B

11. 对象 A a = new A() 和 B b = new B()，如果 a.equals(b) == true，以下选项正确的有(　　)。(2015 年，恒生)

A. a==b

B. a!=b

C. a.hashCode()==b.hashCode()

D. a.hashCode()!=b.hashCode()

解释：a、b 两者是对象，a.equals(b) == true 表示 a、b 的内容相同，但不代表 a 和 b 指向的是堆中的同一个对象。内容相同时，只表示哈希码相同。所以选择 B、C 选项。

对于基本类型，“==”是对比值的大小。

对于引用类型，“==”是对比地址是否相同。

如果 a 和 b 都是对象，则前者是比较两个对象的引用，只有当 a 和 b 指向的是堆中的同一个对象，才会返回 true，而 a.equals(b) 是进行逻辑比较，当内容相同时返回 true。

答案：BC

12. 在 Java 语言中，如果“xyz”没有被创建过，则 String s =new String("xyz") 创建了(　　)个 String object。(2017 年，腾讯)

A. 1　　B. 2　　C. 3　　D. 4

解释：如果题目不对“xyz”对象要求是否被创建过，则答案应是 2 个或 1 个。“xyz”对应一个对象，这个对象放在字符串常量缓冲区中，常量“xyz”不管出现多少遍，都是缓冲区中的那一个。new String() 每执行一遍，就创建一个新的对象，它依据常量“xyz”对象的内容创建一个新的 String 对象。如果以前就用过(创建过)“xyz”，就代表不会创建“xyz”自己了，直接从缓冲区获取。该题目对“xyz”要求“没有被创建过”，所以答案应该是 2 个。

答案：B

## 1.1.2 构造方法

构造方法又称为构造器、构造函数，它是类构造对象时调用的方法，用于对象的初始化。在实际的开发中，初始化对象时会传递不同的参数，因此需要在一个类中定义多个构造方法，即进行构造方法重载。本节主要考核构造器的基础理解与使用，多态的多种形式，类与对象的关系，以及构造方法的使用、重写与调用逻辑。

1. 以下关于构造方法的描述，错误的是(　　)。

A. 构造方法的返回类型只能是 void 型

B. 构造方法是类的一种特殊方法，它的方法名必须与类名相同

C. 构造方法的主要作用是完成对类的对象的初始化

D. 在创建新对象时，系统一般会自动调用构造方法

解释：构造方法主要用于在类的对象创建时定义初始化的状态。它没有返回值，也不能用 void 修饰。

答案：A

2. 下列关于构造方法的叙述中，错误的是(　　)。

A. Java 语言规定构造方法名与类名必须相同

B. Java 语言规定构造方法没有返回值，但不用 void 声明

C. Java 语言规定构造方法不可以重载

D. Java 语言规定构造方法只能通过 new 自动调用

解释：构造方法可以重载，但不可以重写。

答案：C

3. 在没有为类定义任何构造方法时，Java 编译器会自动建立一个（　　）的构造方法。

A. 不带参数　　B. 带一个参数

C. 带多个参数　　D. 默认参数

解释：本题考查对默认构造方法的理解。要熟记构造方法的几个特点：①构造方法用来初始化类的一个对象；②构造方法具有和类一样的名称，并且没有返回类型，还可以重载；③只能用运算符 new 调用构造方法；④如果没有定义构造方法，在 Java 运行时，系统会自动提供默认的构造方法，它没有任何参数。

答案：A

4. 下列代码的输出结果是（　　）。

```
class C {
    C() {
        System.out.print("C");
    }
}
class A {
    C c = new C();
    A() {
        this("A");
        System.out.print("A");
    }
    A(String s) {
        System.out.print(s);
    }
}
class Test extends A {
    Test() {
        super("B");
        System.out.print("B");
    }
    public static voidmain(String[] args) {
        new Test();
    }
}
```

A. BB　　B. CBB

C. BAB　　D. 以上都不对

解释：对象的初始化过程如下。

（1）初始化父类中的静态成员变量和静态代码块，按照在程序中出现的顺序初始化。

（2）初始化子类中的静态成员变量和静态代码块，按照在程序中出现的顺序初始化。

（3）初始化父类的普通成员变量和代码块，执行父类的构造方法。

（4）初始化子类的普通成员变量和代码块，执行子类的构造方法。

本题中对象的初始化，其步骤如下。

（1）初始化父类的普通成员变量和代码块，执行 C c=new C()，输出 C。

（2）super("B") 表示调用父类的构造方法，不调用父类的无参构造方法，输出 B。

（3）执行 System.out.print("B")，所以输出 CBB。

答案：B

5. 下列关于构造方法的描述正确的是（　　）。

A. 构造方法可以声明返回类型

B. 构造方法不可以用 private 修饰

C. 构造方法的方法名必须与类名相同

D. 构造方法不能带参数

解释：A 选项，构造方法不能返回值；B 选项，可以用 private 修饰，单例模式就是使用 private 来修饰构造方法的；D 选项，构造方法添加参数是可以的，这就是重载构造方法。C 选项是对的。

答案：C

6. 下面代码的运行结果是（　　）。

```
class B extends Object {
    static {
        System.out.println("Load B");
    }
```

```
    Public B() {
    }
}
class A extends B {
    static {
        System.out.println("Load A");
    }
    Public A() {
        System.out.println("Create A");
    }
}
public class Testclass {
    public static void main(String[] args) {
        new A();
    }
}
```

A. Load B –>Create B–>Load A –> Create A

B. Load B –> Load A –>Create B –>Create A

C. Load B –> Create B–> Create A –> Load A

D. Create B –>Create A –>Load B –>Load A

解释：初始化块在构造器执行之前执行，类初始化阶段先执行最顶层父类的静态初始化块，依次向下执行，最后执行当前类的静态初始化块；创建对象时，先调用顶层父类的构造方法，依次向下执行，最后调用本类的构造方法。

答案：B

7. 下列说法正确的有(　　)。(2016 年，京东)

A. 构造方法的方法名必须与类名相同

B. 构造方法没有返回值，但可以定义为 void

C. 在子类的构造方法中调用父类的构造方法，super() 必须写在子类的构造方法的第一行，否则编译不通过

D. 一个类可以定义多个构造方法，如果在定义类时没有定义构造方法，则编译系统会自动插入一个默认的构造方法，这个构造方法不执行任何代码

解释：关于构造方法，Java 有以下规定。

（1）构造方法的名称与类名相同，没有返回值声明（包括 void）。

（2）构造方法用于初始化数据（属性）。

（3）每个类中都会有一个默认的无参的构造方法。

（4）如果类中有显式的构造方法，那么默认构造方法将无效。

（5）如果有显式的构造方法，还想保留默认构造方法，需要显式地写出来。

（6）构造方法可以有多个，但参数不一样，称为构造方法的重载。

（7）在构造方法中调用另一个构造方法，使用 this(…)，该行代码必须在第一行。

（8）构造方法之间的调用必须有出口。

（9）为对象初始化数据可以使用构造方法或 setter 方法，在通常情况下，两者都会保留。

（10）一个好的编程习惯是要保留默认的构造方法。

（11）private Dog(){}，构造方法私有化，当需求是保证该类只有一个对象时应用（单例模式就是私有化构造器）。

答案：ACD

8. 在 Java 中，假设类 A 有构造方法 A(int a)，则在类 A 的其他构造方法中调用该构造方法，语句格式正确的是（　　）。(2017 年，凤凰网)

A. this.A(x)　　B. this(x)

C. super(x)　　D. A(x)

解释：在构造方法中调用另一个构造方法时使用 this(…)，该行代码必须在第一行。

答案：B

## 1.1.3 方法的定义

所谓方法，就是指将一段代码封装在一个结构体之中，并且这个结构体可以被开发者随时调用。本节要求重点掌握定义方法的语法、方法重载、多态的多种形式和基于 Java 语言背景的常用语法，了解方法的递归调用。

1. 以下代码输出的结果是（　　）。

```
package test;
import java.util.Date;
public class SuperTest extends Date {
    private static final long
    serialVersionUID = 1L;
    private void test() {
        System.out.println(super.
        getClass().getName());
    }
    public static void main(String[] args) {
        new SuperTest().test();
    }
}
```

A. SuperTest

B. SuperTest.class

C. test.SuperTest

D. test.SuperTest.class

解释：SuperTest 和 Date 的 getClass() 都没有覆盖，它们都是调用 Object 的 getClass()，而 Object 的 getClass() 用于返回运行时的类名。这个运行时的类就是当前类，所以 super. getClass().getName() 返回的是 test. SuperTest，与 Date 类无关。要返回 Date 类的名字需要写 super. getClass().getSuperclass()。

答案：C

2. 下面是重载基本条件的有（　　）。（2020 年，4399 游戏）

A. 参数的类型不同

B. 参数的顺序不同

C. 方法的返回值类型不同

D. 参数的个数不同

解释：重载的基本条件如下。

- 参数的类型不同。
- 参数的顺序不同。
- 参数的个数不同。

所以应该选 A、B、D 选项。

答案：ABD

3. 下列代码的输出结果是（　　）。（2017 年，美图）

```
public class Test {
    public int aMethod() {
        static int i = 0;
        i++;
        return i;
    }
    public static void main(String args[]) {
        Test test = new Test();
        test.aMethod();
        int j = test.aMethod();
        System.out.println(j);
    }
}
```

A. 0　　　B. 1

C. 2　　　D. 编译失败

解释：向方法中的局部变量 i 添加了修饰符 static，这没有任何意义，编译时系统会报错“illegal modifier for parameter i; only final is permitted”。如果想实现“统计 aMethod 调用的次数”，可以将 static int i = 0 放在类内声明静态变量，普通成员方法可以使用静态变量与成员变量。

答案：D

4. 在 Java 中，一个类可以同时定义为许多同名的方法，这些方法的形式参数个数、类型或顺序各不相同，传回的值可能各不相同，这种面向对象的特性称为（　　）。（2017 年，斐讯）

A. 隐藏　　B. 覆盖
C. 重载　　D. 无此特性

解释：该题考查的是方法重载的基本概念。方法重载是 Java 实现多态性的一种体现。Java 程序中可以在同一个类中定义多个名称相同的方法，这些方法的参数数量和类型却不完全相同，这种现象称为方法重载。

答案：C

5. 下列说法错误的有（　　）。（2015 年，恒生）

A. Java 面向对象语言中可以有单独的过程与方法存在
B. Java 面向对象语言中可以有单独的方法存在
C. Java 语言中的方法属于类中的成员（member）
D. Java 语言中的方法必定隶属某一类（对象），调用方法与过程或方法相同

解释：Java 不允许单独的方法、过程存在，需要隶属某一类，A、B 选项错误。

Java 语言中的方法属于对象的成员，而不是类的成员。不过，其中静态方法属于类的成员，C 选项错误。

答案：ABC

## 1.1.4 修饰符和静态导入

修饰符主要分为以下两类：访问修饰符和非访问修饰符。本节主要考核访问修饰符与非访问修饰符（static、final、synchronized 和 volatile 修饰符）的访问控制、特征、常用方法和基于 Java 语言的常用语法，以及 static 和 final 的常用方法。

1. 关于以下程序代码的说明，正确的是（　　）。

```
1.class HasStatic {
2.    private static int x = 100;
3.    public static void main(String args[]) {
4.        HasStatic hs1 = new HasStatic();
5.        hs1.x++;
6.        HasStatic hs2 = new HasStatic();
7.        hs2.x++;
8.        hs1 = new HasStatic();
9.        hs1.x++;
10.       HasStatic.x--;
11.       System.out.println("x="+x);
12.   }
13.}
```

A. 第 5 行不能通过编译，因为引用了私有静态变量
B. 第 10 行不能通过编译，因为 x 是私有静态变量
C. 程序通过编译，输出结果为 x=103
D. 程序通过编译，输出结果为 x=102

解释：不写在方法中的变量称为成员变量，也称为全局变量，定义了成员变量后，同一个类中的每个方法都可以使用，而不局限在单个方法中。x 这个成员变量是用 static 修饰的，所以它是一个类变量，类变量的资源共享，在第一次实例化后，x+1 后 x=101，第二次实例化 hs2.x++ 就是 101+1=102，之后的 hs1 又实例化一次，做自增操作 x=103，最后做自减操作，最终结果为 102。

答案：D

2. 若需要定义一个类域或类方法，应使用（　　）修饰符。

A. static　　B. package

C. private　　D. public

解释：类域即静态成员，类方法即静态方法。

答案：A

3. 下面程序中的类 ClassDemo 定义了一个静态变量 sum，程序的输出结果是（　　）。

```
class ClassDemo {
    public static int sum = 1;
    public ClassDemo() {
        sum = sum + 5;
    }
}
public class ClassDemoTest {
    public static void main(String args[]) {
        ClassDemodemo1 = new ClassDemo();
        ClassDemodemo2 = new ClassDemo();
        System.out.println(demo1.sum);
    }
}
```

A. 0　　B. 6　　C. 11　　D. 2

解释：sum 是静态变量，是属于类的。虽然生成了两个对象，其实都是对一个变量进行操作。在操作的过程中，加了两次 5，所以等于 11。

答案：C

4. 关于被私有访问控制符 private 修饰的成员变量，以下说法正确的是（　　）。

A. 可以被三种类引用：该类自身、与它在同一个包中的其他类、在其他包中的该类的子类

B. 可以被两种类访问和引用：该类本身、该类的所有子类

C. 只能被该类自身访问和修改

D. 只能被同一个包中的类访问

解释：对于 private 修饰的成员变量来说，只允许同一个类访问和修改，同一个包、不同包中的子类、不同包中的非子类都是不允许访问和修改的。

答案：C

5. 若在某一个类中定义如下方法：abstract void performDial()，则该方法属于（　　）。

A. 接口方法　　B. 最终方法

C. 抽象方法　　D. 空方法

解释：abstract 修饰符可以用于类、方法、属性、事件和索引指示器（indexer），表示其为抽象成员，抽象方法是没有方法体的方法。

答案：C

6. Java 接口的修饰符可以是（　　）。（忽略内部接口）

A. private　　B. protected

C. final　　D. abstract

解释：abstract、public 是可以作为修饰符的，就像类一样，可以在 interface 前面添加 public 修饰符（当然，此处仅限于该接口与其同名文件中被定义）。如果不添加 public 修饰符，则它只在同一包内可用，接口也可以包含域，但是这些域隐式地是 static 和 final。接口中的方法必须被定义为 public。

答案：D

7. 有关下述 Java 代码，描述正确的选项是（　　）。（2016 年，阿里巴巴）

```
public class TestClass {
    private static void testMethod(){
        System.out.println("testMethod");
    }
    public static void main(String[] args) {
        ((TestClass)null).testMethod();
    }
}
```

A. 编译通过，运行异常，报 IllegalArgument-Exception
B. 编译通过，运行异常，报 NoSuchMethod-Exception
C. 编译通过，运行异常，报 Exception
D. 运行正常，输出 testMethod

解　释："private static void testMethod(){...}"声明了类的静态方法。调用静态方法时，可以用"类名 . 方法名"或者"对象名 . 方法名"的形式，而"((TestClass)null).testMethod();"中 null 可以强转为任意对象，并执行对象的静态方法。

答案：D

8. 以下说法错误的有(　　)。( 2016 年，京东 )
A. final 修饰的方法不能被重载
B. final 可以修饰类、接口、抽象类、方法和属性
C. final 修饰的方法不能被重写
D. final 修饰的属性是常量，不可以修改

解释：final 关键字可以用于修饰类、方法、变量和方法参数，各有不同。

当用于修饰类时，表示该类不能被继承。修饰方法时，该方法可以被继承，但是不能被覆盖。修饰变量时，表示该变量不能改变，也就是此时该变量其实是常量。修饰方法的参数时，表示在方法中可以读取该参数，但是不能对其做修改。

答案：ABD

9. 下面程序的运行结果是(　　)。( 2015 年，恒生 )

```
class A{
    static{
        System.out.print("1");
    }
    public A(){
        System.out.print("2");
    }
}
class B extends A{
    static{
        System.out.print("a");
    }
    public B(){
        System.out.print("b");
    }
}
public class Hello{
    public static void main(String[] ars){
        A ab = new B();
        ab = new B();
    }
}
```

A. 1a2b2b　　B. 2b1a2b
C. 1abb　　D. 2b1a

解释："static { }"称为 static 代码块，也称为静态代码块，是在类中独立于类成员的 static 语句块，可以有多个，位置随意，它不在任何方法体内，JVM 加载类时会执行这些静态代码块。如果 static 代码块有多个，JVM 将按照它们在类中出现的先后顺序依次执行，每个代码块只会被执行一次。子类所有的构造方法默认调用父类的无参构造方法 ( 其实是默认省略了一行代码 super() )；省略的 super() 代码可以自行添加到构造方法的第一行 ( 必须是第一行，否则报错 )。所以上面的程序先执行"A ab = new B()"，它首先执行 A 中的静态代码块，输出 1，然后执行 B 中的静态代码块，输出 a，接着执行 A 构造器中的代码，输出 2，最后执行 B 构造器中的代码，输出 b。执行"A ab = new B()"语句后，执行"ab = new B()"。此时，不会再执行静态代码块，而是先执行 A 构造器中的代码，再执行 B 构造器中的代码，分别输出 2 和 b，所以结果是 1a2b2b。

答案：A

10. 下列说法正确的有（　　）。（2017年，完美世界）

A. 对于局部内部类，只有在方法的局部变量被标记为final或局部变量是effectively final时，内部类才能使用它们

B. 成员内部类位于外部内部，可以直接调用外部类的所有方法（静态方法和非静态方法）

C. 由于匿名内部类只能用在方法内部，所以匿名内部类的用法与局部内部类是一致的

D. 静态内部类可以访问外部类的成员变量

解释：C选项错误。匿名内部类的用法与局部内部类不一致，匿名类用在任何允许存在表达式的地方，而局部内部类用于任何允许出现局部变量的地方。

因为匿名内部类没有类名，在定义类的时候就创建了对象，所以匿名类只能创建一次对象，而局部类可以在自己的作用域内多次创建对象。

D选项错误。静态内部类不能直接访问外部类的非静态成员，但可以通过“new外部类().成员”的方式访问。

答案：AB

## 1.1.5 this关键字

this关键字可以实现属性、方法的调用，以及对对象本身的描述。this是一个灵活的关键字，没有明确地表示任何固定概念。注意重点掌握this的概念、三种用法与基于Java语言的常用语法、this与this()的区别，以及this()与super()的联系与区别。

1. 下列说法错误的有（　　）。

A. 在类方法中绝对不能调用实例方法

B. 在类方法中可用this调用本类的类方法

C. 在类方法中只能调用本类的类方法

D. 在类方法中调用本类的类方法时，可以直接调用

解释：A选项，可以在类方法中生成实例对象再调用实例方法。B选项，类方法是指类中被static修饰的方法，无this对象。C选项，类方法是可以调用其他类的static方法的。

答案：ABC

2. this代表了______的对象的引用，super表示的是当前对象的______对象。（　　）

A. 当前类　当前类

B. 当前类的父类　当前类

C. 当前类　当前类的父类

D. 以上都不正确

解释：this代表当前对象，也就是当前类的对象的引用。super代表其父类对象。

答案：C

3. 在使用super和this关键字时，以下描述正确的是（　　）。（2017年，美图）

A. 在子类构造方法中使用super()显式调用父类的构造方法，super()必须写在子类构造方法的第一行，否则编译不通过

B. super()和this()不一定要放在构造方法内的第一行

C. this()和super()可以同时出现在一个构造方法中

D. this()和super()可以在static环境中使用，包括static方法和static语句块

解释：this()和super()都要求只能放在构造方法的第一行，因此，this()和super()不可以同时出现在同一个构造方法中。

在方法中定义使用的this关键字的值是当前对象的引用。也就是说，只能用它来调用属于当前对象的方法，或者使用this处理方法中成员变量

和局部变量重名的情况。this 和 super 都无法出现在 static 修饰的方法中，static 修饰的方法是属于类的，该方法的调用者可能是一个类，而不是对象。如果使用类而不是对象来调用，则 this 就无法指向合适的对象，所以 static 修饰的方法中不能使用 this。

答案：A

4. 下列说法正确的是(　　)。(2016 年，京东)

A. 在类的一般方法中可以用 this 来调用本类的属性

B. 在类的静态方法中可以访问本类的属性

C. 在类方法中绝对不能调用实例方法

D. 在类方法中只能调用本类的类方法

解释：B 选项错误，因为 Java 中的静态方法或属性是属于类的，也就是说用类名就可访问，也可以用任何对象名访问，无论以哪种形式，访问的都是同一个内容。

C 选项，静态方法不能直接调用实例方法和变量，但可以间接调用（例如，在静态方法中创建实例，然后通过实例调用）。

D 选项，类方法可以调用外部其他类的方法。

答案：A

5. this 调用语句必须是构造方法中的第一个可执行语句。(　　)(2017 年，德邦)

解释：this() 必须是构造方法中的第一个可执行语句，用 this 调用语句并不需要。

答案：错误

### 1.1.6 Lambda 表达式

本节主要考核 Lambda 的定义、特征、常用方法和基于 Java 语言的常用语法，重点考核 Lambda 的多种语法格式。

1. 通过 Lambda 定义没有方法名的方法是(　　)。

A. 匿名方法　　B. 普通方法

C. 递归方法　　D. 内置方法

解释：本题属于记忆型知识点考查。Lambda 定义的是匿名方法。

答案：A

2. 下列选项中符合 Java 中 Lambda 表达式语法的是(　　)。

A. x–>return x+1

B. x,y–>x+y

C. x–>{x=x*2;x+1;}

D. x–>{x=x*2;return x+1;}

解释：A 选项，如果主体只有一个表达式返回值，则编译器会自动返回值，不必再使用 return。B 选项，多个参数需要用小括号括起来。C 选项，大括号需要指明表达式返回了一个数值。

Lambda 表达式的语法格式如下：

```
(parameters) -> expression
```

或

```
(parameters) ->{ statements; }
```

以下是 Lambda 表达式的重要特征。

- 可选类型声明：不需要声明参数类型，编译器可以统一识别参数值。
- 可选的参数圆括号：一个参数时无须使用小括号，但多个参数时需要使用小括号。
- 可选的大括号：如果主体只包含一个语句，就不需要使用大括号。
- 可选的返回关键字：如果主体只有一个表达式返回值，则编译器会自动返回值，大括号需要指明表达式返回了一个数值。

答案：D

3. 下列选项中不符合 Java 中 Lambda 表达式语法的是（　　）。

A. x–>x+1

B. (x,y)–>x+y

C. (num)–>{return num+1;}

D. x,y–>x+y

解释：D 选项，多个参数时需要使用小括号。

答案：D

## 1.1.7 注解

Java 注解（Annotation）又称为 Java 标注，是 JDK 5.0 新增的一种注释机制。Java 注解和 Javadoc 不同，它可以通过反射机制获取标注内容。在编译器生成类文件时，标注可以被嵌入字节码中。Java 虚拟机可以保留注释内容，在运行时可以获取注释内容。本节主要考核 Java 注解的定义、作用与逻辑，注解分类（自带注解、元注解、自定义注解）及各类型的特征，注解各类型包含的常用注解与各注解的特征，以及基于 Java 语言的常用方法。

1. 下列对注解的解释，错误的是（　　）。

A. 提示程序员：程序员可以通过反射来获取被注解标注的属性

B. 提供信息给编译器：编译器可以利用注解来探测错误和警告信息

C. 编译阶段的处理：软件工具可以利用注解信息来生成代码、Html 文档或者进行其他相应处理。

D. 运行时的处理：某些注解可以在程序运行时接受代码的提取

解释：实现获取注解标记的属性，主要包括反射与自定义注解，A 选项错误。

答案：A

2. 下列选项中不属于 JDK 自带注解的是（　　）。

A. @SuppressWarnings

B. @Deprecated

C. @Override

D. @Javadoc

解释：JDK 自带注解包括 @Override、@Deprecated、@SuppressWarnings，没有 @Javadoc 这个注解。

答案：D

3. 以下关于注解的描述正确的有（　　）。

A. 注解是 JDK 5.0 及以后版本引入的，它可以用于创建文档，跟踪代码中的依赖性，甚至执行基本编译时检查

B. Controller 是 Spring 自带注解，将一个类标为用来接收 HTTP 请求控制器

C. RequestMapping 是平台自带注解，将特定的 URL 和具体的控制器类或控制类中的方法绑定

D. ColumnResponseBody 是平台提供的注解

解释：因为 RequestMapping 和 ColumnResponseBody 不是平台自带注解，所以 C、D 选项是错误的。

Java SE 中内置三个标准注解，定义在 java.lang 中。

- @Override：修饰的方法覆盖父类的方法。
- @Deprecated：修饰已经过时的方法。
- @SuppressWarnings：用于通知 Java 编译器禁止特定的编译警告。

答案：AB

4. 下列不属于 Java 中元注解的是（　　）。

A. @Retention　　B. @Annotation

C. @Inherited　　D. @Documented

解释：Java 除了内置三种标准注解，还有如下四种元注解。

- @Target：表示该注解用于什么地方（包、类、方法等），可能的值在枚举类 ElementType 中。
- @Retention：表示在什么级别保存该注解信息。
- @Documented：将此注解包含在 Javadoc 中，代表此注解会被 Javadoc 工具提取成文档。doc 文档中的内容会因为此注解的信息内容不同而不同。相当于 @see 和 @param 等。
- @Inherited：允许子类继承父类中的注解。

答案：B

5. 下列不属于 @Retention 的值的是（　　）。

A. @RetentionPolicy.SOURCE

B. @RetentionPolicy.SYSTEM

C. @RetentionPolicy.CLASS

D. @RetentionPolicy.RUNTIME

解释：@Retention 表示在什么级别保存该注解信息。有以下可选的参数值，保存在枚举类型 RetentionPolicy 中。

- RetentionPolicy.SOURCE：注解将只保留在源代码中，编译时被编译器丢弃。
- RetentionPolicy.CLASS：注解在 class 文件中可用，但运行时会被 JVM 丢弃。
- RetentionPolicy.RUNTIME：JVM 将在运行期也保留注释，因此可以通过反射机制读取注解的信息。

答案：B

## 1.2 封装

本节主要考核封装的概念，要求掌握封装的定义与使用，重点掌握封装思想的作用与局限。

1. 在为传统面向对象语言的程序做单元测试时，经常运用反射操作 Mock 对象。反射最大限度地破坏了面向对象的（　　）特性。

A. 封装　　B. 多态

C. 继承　　D. 抽象

解释：反射破坏了代码的封装性，破坏了原有的访问修饰符的访问限制。

答案：A

2. 下列描述中不属于面向对象思想的主要特征的是（　　）。（2019 年，百度）

A. 多态性　　B. 跨平台性

C. 继承性　　D. 封装性

解释：面向对象思想的主要特征有封装性、继承性和多态性。

答案：B

## 1.3 单例

本节主要考核单例设计模式的定义、特征和基于 Java 语言的常用语法，单例设计模式的要点、优缺点，以及单例模式的使用场景。

1. 在单例模式中，两个基本要点（____、____）和单子类自己提供单例。（　　）（2017 年，爱奇艺）

A. 构造方法私有　　B. 静态工厂方法

C. 唯一实例　　D. 以上都不对

解释：单例模式的核心包括：①定义一个静态的对象，在外界访问，在内部构建；②构造方法私有化，避免外部直接通过构造方法创建多个对象。

答案：AC

2. 简述你对单例的理解。

参考答案：单例有以下两个特点。

（1）整个项目只有一个实例。

（2）这个实例在项目中的使用概率很高。

单例又分为以下两种单例。

（1）饱汉式单例（用到了静态代码块，在类load到内存时，就加载了实例）。

```
/**
 * 饱汉式单例
 */

public class SingleInstance {
    static{
        instance = new SingleInstance();
    }
    private static SingleInstance instance;
    // 将构造方法私有化，使外界无法通过构
    // 造方法获得对象
    Private SingleInstance() {
    }
    public static SingleInstance
    getInstance() {
        return instance;
    }
}
```

（2）饿汉式单例（在创建实例时，如果原来的对象为null，则重新创建一个，否则还是用已存在的实例）。

```
/**
 * 饿汉式单例
 *
 */
public class SingleInstance2 {
    private static SingleInstance2 instance2;
    private SingleInstance2(){}
    public static SingleInstance2
    getInstance2() {
        if (instance2 == null) {
            instance2 = new SingleInstance2();
        }
        return instance2;
    }
}
```

单例有以下优点。

（1）避免类的重复创建。

（2）节约内存。

（3）避免多个实例引起程序逻辑错误。

## 1.4 继承

继承是面向对象中的第二大特点，其核心的本质在于可以将父类的功能一直沿用下去。本节主要考核继承的概念、特征、常用方法和基于Java语言的常用语法，学习使用继承解决问题。继承的限制与对象的实例化过程是本节需要掌握的重点。

1. 类Test1、Test2的定义如下，将（　　）插入Test2的定义中是不合法的。

```
public class Test1 {
    public float aMethod(float a,float b)
    throws IOException
    {}
}
public class Test2 extends Test1 {
}
```

A. float aMethod(float a, float b) {}

B. public int aMethod(int a,int b)throws Exception{}

C. public float aMethod(float p,float q){}

D. public int aMethod(int a,int b)throws IOException{}

解释：子类重写了父类的方法。父类中定义的方法为 public。也就是说，子类重写这个方法时必须也为 public。当子类重写父类的方法时，访问权限不能变小，但可以变大。例如，父类的方法为 default 时，子类重写后为 public 则是正确的。

答案：A

2. 想要构造 ArrayList 类的一个实例，此类继承了 List 接口，下列（　　）方法是正确的。

A. ArrayList myList=new Object();

B. List myList=new ArrayList();

C. ArrayList myList=new List();

D. List myList=new List();

解释：A 选项的问题是，子类变量不能指向一个父类对象。ArrayList 继承了 List，而 List 是一个接口，不能实例化。

答案：B

3. 下面说法中不正确的是（　　）。

A. 一个子类对象可以接收父类对象能接收的消息

B. 当子类对象和父类对象能接收同样的消息时，它们针对消息产生的行为可能不同

C. 父类比它的子类的方法更多

D. 子类在构造方法中可以使用 super() 来调用父类的构造方法

解释：继承是从已有的类中派生出新的类，新的类能继承已有类的属性和行为，并能扩展新的能力，因此子类的方法不少于父类。

答案：C

4. 假设子类 A 继承父类 B。A a=new A()，则父类 B 的构造方法、父类 B 的静态代码块、父类 B 的非静态代码块、子类 A 的构造方法、子类 A 的静态代码块、子类 A 的非静态代码块的先后执行顺序是（　　）。

A. 父类 B 的静态代码块→父类 B 的构造方法→子类 A 的静态代码块→父类 B 的非静态代码块→子类 A 的构造方法→子类 A 的非静态代码块

B. 父类 B 的静态代码块→父类 B 的构造方法→父类 B 的非静态代码块→子类 A 的静态代码块→子类 A 的构造方法→子类 A 的非静态代码块

C. 父类 B 的静态代码块→子类 A 的静态代码块→父类 B 的非静态代码块→父类 B 的构造方法→子类 A 的非静态代码块→子类 A 的构造方法

D. 父类 B 的构造方法→父类 B 的静态代码块→父类 B 的非静态代码块→子类 A 的静态代码块→子类 A 的构造方法→子类 A 的非静态代码块

解释：当实例化子类对象时，首先要加载父类的 class 文件进内存。静态代码块是随着类的创建而执行的，所以父类的静态代码块最先被执行，子类的 class 文件再被加载，同理，静态代码块先被执行。实例化子类对象要先调用父类的构造方法，而调用父类的构造方法前，会先执行父类的非静态代码块。

答案：C

5. 建立派生类对象时，三种构造方法分别是 a（基类的构造方法）、b（成员对象的构造方法）、c（派生类的构造方法），这三种构造方法的调用顺序是（　　）。

A. a → b → c　　　B. a → c → b

C. c → a → b　　　D. c → b → a

解释：在继承中，派生类的对象调用构造方法的顺序应该是，首先调用基类的构造方法，然后是成员中的对象对应类的构造方法，最后是派生类自己的构造方法。

答案：A

6. 关键字 super 的作用有（　　）。

A. 访问父类被隐藏的成员变量

B. 调用父类中被重载的方法

C. 调用父类的构造方法

D. 以上都是

解释：super 代表父类对应的对象，可以用 super. 方法 () 调用父类中的非 private 方法（包括重载的方法），也可以用 super() 调用父类的构造器。

答案：BC

7. 以下代码运行的结果是（　　）。（2017 年，美图）

```
class Base {
    Base() {
        System.out.print("Base");
    }
}
public class Alpha extends Base {
    public static void main( String[] args ) {
        new Alpha();
        // 调用父类无参的构造方法
        new Base();
    }
}
```

A. Base 代码运行但没有输出

B. BaseBase

C. 编译失败

D. 运行时抛出异常

解释：子类所有的构造方法默认调用父类的无参构造方法（其实是默认省略了一行代码 super()，省略的 super() 代码可以自行添加到构造方法的第一行（必须是第一行，否则报错）。

答案：B

8. 以下对继承的描述错误的是(　　)。（2017 年，美图）

A. Java 中的继承允许一个子类继承多个父类

B. 父类更具有通用性，子类更具体

C. Java 中的继承存在传递性

D. 当实例化子类时会递归调用父类中的构造方法

解释：Java 不支持多继承。

答案：A

9. 以下程序的输出结果为（　　）。（2017 年，斐讯）

```
class Base{
    public Base(String s){
        System.out.print("B");
    }
}
public class Derived extends Base{
    public Derived (String s) {
        System.out.print("D");
    }
    public static void main(String[] args){
        new Derived("C");
    }
}
```

A. BD　　　　B. DB

C. C　　　　D. 编译错误

解释：如果没有自定义构造方法，会自动提供一个无参构造方法，但是一旦定义了构造方法，就不会提供无参构造方法，这时想要使用，则需要自己创建。"new Derived("C")"首先调用了Derived的自定义构造方法，在Derived的构造方法执行到方法体时，会先执行父类的无参构造方法，再继续执行Derived的构造方法。因为父类的构造方法已被自定义，因此父类不会提供无参构造方法，当Derived的构造方法想要调用父类的无参构造方法时，系统会报错。

答案：D

10. 下面两个对象的关系可以适用于面向对象中的"继承"关系的是（　　）。（2019年，百度）

A. 车 vs 车轮

B. 车 vs 丰田车

C. 自行车 vs 摩托车

D. 玩具车 vs 丰田车

解释：继承就是子类继承父类的特征和行为，使得子类对象（实例）具有父类的实例域和方法，或者子类从父类继承方法，使得子类具有与父类相同的行为。继承需要符合的关系是：is-a，父类更通用，子类更具体，子类会具有父类的一般特性，也会具有自身的特性。

答案：B

11. 以下代码编译不报错的是（　　）。（2017年，美团）

A.

```
class MyString extend String{
    private String myString;
    public MyString(String s){
        this.myString = s;
    }
    public void print() {
        System.out.print(myString);
    }
}
```

B.

```
class NULL {
    private String value = null;
    public void print() {
        System.out.print(String.format
        (""%s"", null));
    }
    public void setValue(String value) {
        this.value = value;
    }
}
```

C.

```
class Calculate {
    private int value = 1;
    public static double calculate() {
        return this.value * getDiscountRate();
    }
    public double getDiscountRate() {
        return 0.5;
    }
}
```

D.

```
class MyDouble {
    private int value = 1;
    public Boolean equals(Object o) {
        if (this == o)
            return true;
        if (o == null || getClass() !=
        o.getClass())
            return false;
        MyDouble aMyDouble = (MyDouble) o;
        return value == aMyDouble.getValue();
    }
    public int getValue() {
        return value;
    }
    public void setValue(int value) {
        this.value = value;
```

```
    }
}
```

解释：子类继承父类应用 extends，而非 extend，且 String 类不能被继承，因为 String 类有 final 修饰符，所以 A 选项错误。因为静态方法只能调用静态方法及访问静态数据域，不能调用实例方法或者访问实例数据域，所以 C 选项错误。因为布尔型应是 boolean，而非 Boolean，Boolean 是封装类，所以 D 选项错误。

答案：B

12. 在 a 类继承 b 类，并重写 b 类的 protected 方法 func 时，a 类的 func 方法的访问修饰符可以是（　　）。（2017 年，美团）

A. private/protected

B. protected/public

C. private/public

D. private/protected/public

解释：重写方法不能有比被重写方法限制更严格的访问级别。子类继承父类的方法时，访问控制符的范围必须大于或等于父类的访问控制符。除此之外，重写方法不能抛出新的异常或者比被重写方法声明的检查异常更广的检查异常，但是可以抛出更少、限制更严格的异常或者不抛出异常。

答案：B

13. 如果 Child extends Parent，下列说法正确的有（　　）。（2017 年，完美世界）

A. 如果 Child 是 class，且只有一个有参数的构造方法，那么必然会调用 Parent 中相同参数的构造方法

B. 如果 Child 是 interface，那么 Parent 必然是 interface

C. 如果 Child 是 interface，那么 Child 可以同时是 extends Parent1、Parent2 等多个 interface

D. 如果 Child 是 class，且没有显式声明任何构造方法，那么此时仍然会调用 Parent 的构造方法

解释：A 选项，子类构造方法在没有显式调用父类构造方法时，默认会调用父类无参的构造方法，子类的有参构造方法不一定需要调用父类的有参构造方法。

B 选项，接口继承时只能继承接口，不能继承类，因为类可以存在非抽象的成员，如果接口继承了该类，那么接口必定从类中也继承了这些非抽象成员，这和接口的定义相互矛盾，所以接口继承时只能继承接口。

C 选项，接口可以多继承，因为接口中的方法都是抽象的，这些方法都被实现的类实现。一个类可以实现多个接口，即使多个父接口中有同名的方法，在调用这些方法时调用的是子类中被实现的方法，不存在歧义；同时，接口中只有静态常量，但是由于静态变量/常量是在编译期决定调用关系，即使存在一定的冲突，也会在编译时提示出错；而引用静态变量一般直接使用类名或接口名，从而避免产生歧义，因此也不存在多继承的第一个缺点。对于一个接口继承多个父接口的情况，也一样不存在这些缺点。所以接口可以多继承。

D 选项，子类即使没有显式定义构造方法，也会有一个无参的默认构造方法，仍然会调用父类的无参构造方法。

答案：BCD

## 1.5 多态

多态一定是在继承性的基础上才可以操作，多态实现的两个前提是：继承、覆盖。重点掌握多态各种不同的实现方式、向上转型与向下转型的概念与意义。本节主要考核 Java 中多态的定义、特征、常用方法，基于 Java 语言的常用语法，多态实现的逻辑与多态思想的实

际应用，以及掌握多态的多种形式。

1. A 派生出子类 B，B 派生出子类 C，并且在 Java 源代码中有如下声明。

```
1. A a0=new A();
2. A a1=new B();
3. A a2=new C();
```

以下说法正确的是（　　）。

A. 只有第 1 行能通过编译

B. 第 1 行和第 2 行能通过编译，但第 3 行编译出错

C. 第 1 ~ 3 行能通过编译，但第 2 行和第 3 行运行时出错

D. 第 1 ~ 3 行的声明都是正确的

解释：子类继承父类的所有属性和方法，B 为 A 的子类，用 A 可以实例化 B；C 为 B 的子类，用 B 可以实例化 C；间接地，C 也是 A 的子类，故有 A a2=new C()。

答案：D

2. 下面有关 Java 的一些细节问题，描述错误的是（　　）。

A. 构造方法不需要 synchronized

B. 一个子类不可以覆盖掉父类的同步方法

C. 定义在接口中的方法默认是 public 的

D. 容器保存的是对象的引用

解释：构造方法的修饰符只能是 public、protected 或 private，不能是其他修饰符。子类中可以覆盖父类的同步方法，但默认情况下子类中的这个方法并不是同步的，必须显式地在子类的这个方法中加上 synchronized 关键字，才可以使其成为同步方法。C、D 选项都是正确的。

答案：B

3. 以下方法中，（　　）不是对 add() 方法的重载。

```
public class Test {
    public void add(int x,int y,int z){}
}
```

A. public int add(int x,int y,float z){return 0;}

B. public int add(int x,int y,int z){return 0;}

C. public void add(int x,int y){}

D. 以上都不是

解释：方法重载是指在一个类中定义多个方法名相同但参数不同（参数类型、参数顺序或者个数不同）的方法。方法重载的基本原则如下。

（1）方法名一定要相同。

（2）方法的参数必须不同，此处的不同包括参数的类型、顺序或个数，以此区分不同的方法体。

（3）方法的返回类型、修饰符可以相同，也可以不同。

答案：B

4.（　　）意味着一个操作在不同的类中可以有不同的实现方式。

A. 多态性　　B. 多继承

C. 类的组合　　D. 类的复用

解释：本题考查对多态表现形式的理解。

答案：A

5. 下面有关继承、多态、组合的描述，说法错误的是（　　）。

A. 封装是把客观事物封装成抽象的类，并且类可以只让可信的类或对象操作自己的数据和方法，对不可信的进行信息隐藏

B. 继承可以使用现有类的所有功能，并且在无须重新编写原来的类的情况下，对这些功能进行扩展

C. 隐藏是指派生类中的方法把基类中相同名字的方法屏蔽掉

D. 覆盖是指不同的方法使用相同的方法名，但是方法的参数个数或类型不同

解释：方法重载指的是使用相同的方法名，但参数个数不同或参数类型不同；方法覆盖发生在父类与子类之间，其方法名、参数类型、返回值类型必须与父类中相对应被覆盖的方法严格一致，覆盖方法和被覆盖方法只有方法体不同（修饰符及抛出异常也可以不同），当派生类对象调用子类中该同名方法时，会自动调用子类中的覆盖方法，而不是父类中的被覆盖方法，这种机制就叫作方法覆盖。

答案：D

6. 在 Java 语言中，方法的覆盖（overriding）和重载（overloading）是多态性的不同表现。下列说法正确的是（　　）。

A. 覆盖是一个类中多态性的一种表现

B. 重载是一个类中多态性的一种表现

C. 重载是父类与子类之间多态性的一种表现

D. 以上说法均正确

解释：覆盖是子类继承父类方法并对其进行修改，可选择调用父类方法或子类覆盖后的同名方法；重载是在一个类中可以存在同名，但参数列表不同的方法，可根据传入的参数调用相应的方法。

答案：B

7. 在面向对象技术中，多态性是指（　　）。（2019 年，百度）

A. 一个类可以派生出多个类

B. 一个对象在不同的运行环境中可以有不同的变体

C. 针对某一消息，不同对象可以以适合自身的方式加以响应

D. 一个对象可以由多个其他对象组成

解释：所谓多态，是指程序中定义的引用变量所指向的具体类型和通过该引用变量调用的方法在编译时并不确定，而是在运行期间才确定。因为在程序运行时才确定具体的类，所以不用修改源程序代码，就可以将引用变量绑定到各种不同的类的实现上，从而导致该引用调用的具体方法随之改变，即不修改程序代码就可以改变程序运行时所绑定的具体代码，让程序可以选择多个运行状态，这就是多态性。

答案：C

8. Java 中提供了用于多态的机制，以下说法正确的是（　　）。

A. 通过子类对父类抽象方法的覆盖实现多态

B. 利用重载实现多态，即在同一个类中定义多个同名的不同方法来实现多态

C. 利用覆盖实现多态，即在同一个类中定义多个同名的不同方法来实现多态

D. A、B 都是

解释：Java 通过方法覆盖和方法重载实现多态。方法覆盖是指子类重写了父类的同名方法。方法重载是指在同一个类中，方法的名字相同，但是参数列表不同。

答案：D

## 1.6 接口

接口继承和类继承的规则不同，一个类只有一个直接父类，但可以实现多个接口，因此可以实现多继承。本节主要考核接口的定义、特征、常用方法和基于 Java 语言的常用语法，接口多继承的实现与接口的实际应用，以及接口的思想与实际应用。

1. 以下（　　）是接口的正确定义。

A.

```
interface B {
    void print() {};
}
```

B.

```
abstract interface B {}
```

C.

```
abstract interface B extends A1, A2 {
    abstract void print() {};
}
```

D.

```
interface B {
    void print();
}
```

解释：接口的定义与类的定义类似，也是分为接口的声明和接口体，其中接口体由常量定义和方法定义两部分组成。接口中的方法和常量的访问修饰符可选，用于指定接口的访问权限，可选值只能为 public。如果省略，则使用默认的访问权限，此时为 public。也就是说，无论是否加 public，接口中的常量和方法都是 public 的，而且不可以使用其他修饰符。接口名为必选项，用于指定接口的名称，接口名必须是合法的 Java 标识符，其命名规范和类名类似，一般情况下，要求首字母大写。接口可以继承其他父接口，使用“extends 父接口名”。如果要继承多个接口，则将多个接口名用逗号隔开。

答案：D

2. 在使用 interface 声明一个接口时，只可以使用（　　）修饰符来修饰该接口。

A. private

B. protected

C. private、protected

D. public

解释：接口是为了让其他类去实现，因此不能使用 private 和 protected。如果不指定，默认是 public。

答案：D

3. 下列（　　）关键字用于实现从接口定义类。

A. extends　　B. implements

C. abstract　　D. interface

解释：implements 是一个类实现一个接口所用的关键字。

答案：B

4. 在 Java 中，能实现多重继承效果的方式是（　　）。

A. 内部类　　B. 适配器

C. 接口　　D. 同步

解释：本题考查 Java 中多重继承的概念。A 选项中，内部类是在一个类的内部嵌套定义的类。B 选项中，适配器定义一个包装类，包装有不兼容接口的对象，这个包装类指的就是适配器 (Adapter)，它包装的对象就是适配者 (Adaptee)，适配器提供客户类需要的接口。C 选项中，接口是一种只含有抽象方法或常量的特殊的抽象类，因为接口不包括任何实现，所以与存储空间没有任何关系，将多个接口合并，即多重继承，就可以很容易实现，C 选项正确。D 选项中，同步主要用在多线程程序设计中，与多重继承没有什么关系。

答案：C

5. 在忽略内部接口的情况下，能用来修饰 interface 的是（　　）。

A. private　　B. public

C. protected　　D. static

解释：接口只能被 public 和默认修饰符修饰。

答案：B

6. Java 中用______关键字指明类的继承关系，用______关键字指明对接口的实现。（　　）

A. implements　extends

B. extends　implements

C. extend　implement

D. implement　extend

解释：extends 表示子类继承父类或者子接口继承父接口，implements 表示类实现接口。

答案：B

7. 下述关于抽象类与接口的区别的说法中，正确的是（　　）。

A. 抽象类中可以有普通成员变量，接口中没有普通成员变量

B. 抽象类和接口中都可以包含静态成员变量

C. 一个类可以实现多个接口，但只能继承一个抽象类

D. 以上都对

解释：A 选项，抽象类可以有普通成员变量，接口中只能有 final 类型的成员变量。B 选项，两者都可以包含静态成员，这方面没有特殊规定。C 选项，Java 是单继承的，就是只能有一个直接父类，但可以实现多个接口。

答案：D

8. Java 接口的修饰符可以是（　　）。（2017 年，科陆集团）

A. private　　B. protected

C. final　　D. abstract

解释：接口中方法的修饰符为 public abstract（默认不写）。

答案：D

9. 在 Java 中，已定义两个接口 B 和 C，要定义一个实现这两个接口的类，以下语句正确的是（　　）。（2017 年，德邦）

A. interface A extends　B,C

B. interface A implements　B,C

C. class A implements　B,C

D. class A implements　B,implements C

解释：类实现接口的声明语法格式如下：

```
[修饰符] class 类名称 [implements 接口名 A, 接口名 B,…] {
        // 声明变量
        // 方法
}
```

接口的声明语法格式如下：

```
[修饰符] interface 接口名称 [extends 其他的接口名] {
        // 声明变量
        // 抽象方法
}
```

答案：C

10. 非抽象类实现接口后，必须实现接口中的所有抽象方法，除了 abstract 外，方法头必须完全一致。（　　）（2017 年，德邦）

解释：非抽象类实现接口后，必须实现接口中的所有抽象方法，前半句对。但后半句有误，本题考查的是“两同两小一大”原则：方法名、参数类型相同，子类返回类型、子类抛出异常小于等于父类返回类型、父类抛出异常，子类访问权限大于等于父类方法的访问权限。

答案：错误

## 1.7 内部类

内部类就是在一个类的内部定义一个类。内部类的最大缺点是破坏了程序结构，最大优点在于可以直接进行外部类中私有属性的直接访问。本节主要考核内部类的定义、特征、常

用方法和基于 Java 语言的常用语法，了解内部类的分类及各分类的特征，理解各类目之间的区别与联系。

1. 以下一段代码，其运行结果是（　　）。

```
public class Spike {
    public static void main(String[] args) {
        Counter a = new Counter();
        System.out.println(a.increment());
        System.out.println(a.another
        Increment());
        Counter b = new Counter();
        JavaSystem.out.println(b.increment());
    }
}
class Counter {
    private static int count = 0;
    public int increment() {
        return count++;
    }
    public int anotherIncrement() {
        return ++count;
    }
}
```

A.111　　B.123

C.022　　D.020

解释：count 是静态变量，为所有对象共享，因此不管 a.increment() 还是 b.increment() 都会使 count 持续增加。注意这里的 Counter 类不是内部类。

答案：C

2. 以下关于匿名内部类的说法错误的是（　　）。

A. 匿名内部类必须继承一个父类或者实现一个接口

B. 匿名内部类中的方法不能是抽象的

C. 匿名内部类可以实现接口的部分抽象方法

D. 匿名内部类不能定义任何静态成员和方法

解释：匿名内部类必须实现接口的所有抽象方法，否则程序会报错。如果因为没有实现接口的所有抽象方法而定义成抽象类，因为它是匿名类，也无法接着定义其子类，此时这个类也就没有用处了。

答案：C

# 第2章 Java SE 核心 API

内容导读

本章重点是异常处理、多线程基础、I/O 系统、网络编程、Java 反射机制、JVM 性能调优（JVM 内存结构剖析、GC 分析及调优、JVM 内存参数优化）、Java 泛型及 JDK（Java 开发工具包）新特性。本章要求初步具备面向对象设计和编程的能力，掌握基本的 JVM 优化策略，熟练掌握 Java SE 核心内容（特别是 I/O 和多线程）。

## 2.1 常用 API

API 指应用程序编程接口。有经验的开发人员知道，厂商一定会提供一些用于实现某种功能的 Java 类。其实，这些 Java 类就是厂商提供给应用程序编程的接口，类中定义了各种方法，把这些类称为 API。本章涉及的 Java API 指的就是 JDK 中提供的各种功能的 Java 类、接口及其对应的方法等。

### 2.1.1 字符串

本节主要的考核点是 Java 常用的字符串 API，如 String、StringBuffer、StringBuilder。重点掌握这三类 API 的特点、作用和区别，以及 StringTokenizer 的基本知识点。

1. 关于以下程序段，正确的说法是（　　）。

```
1.String s1 = "abc" + "def";
2.String s2 = new String(s1);
3.if (s1 == s2)
4.   System.out.println("== succeeded");
5.if (s1.equals(s2))
6.   System.out.println(".equals() succeeded");
```

A. 行 4 与行 6 都将执行

B. 行 4 执行，行 6 不执行

C. 行 6 执行，行 4 不执行

D. 行 4、行 6 都不执行

解释：String 重写了 Object 的 equals() 方法，重写的这个方法用于比较字符串的内容。而“==”比较的是内存地址，对于字符串来说，一般用 equals() 比较两个字符串的内容是否一样，而用“==”比较两个字符串变量是否指向同一个字符串值。s2 是新创建的对象，与 s1 的内存地址是不同的，因此执行行 6。

答案：C

2. 在 Java 中，字符串由 java.lang.String 和（　　）定义。

A. java.io.StringChar

B. java.io.StringBuffer

C. java.lang.StringChar

D. java.lang.StringBuffer

解释：在 Java 中，字符串是作为对象出现的，由 java.lang.String 和 java.lang.StringBuffer 及 java.lang.StringBuilder 定义，分别用来处理长度不变和长度可变的字符串，这三个类都被定义为 final。

答案：D

3. 以下代码将打印（　　）。

```
public static void main(String[] args) {
    String classFile = "com. jd. ".
replaceAll(".", "/") + "MyClass.class";
    System.out.println(classFile);
}
```

A. com.jd

B. com/jd/MyClass.class

C. ///////MyClass.class

D. com.jd.MyClass

解释：replaceAll() 方法的第一个参数是一个正则表达式，而“.”在正则表达式中表示任何字符，所以会把前面字符串的所有字符都替换成“/”。如果想替换的只是“.”，就要写成“\\.”。

答案：C

4. 若有 byte[] src,dst;，下面（　　）程序能够正确地实现 GBK 编码字节流到 UTF-8 编码字节流的转换。

A. dst=String.fromBytes(src,"GBK").getBytes("UTF-8")

B. dst=new String(src,"GBK").getBytes("UTF-8")

C. dst=new String("GBK",src).getBytes()

D. dst=String.encode(String.decode(src,"GBK"), "UTF-8")

解释：选 B 选项，先通过 GBK 编码字节流还原字符串，在该字符串正确的基础上得到 UTF-8 编码字节流所对应的字节串。

答案：B

5. Java 中将 ISO8859-1 字符串转成 GB2312 编码的语句是（　　）。

A. new String(String.getBytes("ISO8859-1"),GB2312)

B. new String(String.getBytes("GB2312"), ISO8859-1)

C. new String(String.getBytes("ISO8859-1"))

D. new String(String.getBytes("GB2312"))

解释：这里"ISO8859-1"是一个普通字符串，指的是一种编码方式，不要被它迷惑了。String.getBytes("ISO8859-1") 表示获取这个字符串的 byte 数组。new String(String.getBytes("ISO8859-1"),GB2312) 使上面的字符数组按照 GB2312 编码成新的字符串。

答案：A

6. String 与 StringBuffer 的区别是（　　）。

A. String 是不可变的对象，StringBuffer 是可以再编辑的

B. String 用于创建字符串常量

C. StringBuffer 用于创建字符串变量

D. 以上说法都对

解释：String 是不可变类型，StringBuffer 是可变类型，String 可以进行常量赋值，如 String str="123"，也可以使用 new 运算操作创建对象。StringBuffer 只能通过 new 运算创建对象。

答案：D

7. 下列 Java 程序的输出结果为（　　）。

```
public class Example {
    String str = new String("hello");
    char[] ch = { 'a', 'b' };
    public static void main(String args[]) {
        Example ex = new Example();
        ex.change(ex.str, ex.ch);
        System.out.print(ex.str + " and ");
        Sytem.out.print(ex.ch);
    }
    public void change(String str, char ch[]) {
        str = "test ok";
        ch[0] = 'c';
    }
}
```

A. hello and ab　　B. hello and cb

C. hello and a　　D. test ok and ab

解释：String 类是 final 类型的，不能继承和修改这个类。str="test ok"，其实是隐含地让 Java 生成一个新的 String 对象，与原来的"Hello"没有任何关系，当方法结束时，str 作用结束，输出的还是"Hello"。char ch[] 是传递引用，修改了原内容。

答案：B

8. 下面程序的运行结果是（　　）。

```
String str1 = "hello";
String str2 = "he" + new String("llo");
System.err.println(str1 == str2);
```

A. true　　B. false

C. exception　　D. 无输出

解释："=="用于比较对象的引用是否一致（实际上就是比较两者的 hash code，通过各自的 hashCode() 方法生成），str1 和 str2 尽管内容相同，但却是两个对象，所以为 false。

答案：B

9. StringBuffer 类对象创建之后可以再修改和变动。(　　)(2017 年，德邦)

解释：String 对象不可变，StringBuffer 对象可变。例如，String str = "aa"; str = "aa"+"bb"，此时 str 的值为“aabb”，但是“aabb”不是在开始的字符串“aa”后面直接连接的“bb”，而是又新生成了字符串“aabb”，字符串“aa”一旦被初始化，它的值不可能再改变了。StringBuffer strb = StringBuffer("aa"); strb.append("bb")，此时的 strb 的值也为“aabb”，但是“aabb”是直接在开始的字符串“aa”后面连接的“bb”，并没有生成新的字符串。

答案：正确

## 2.1.2 日期时间

本节主要考核 Java 常用的日期 API，如 Date、SimpleDateFormat、Formatter、Calendar、LocalDateTime、Duration、Instant、DateTimeFormatter。重点掌握这 8 种 API 的特点与作用，了解获取时间戳的常用方法与方法效率。

1. 下面将 Calendar 转换为 Date 的代码是否正确？(　　)

```
Calendar cal=Calendar.getInstance();
Date date=cal.getTime();
```

解释：Calendar 对象的 getTime() 返回的是一个 Date 对象。

答案：正确

2. 运行下面的程序段（2008 年为闰年，2 月有 29 天），控制台的输出结果为(　　)。

```
Calendar c = Calendar.getInstance();
c.set(Calendar.YEAR,2008);
c.set(Calendar.MONTH,1);
c.set(Calendar.DATE,32);
SimpleDateFormat sdf=new SimpleDateFormat
("yyyy/M/dd");
System.out.println(sdf.format(c.
getTime()));
```

A. 2008/1/01　　B. 2008/3/03
C. 2008/2/1　　D. 2008/3/01

解释：因为2008年是闰年，所以2月有29日，而 32 日已经超出了 2 月的日期了，所以顺延到下一个月，此处 2 月 32 日相当于 2 月 29 日 +3 天，此时是 3 月 3 日。

YYYY 和 yyyy 的区别：YYYY 是 week-based-year，当天所在的周属于的年份，一周从周日开始，到周六结束；只要本周跨年了，本周就算入下一年。yyyy 是自然年。

HH 和 hh 的区别：HH 是 24 小时制，hh 是 12 小时制。MM 和 M、dd 和 d、HH 和 H、mm 和 m、ss 和 s 都是相同的，区别为是否有前导零：M、d、H、m、s 表示非零开始；MM、dd、HH、mm、ss 表示从零开始。

答案：B

3. 以下代码中(　　)可以实现功能：启动线程不断打印当前时间，每隔 1s 打印一次，时间格式如 2019-12-29 09:09:09。

```
class TimerPrinter extends TimerTask {
<插入代码>}
```

A.

```
public void run() {
    DateFormat sdf = new DateFormat
    (" yyyy--MM--dd hh:mm:ss ");
    System.out.println(sdf.format(new
    Date()));
}
public static void main(String args[]) {
     Timer t = new Timer();
```

```
    t.schedule(new TimerPrinter(), 0, 1000);
}
```

B.

```
public void run() {
    DateFormat sdf = new DateFormat
    (" yyyy·-MM-dd hh:mm:ss");
     System.out.println(sdf.format(new Date()));
}
public static void main(String args[]) {
     Timer t = new Timer();
     t.schedule(new TimerPrinter(), 0, 1);
}
```

C.

```
public void run() {
    SimpleDateFormat sdf = new
    SimpleDateFormat(" yyyy-MM-dd hh:mm:ss");
    System.out.println(sdf.format(new
    Date()));
}
public static void main(String args[]) {
     Timer t = new Timer();
     t.schedule(new TimerPrinter(), 0, 1000);
}
```

D.

```
public void run() {
    SimpleDateFormat sdf = new
    SimpleDateFormat(" yyyy--MM-dd hh:mm:ss");
    System.out.println(sdf.format(new
    Date()));
}
public static void main(String args[]) {
     Timer t = new Timer();
     t.schedule(new TimerPrinter(), 0, 1);
}
```

解释：本题的关键性语句是 SimpleDateFormat sdf = new SimpleDateFormat(" yyyy-MM-dd hh:mm:ss")，因此要考虑表达式的书写。2019-12-29 09:09:09 应该选择 yyyy-MM-dd hh:mm:ss。

答案：C

4. Calendar 类中的 DAY_OF_WEEK 可以获取（　　）。

A. 年中的某一天

B. 月中的某一天

C. 星期中的某一天

D. 月中的最后一天

解释：本题考查记忆型知识点。从字面也很容易猜到其作用。

答案：C

### 2.1.3 System（in/out）

System.in 是标准输入流；System.out 是标准输出流。System.in 字节输入流对应的 IO 设备为键盘；System.out 对应的 IO 设备为控制台。本节重点掌握 System.in 与 System.out 的使用，输入流 / 输出流及其包含的多个流的概念、特征与常用方法。

阅读以下程序，如果输出结果的第二行为 bb=a，那么第一行的输出是（　　）。

```
public class A{
    public static void main(String args[]){
        char a = 'm';
        int i=100;
        int j=97;
        int aa=a+i;
        System.out.println("aa="+aa);
        char bb=(char)j;
        System.out.println("bb="+bb);
    }
}
```

A. aa=1　　B. aa=204
C. aa=m　　D. aa=209

解释：bb=a 意味着 int 型的 97 对应 char 型的 a，m 是第 13 位字母，m-a=12，12+97 对应 char 型的 m，aa=12+97+100=209。

答案：D

## 2.1.4 自动装箱和拆箱

在 Java 中，基本类型与其对应封装类之间能够自动进行转换，其本质是 Java 的自动装箱（auto-boxing）和拆箱过程（auto-unboxing）。其中，装箱是指将基本类型数据值转换成对应的封装类对象，即将栈中的数据封装成对象存放到堆中的过程；拆箱是装箱的反过程，是将封装的对象转换成基本类型数据值，即将堆中的数据值存放到栈中的过程。本节重点掌握装箱与拆箱的异同，以及装箱和拆箱与封装的联系。

1. 在 JDK 1.5 之后，下列 Java 程序的输出结果为（　　）。（2016 年，阿里巴巴）

```
int i=0;
Integer j = new Integer(0);
System.out.println(i==j);
System.out.println(j.equals(i));
```

A. true，false　　B. true，true
C. false，true　　D. false，false

解释：对于引用类型数据，“==”直接比较两个对象的内存地址，如果相等，则说明这两个引用实际上是指向同一个对象地址。equals() 比较的是对象的内容。对于基本数据的封装类型（Byte、Short、Character、Integer、Float、Double、Long、Boolean），除了 Float 和 Double 之外，其他的都是实现了常量池的，因此对于这些数据类型而言，一般也可以直接通过“==”来判断是否相等。

答案：B

2. 以下对拆箱和装箱的描述错误的是（　　）。

A. Java 中的基本数据类型有以下几种：String、int、char、byte、short、double、long、float
B. 装箱是基本数据类型转为包装类
C. 拆箱是由包装类转为基本数据类型
D. 以上说法都不对

解释：Java 中的基本数据类型有 8 种，不包括 String，应该是 byte、short、int、long、float、double、char、boolean。

答案：A

3. 以下关于装箱和拆箱的说法错误的是（　　）。

A. 装箱是指将基本类型数据值转换成对应的封装类对象
B. 装箱是将栈中的数据封装成对象存放到堆中的过程
C. 拆箱是指将封装的对象转换成基本类型数据值
D. 拆箱是指将基本类型数据值转换成对应的封装类对象

解释：基本类型与其对应封装类之间能够自动进行转换，其本质是 Java 的自动装箱和拆箱过程。

装箱是指将基本类型数据值转换成对应的封装类对象，即将栈中的数据封装成对象存放到堆中的过程。所以 D 选项错误。

拆箱是装箱的反过程，是指将封装的对象转换成基本类型数据值，即将堆中的数据值存放到栈中的过程。

答案：D

4. Java 中拆箱是指将基本数据类型的对象转

为引用数据类型。(　　)

解释：拆箱是装箱的反过程，是指将封装的对象转换成基本类型数据值，即将堆中的数据值存放到栈中的过程。

答案：错误

## 2.2 集合 API

本节主要考核 Java 中常用的集合 API。从大的分类来说，集合 API 分成 Collection 和 Map 两种。其中，Collection 包含三种常用集合，分别是 Set、List、Queue；Map 包含两种常用集合，分别是 HashMap、TreeMap。这些集合 API 都需要掌握，涉及内容有各种集合的常用方法、优缺点，以及各种集合之间的区别等。

### 2.2.1 Collection

本节主要考核 Collection 的相关概念。Collection 可以分为 Set、List、Queue 三种类型。Map 是不属于 Collection 的，Map 是一个独立的数据结构。Collection 和 Map 在实现上又互相依赖。本节需要掌握 Collection 的基本方法、接口及迭代器的使用。

1. 没有实现或继承 Collection 接口的是(　　)。

A. List　　B. Vector

C. Iterator　　D. Set

解释：A 选项，List 接口的定义为 public interface List<E> extends Collection<E>。

B 选项，Vector 的定义为 public class Vector<E> extends AbstractList<E> implements List<E>, RandomAccess, Cloneable, Serializable。Vector 实现了 List 接口，自然实现了 Collection 接口。

C 选项，Iterator 接口未实现 Collection 接口。

D 选项，public interface Set<E> extends Collection<E>，Set 接口继承自 Collection 接口。

答案：C

2. 运行以下代码将打印出(　　)。

```
public static void main(String[] args) {
    List list1 = new ArrayList();
    list1.add(0);
    List list2 = list1;
    System.out.println(list1.get(0)
    instanceof Integer);
    System.out.println(list2.get(0)
    instanceof Integer);
}
```

A. 编译错误　　B. true true

C. true false　　D. false false

解释：Collection 类型的集合（ArrayList、LinkedList）只能装入对象类型的数据，该题中装入了 0，是一个基本类型，但是 JDK 5 以后提供了自动装箱与自动拆箱，所以 int 类型自动装箱变为 Integer 类型，编译能够正常通过。将 list1 的引用赋值给 list2，那么 list1 和 list2 都将指向同一个堆内存空间。instanceof 是 Java 中的关键字，用于判断一个对象是否属于某个特定类的实例，并且返回 boolean 型的返回值。显然，list1.get(0) 和 list2.get(0) 都属于 Integer 的实例。

答案：B

3. 下面有关 List 接口、Set 接口和 Map 接口的描述，错误的是(　　)。

A. 它们都继承自 Collection 接口

B. List 是有序的 Collection，使用此接口能够精确地控制每个元素的插入位置

C. Set 是一种不包含重复元素的 Collection

D. Map 提供 key 到 value 的映射。一个 Map 中不能包含相同的 key，每个 key

只能映射一个 value

解释：Map 接口和 Collection 接口是同一等级的。

答案：A

4. 下面直接继承自 Collection 接口的接口有（　　）。（2017 年，德邦）

A. List　　B. Map

C. Set　　D. Iterator

解释：直接继承自 Collection 接口的接口有 Set、List、Queue。

答案：AC

## 2.2.2 泛型和增强泛型

Java 泛型（generics）是 JDK 5 中引入的一个新特性，泛型提供了编译时类型安全监测机制，该机制允许程序员在编译时监测非法的类型。使用泛型机制编写的程序代码要比那些杂乱地使用 Object 变量，然后再进行强制类型转换的代码具有更好的安全性和可读性。泛型对集合类尤其有用。例如，ArrayList 就是一个无处不在的集合类。本节重点掌握泛型的使用（具体指泛型类、泛型接口和泛型方法这三种常用的使用方式），以及无边界通配符的使用与含义。

1. 集合框架中的泛型有什么优点？

参考答案：Javase 1.5 引入了泛型，所有的集合接口和实现都大量地使用它。使用泛型主要有以下优点。

（1）泛型可以为集合提供一个可以容纳的对象类型，因此，如果添加其他类型的任何元素，会在编译时报错。这避免了在运行时出现 ClassCastException 错误，因为在编译时就会出现报错信息。

（2）泛型使得代码整洁，不需要使用显式转换和 instanceof 操作符。

（3）泛型给运行时带来好处，因为不会产生类型检查的字节码指令。

2. 泛型中的无边界通配符是（　　）。

A. <? extends T>　　B. <? super T>

C. <T extends ?>　　D. <?>

解释：通配符类型如下。

- 无边界通配符：<?>，使用无边界通配符可以让泛型接收任意类型的数据。
- 上边界通配符：<？ extends 具体类型 >，使用固定上边界的通配符的泛型可以接收指定类型及其所有子类类型的数据，这里的指定类型可以是类，也可以是接口。
- 下边界通配符：<? super 具体类型 >，所有固定下边界的通配符的泛型可以接收指定类型及其所有超类类型的数据。

答案：D

3. 创建一个只能存放 String 的泛型 ArrayList 的语句是（　　）。

A. ArrayList<int> al=new ArrayList<int>()

B. ArrayList<String> al=new ArrayList<String>()

C. ArrayList al=new ArrayList<String>()

D. ArrayList<String> al =new List<String>()

解　释：List<String> list = new ArrayList<String>();

两个 String 其实只有第一个起作用，另外，从 JDK 7 开始还支持 List<String>list = new ArrayList<>() 这种写法。List<String> list = new ArrayList<String>() 的第一个 String 就是告诉编译器，List 中存储的是 String 对象，也就是起类型检查的作用，之后编译器会擦除泛型占位符，以保证兼容以前的代码。

答案：B

4. 以下关于泛型的说法错误的是（　　）。

A. 泛型是 JDK 5 出现的新特性

B. 泛型是一种安全机制

C. 使用泛型避免了强制类型转换

D. 使用泛型必须进行强制类型转换

解释：用了泛型之后就不要强制转换。使用了泛型后就会在编译期进行类型检测。例如，对于 List<String>，如果再往 List 中添加不是 String 的对象，就会在编译期报错，因此在运行期就注定了从 List 里取出来的必须是 String，当然就不必进行强制转换。

答案：D

5. 以下关于 Java 中泛型的说法错误的有（　　）。

A. List<? extends T> 为可以接收任何继承自 T 类型的 List

B. 方法可以返回泛型类型

C. 可以把 List<String> 传递给一个接收 List<Object> 参数的方法

D. Array 中可以用泛型

解释：C 选项，泛型是确定元素的类型，所以，一旦确定就不能传入其他类型。D 选项，Java 中的数组不支持泛型，集合却支持泛型。

答案：CD

6. 在开发中，泛型简化了编程、提高了开发效率，以下说法正确的有（　　）。（2017 年，京东）

A. 泛型是程序设计语言的一种特性，所有语言均有

B. 泛型类是引用类型

C. 泛型可以加强类型安全和减少类型转换的次数

D. Java 泛型可以让程序运行速度因为类型转换次数减少而加快

解释：A 选项，泛型是程序设计语言的一种特性，允许程序员在强类型编程语言中编写代码时定义一些可变部分，那些部分在使用前必须确定。各种程序设计语言和其编译器、运行环境对泛型的支持均不一样。D 选项，Java 泛型的参数只可以代表类，不能代表个别对象。由于 Java 泛型的类型参数之实际类型在编译时会被消除，所以无法在运行时得知其类型参数的类型。Java 编译器在编译泛型时会自动加入类型转换的编码，故运行速度不会因为使用泛型而加快。

答案：BC

## 2.2.3 List/Vector/Stack

List 接口是有序的队列。Vector 可以实现可增长的对象数组。Stack 是 Vector 的一个子类，它实现一个标准的后进先出的栈。本节要熟练掌握 List、Vector、Stack 这三个集合的特征，基于 Java 语言的常用语法、常用方法，以及各集合间的区别。

1. ArrayList list = new ArrayList(20) 中的 list 扩容（　　）次。

A. 0　　B. 1　　C. 2　　D. 3

解释：ArrayList 的构造方法有以下三个。

（1）ArrayList()，生成一个初始容量为 10 的空列表。

（2）ArrayList(Collection<? extends E> c)，生成一个包含指定 Collection 的元素的列表，长度为 c。

（3）ArrayList(int initialCapacity)，生成一个具有指定初始容量的空列表。

这里调用的是第三个构造方法，直接初始化成大小为 20 的列表，没有扩容，所以选择 A 选项。

答案：A

2. ArrayList 和 Vector 的主要区别是（　　）。

A. Vector 与 ArrayList 一样，也是通过数组实现的，不同的是 Vector 支持线程的同步

B. Vector 与 ArrayList 一样，也是通过数组实现的，不同的是 ArrayList 支持线程的同步

C. Vector 通过链表结构存储数据，ArrayList 通过数组存储数据

D. 上述说法都不正确

解释：Vector 支持线程的同步，也就是内部加锁的，但是效率较低。

答案：A

3. 以下（　　）类是非线程安全的。

A. Vector　　B. ArrayList

C. StringBuffer　　D. Properties

解释：A 选项，Vector 相当于一个线程安全的 List。B 选项，ArrayList 是非线程安全的，其对应的线程安全类是 Vector。C 选项，StringBuffer 是线程安全的，相当于一个线程安全的 StringBuilder。D 选项，Properties 实现了 Map 接口，是线程安全的。

答案：B

4. 下列关于 Arraylist、Vector、LinkedList 的说法不正确的是（　　）。

A. ArrayList 和 Vector 都是使用数组方式存储数据，此数组的元素个数大于实际存储的元素个数，以便增加和插入元素

B. ArrayList 和 Vector 都允许直接按序号索引元素，但是插入元素要涉及数组元素移动等内存操作，所以索引数据快而插入数据慢

C. Vector 由于使用了 synchronized 方法（线程安全），通常性能上较 ArrayList 强

D. LinkedList 使用双向链表实现存储，按序号索引数据需要进行前向或后向遍历，但是插入数据时只需要记录本项的前后项即可，所以插入速度较快

解释：ArrayList 和 Vector 都是使用数组方式存储数据，此数组的元素个数大于实际存储的元素个数，以便增加和插入元素，它们都允许直接按序号索引元素，但是插入元素要涉及数组元素移动等内存操作，所以索引数据快而插入数据慢，Vector 由于使用了 synchronized 方法（线程安全），通常性能上较 ArrayList 差，而 LinkedList 使用双向链表实现存储，按序号索引数据需要进行前向或后向遍历，但是插入数据时只需要记录本项的前后项即可，所以插入速度较快。

答案：C

5. 针对下面选项中的几种集合结构，（　　）在增加成员时可能使得原有成员的存储位置发生变化。

A. List　　B. Set

C. Map　　D. Vector

解释：Vector 是集合架构中最常见的容器，它是一种顺序容器，支持随机访问。Vector 是一块连续分配的内存，从数据安排的角度来讲，与数组极其相似，不同之处是，数组是静态分配空间，一旦分配了空间的大小，就不可再改变了；Vector 是动态分配空间，随着元素的不断插入，会按照自身的一套机制不断扩充自身的容量，按照容器现在容量的一倍进行增长。Vector 容器分配的是一块连续的内存空间，每次容器的增长，并不是在原有连续的内存空间后再进行简单的叠加，而是重新申请一块更大的新内存，并把现有容器中的元素逐个复制过去，然后销毁旧的内存。这时原有指向旧内存空间的迭代器已经失效，所以在操作容器时，迭代器要及时更新。

答案：D

## 2.2.4 Set/HashSet

Set集合的特点是无序、不可重复。Set集合中常用的子类有HashSet、TreeSet、LinkedHashSet。本节要熟练掌握Set集合的常用子类、各子类的特征与常用方法，以及各子类间的联系与区别。

1. 下列关于容器集合类的说法正确的是（　　）。

A. LinkedList继承自List

B. AbstractSet继承自Set

C. HashSet继承自AbstractSet

D. WeakMap继承自HashMap

解释：A选项，LinkedList类是实现了List接口，而不是继承。B选项，AbstractSet类实现Set接口。C选项，HashSet继承自AbstractSet类，同时也实现Set。

答案：C

2. 下面Set类中（　　）是有序的。

A. LinkedHashSet　　B. TreeSet

C. HashSet　　D. AbstractSet

解释：A选项，LinkedHashSet继承于HashSet，是由可预知迭代顺序的Set接口的哈希表和链接列表实现。

B选项，TreeSet使用二叉树的原理对新add()的对象按照指定的顺序排序（升序、降序），每增加一个对象都会进行排序，将对象插入二叉树指定的位置。

C选项，HashSet存储元素并不是按照存入时的顺序（和List显然不同），而是按照哈希值（hashCode）来存的，所以取数据也是按照哈希值来取。

D选项，AbstractSet是一个抽象类，它继承于AbstractCollection。AbstractCollection实现了Set中的绝大部分方法，为Set的实现类提供了便利。

答案：B

## 2.2.5 hashCode()

在Java中，hashCode()方法是Object类中定义的方法，返回值为int型，根据一定的规则将与对象相关的信息（如对象的存储地址、对象的字段等）映射成一个数值，这个数值称为散列值（也称为哈希码）。本节要掌握hashCode()方法的定义与作用。

1. 能否使用任何类的对象作为Map的key？

参考答案：可以使用任何类的对象作为Map的key，然而在使用它们之前，需要考虑以下几点。

（1）如果类重写了equals()方法，它也应该重写hashCode()方法。

（2）类的所有实例需要遵循与equals()和hashCode()方法相关的规则，即每一个参与确定两个对象是否相等（equals）的属性，也应该在hashCode()方法中考虑到。

（3）为保证更好的性能，用户自定义key类的最佳方法是使之为不可变（immutable）的，这样，hashCode()生成的值可以被缓存起来。不可变的类也可以确保hashCode()和equals()在未来不会改变，这样就可以解决与可变相关的问题了。

2. hashCode()方法和equals()方法有何重要性?

参考答案：HashMap使用Key对象的hashCode()和equals()方法来决定key-value对的索引。当试着从HashMap中获取值时，也会用到这些方法。如果这些方法没有被正确地实现，在这种情况下，两个不同Key也许会产生相同的hashCode()和equals()输出，HashMap将会认为它们是相同的，然后新加入的元素会覆盖已经在Map中的元素，而非把这两个对象 key 存储到不同的地方。同样地，所有不允许存储重复数据的集合类都使用 hashCode() 和 equals() 去查找重复，所以正确实现它们非常重要。在比较两个对象是否相等时，会调用 equals() 方法进行比较，equals() 通常是通过比较两者的 hashCode() 产生的哈希码是否相等来确定两个对象是否相等。

### 2.2.6 Collections

Collections 是集合类的一个工具类、帮助类，其中提供了一系列静态方法，用于对集合中的元素进行排序、搜索及线程安全等各种操作。本节主要考核 Collections 概念及集合类中各种操作的实际使用。

1. Java 中提供的对数组进行操作的工具类为（　　）。

A. Collections　　B. Scanner
C. Date　　D. Arrays

解释：Java 中操作数组的工具类是 Arrays 类。
答案：D

2. 下面关于 Collection 和 Collections 的区别的说法正确的是（　　）。

A. Collections 是集合顶层接口
B. Collection 是针对 Collections 集合操作的工具类
C. List、Set、Map 都继承自 Collection 接口
D. Collections 是针对 Collection 集合操作的工具类

解释：java.util.Collection 是一个集合框架的父接口。它提供对集合对象进行基本操作的通用接口方法。Collection 接口在 Java 类库中有很多具体的实现类。Collection 接口的意义是为各种具体的集合提供最大化的统一操作方式。java.util.Collections 是一个包装类。它包含各种有关集合操作（如搜索、排序等）的静态方法。Collections 类不能实例化，就像一个工具类，服务于 Java 的 Collection 框架。
答案：D

3. 关于 HashMap、Hashtable、Collections.synchronizedMap、ConcurrentHashMap，以下说法正确的有（　　）。

A. 多线程环境下使用 Hashtable 和 Collections.synchronizedMap 实现同步的效率差别不大
B. ConcurrentHashMap 是使用重入锁实现同步的
C. Hashtable 是在 HashMap 的基础上，为方法加上了 synchronized 关键字实现同步的
D. 多线程环境下使用 ConcurrentHashMap 和 Collections.synchronizedMap 实现同步的效率差别不大

解释：B 选项，ConcurrentHashMap 允许多个线程修改操作并发进行，其关键在于使用了锁分离技术。它使用多个锁来控制对哈希表的不同部分进行的修改。ConcurrentHashMap 内部使用段（Segment）来表示这些不用的部分，每个段其实就是一个小的哈希表，它们有自己的锁。只要多个修改操作发生在不用的段上，它们就可以并发进行。有些方法需要跨段，如 size() 和 containsValue()，它们可能需要锁定整张表，而不仅仅是某个段。D 选项，synchronizedMap 有可能造成资源冲突（某些线程等待较长时间），ConcurrentHashMap 不会抛出 ConcurrentModificationException，即使一个线程在遍历的同时，另一个线程也尝试进行修改。所以两者在多线程时，效率相差较大。
答案：AC

## 2.2.7 Map

Map（映射）提供的是键－值对（key-value）映射，而 Collection 是集合接口，提供的是一组数据。注意区分 Map 的各种子集合，并掌握 Map 及其子集合的使用与常用方法。

1. 在 Java 的 Hashtable、Vector、LinkedList、TreeSet 四者中，Hashtable 和（　　）是线程安全的。

A. Vector　　B. TreeSet

C. LinkedList　　D. 以上都是

解释：Hashtable 是线程安全的 Map；Vector 是线程安全的 ArrayList；TreeSet 和 LinkedList 都不是线程安全的。

答案：A

2. 为什么 Map 接口不继承 Collection 接口？

参考答案：尽管 Map 接口和它的实现也是广义的集合框架的一部分，但 Map 不是集合，集合也不是 Map。因此，Map 继承 Collection 毫无意义，反之亦然。Map 包含 key-value 对，它提供抽取 key 或 value 列表集合的方法，但是它不适用"一组对象"规范。

3. 以下关于 HashMap 和 Hashtable 的说法正确的有（　　）。（2017 年，德邦）

A. 都实现了 Map 接口

B. Hashtable 类不是同步的，而 HashMap 类是同步的

C. Hashtable 不允许 null 键或值

D. HashMap 不允许 null 键或值

解释：HashMap 和 Hashtable 有以下区别。

（1）继承的父类不同。Hashtable 继承的是 Dictionary 类，HashMap 继承的是 AbstractMap 类。

（2）Hashtable 中的方法是同步的，而 HashMap 中的方法是非同步的。在多线程并发的环境下，可以直接使用 Hashtable，但是要使用 HashMap，就要自己增加同步处理。

（3）Hashtable 中的键和值都可以出现空值。当 get() 方法返回 null 值时，既可能表示 HashMap 中没有该键，也可能表示 HashMap 中有 key 为 null；可以有一个或多个键所对应的 key 为 null。因此，在 HashMap 中不能由 get() 方法来判断 HashMap 中是否存在某个键，而应该用 containsKey() 方法来判断。

答案：AC

4. 在 Java 中，关于 HashMap 类的描述，以下说法中错误的是（　　）。（2017 年，完美世界）

A. HashMap 能够保证其中元素的顺序

B. HashMap 允许将 null 用作值

C. HashMap 允许将 null 用作键

D. HashMap 使用键－值的形式保存数据

解释：HashMap 的底层是由数组加链表实现的，对于每一个 key 值，都需要通过对象的 hashCode() 来计算哈希值，然后通过哈希值来确定顺序，并不是按照加入顺序来存放的，因此可以认为是无序的。故 A 选项错误。

答案：A

## 2.2.8 Stream

Java 8 API 添加了一个新的对象，称为流——Stream，可以以一种声明的方式处理数据。Stream 使用一种类似 SQL 语句以从数据库查询数据的直观方式，来提供对 Java 集合进行高效、遍历的聚合操作和大批量数据的操作。本节要重点掌握 Stream 的特征与分类，以及各类 Stream 的概念、特征、常用方法与适用条件。特别注意这里的 Stream 和 IO 中的 Stream 是完

全不同的，不要把这两者混淆了。

1. 以下属于 Java 8 中新引入的 API 的 Stream 所在的包是（　　）。

A. java.io.stream　　B. java.io.streams

C. java.util.streams　　D. java.util.stream

解释：Java 8 中新引入的用于处理集合数据的 API 位于 java.util.stream 包下。注意不要将它和输入流 / 输出流混淆。

为区分这两者，如果无特殊说明，本书中将 java.util.stream 下的 Stream 称为"流式操作"，而将输入流 / 输出流按照传统称为"流"。

答案：D

2. Java 8 中的流式操作可以分成（　　）。

A. Terminal 类型　　B. Intermediate 类型

C. Traditional 类型　　D. Parallel 类型

解释：Java 8 流式操作分为 Intermediate 和 Terminal 两种类型，两者组成数据流的管道（pipeline）。一个 Stream 包含一个数据源、若干个 Intermediate 类型操作和一个 Terminal 类型操作。Intermediate 操作用于对 Stream 中的数据进行处理和转换，Terminal 类型的操作用于得到最终结果。

答案：AB

3. Java 8 流式操作中的 filter() 作用于（　　）。

A. Predicate　　B. Interface

C. Class　　D. Method

解释：Predicate 也是和 Stream 一样在 Java 8 中引入的新特性。它是一个函数式接口，位于 java.util.function 包下，可以用 Lambda 表达式作为参数。filter() 方法的参数是一个 Predicate 类型的数据。

答案：A

4. Java 8 流式操作中的 map() 作用于（　　）。

A. Predicate　　B. Interface

C. Class　　D. Function

解释：map() 的参数是 Function。

答案：D

5. Java 8 流式操作中的 forEach() 作用于（　　）。

A. 方法

B. 消费者（Consumer）

C. 生产者（Producer）

D. Predicate

解释：forEach() 的参数是 Consumer。

答案：B

6. Java 8 中的管道（pipeline）是一系列（　　）操作。

A. 多线程　　B. 同步

C. 连续　　D. 流（stream）

答案：D

7. 在 Java 8 中，获取对象集合的源（source）的方法是（　　）。

A. 通过 stream() 方法

B. 通过 obtain() 方法

C. 通过 obtainSource() 方法

D. 以上都是

解释：通过集合对象的 stream() 方法可以得到对象的源。

答案：A

8. 以下代码的输出结果是（　　）类型数据。

```
class Main{
    public static void main(String [] args)
    {
```

```
        final String str = "test";
        str.chars().forEach(ch->System.
        out.println(ch));
    }
}
```

A. 字符　　B. 字符串
C. 整数　　D. 浮点数

解释：str.chars() 得到的是一个 IntPipeline 类型的对象，在这个对象上使用 forEach() 得到的是整数类型的数据。

答案：C

## 2.3 异常

Java 中的异常（Exception）又称为例外，是一个在程序执行期间发生的事件，它中断正在执行程序的正常指令流。为了能够及时有效地处理程序中的运行错误，必须使用异常类。Java 异常强制用户考虑程序的健壮性和安全性。异常处理不应用来控制程序的正常流程，其主要作用是捕获程序在运行时发生的异常并进行相应处理。本节要求重点掌握异常分类及其子类的概念、特征、异同与联系，以及 try-catch-finally 的异常处理语句。

### 2.3.1 基础

在 Java 中，所有异常类都是内置类 Throwable 的子类，即 Throwable 类位于异常类层次结构的顶层。Throwable 类下有两个异常分支 Exception 类和 Error 类。本节重点考查 Throwable 类及其子类，以及 Java 的异常处理机制。

1. 关于 Java 的异常处理机制的叙述正确的有（　　）。（2017 年，搜狐）

A. 无论程序是否发生错误及捕捉到异常情况，都会执行 finally 部分

B. 当 try 部分的程序发生异常时，才会执行 catch 部分的程序

C. 当 catch 部分捕捉到异常情况时，才会执行 finally 部分

D. 其他选项都不正确

解释：只要程序不退出，finally 部分都会被执行。但 catch 部分只有 try 中出现异常时才会执行。

答案：AB

2. 下面有关 Java 异常类的描述，说法正确的有（　　）。（2016 年，中国电信）

A. 异常的继承结构：基类为 Throwable，用 Error 和 Exception 实现 Throwable，RuntimeException 和 IOException 等继承 Exception

B. 非 RuntimeException 一般是外部错误（不考虑 Error 的情况下），其必须在当前类被 try{}catch{} 语句块捕获

C. Error 类体系描述了 Java 运行系统中的内部错误及资源耗尽的情形，Error 不需要捕捉

D. RuntimeException 体系包括错误的类型转换、数组越界访问和试图访问空指针等，必须被 try{}catch{} 语句块捕获

解释：Throwable 类有以下子类。

（1）Exception（异常）：是程序本身可以处理的异常。

（2）Error（错误）：是程序无法处理的错误。这些错误表示故障发生于虚拟机自身或者发生在虚拟机试图执行应用时，一般不需要程序处理。

（3）检查异常（编译器要求必须处置的异常）：除了 Error、RuntimeException 及其子类以外，其他的 Exception 类及其子类都属于可查异常。

这种异常的特点是 Java 编译器会检查它，也就是说，当程序中可能出现这类异常，要么用 try-catch 语句捕获它，要么用 throws 子句声明抛出它，否则编译不会通过。

（4）非检查异常（编译器不要求处置的异常）：包括运行时异常（RuntimeException 与其子类）和错误（Error）。

所以，A、B、C 选项正确。RuntimeException 体系包括错误的类型转换、数组越界访问和试图访问空指针等，D 选项前半句对，错在后半句，应是非 RuntimeException 必须被 try{}catch{} 语句块捕获。

答案：ABC

3. 以下关于 Java 中 finally 块中的代码，描述正确的是（　　）。（2017 年，美团）

A. finally 块中的代码也可以在 return 后执行

B. 异常没有发生时才被执行

C. 若 try 块后没有 catch 块时，finally 块中的代码才会执行

D. 异常发生时才被执行

解释：finally 块的语句在 try 或 catch 中的 return 语句执行之后返回之前执行，且 finally 块中的修改语句不能影响 try 或 catch 中 return 语句已经确定的返回值，若 finally 块中也有 return 语句，则覆盖 try 或 catch 中的 return 语句直接返回。

答案：A

4. 下列关于异常的说法，正确的是（　　）。（2017 年，乐视）

A. RuntimeException 及其子类的异常可以不做处理

B. catch 段中的语句不允许再次出现异常

C. 在方法定义中以 throws 标识出的异常，在调用该方法中的方法必须处理

D. 程序中所有的可能出现的异常必须在 catch 中捕获，否则将引起编译错误

解释：RuntimeException 及其子类的异常可以不必处理，属于 Unchecked Exception，A 选项正确。B 选项，允许出现异常，如果 catch 异常，可执行 rollback。C 选项，throws 用来修饰一个方法，表示该方法如果产生异常的话，就不在本方法中捕获，而是丢弃给调用此方法的对象处理，如 public int get() throws Exception{}。D 选项，出现的异常可以抛出或捕获。

答案：A

5. 对于非运行时异常，程序中一般可以不做处理，由 Java 虚拟机自动进行处理。（　　）（2017 年，德邦）

解释：Java 异常都继承自 Throwable 类，Throwable 类的子类有 Error 和 Exception，其中 Exception 又分为运行时异常和编译时异常。编译时异常是防范性质的异常，需要显式处理。运行时异常是程序员问题造成的，并不强制进行显式处理。

答案：错误

### 2.3.2 抛出异常

当在定义的方法中不确定对异常应该如何处理，或者想将处理异常的权限交给方法调用者时，需要用 throws 和 throw 将异常抛出来。本节重点考核 throws 和 throw 的异同，以及各自的概念、特征与适用情境。

1. 下列有关 Java 异常处理的叙述中正确的有（　　）。（2017 年，凤凰网）

A. finally 是为确保一段代码不管是否捕获异常都会被执行的一段代码

B. throws 用来声明一个成员方法可能抛出的各种非运行时异常情况

C. final 可以用于声明属性和方法，分别表示属性的不可变及方法的不可继承

D. throw 用于明确地抛出一个异常情况

解释：final 关键字可以用于修饰类、方法、变量。用于修饰方法时，表示该方法不可在子类中覆盖，但子类中还是可以继承它。

答案：ABD

2. 下面代码输出的结果是（　　）。（2017 年，美团）

```
public class NULL {
    public static void print() {
        System.out.println("MTDP");
    }
    public static void main(String[] args) {
        try {
            ((NULL) null).print();
        } catch (NullPointerException e) {
System.out.println("NullPointerException");
        }
    }
}
```

A. NullPointerException

B. MTDP

C. 都不输出

D. 无法正常编译

解释：null 可以被强制转换为任意对象，因此可以调用 print() 方法输出 MTDP。

答案：B

3. 下列异常中可以使用 throw 抛出的有（　　）。（2019 年，第四范式）

A. Error　　B. Throwable

C. Exception　　D. RuntimeException

解释：可以使用 throw 抛出 Throwable 及其子类的异常，而 Error/Exception 和 RuntimeException 都是 Throwable 类的子类，所以都可以。

相关异常类继承的实现关系如下：

```
java.lang.Object
    java.lang.Throwable
        java.lang.Error
        java.lang.Exception
        java.lang.Exception.RuntimeException
```

答案：ABCD

## 2.3.3 捕获异常

Java 提供了 try（尝试）、catch（捕捉）、finally（最终）这三个关键字来处理异常。捕获异常是指用 catch 来捕获 try 语句块中发生的异常，是异常处理机制的一部分。本节主要考查 catch 的概念、特征及适用情境，以及 catch 涉及的 Java 异常处理机制。

1. 以下描述不正确的是（　　）。（2017 年，斐讯）

A. try 块不可以省略

B. 可以使用多重 catch 块

C. finally 块可以省略

D. catch 块和 finally 块可以同时省略

解释：在 try-catch-finally 中，catch 块和 finally 语句块可以省略其中一个，但不可将两者都省略。

答案：D

2. 在 Java 语言中，下列（　　）是异常处理的出口。

A. try{...} 子句　　B. catch{...} 子句

C. finally{...} 子句　　D. 以上说法都不对

解释：本题考查记忆型知识点。

答案：C

3. 关于以下方法调用描述正确的有（　　）。

```
private static final List<String> list=
```

```
 new ArrayList<>();
public static String test(String j){
    int i = 1, s = 1, f = 1, a = 1, b =
1,c = 1,d = 1,e = 1;
     list.add(new String("1111111111111
111111111111111"));
    return test(s+i+f+a+b+c+d+e+"");
}
```

A. 一定会发生“OutOfMemoryError: Java heap space”

B. 一定会发生“StackOverflowError”

C. 一定会发生“OutOfMemoryError:Java heap space”与“StackOverflowError”

D. 当发生内存溢出错误时不需要用 try-catch 来捕获，需检查代码及 JVM 参数配置的合理性

解释：StackOverflowError 原因在于无限调用递归方法，方法是以栈帧的形式存在于虚拟机栈内存中，一直创建栈帧，导致栈溢出。代码中的递归无结束条件，所以会报错，B 选项正确。

OutOfMemoryError：Java 堆用于存储对象实例，只要不断地创建对象，并且保证 GCRoots 到对象之间有可达路径，以避免垃圾回收机制来清除这些对象，在对象数量到达最大堆的容量限制后就会产生内存溢出异常。所以一直调用 new String() 并不会造成堆内存溢出，也不会报错，A、C 选项错误。

Java 异常可以分为 Checked Exception（检查异常）和 Unchecked Exception（非检查异常），检查异常（不包括 RuntimeException 及其子类）必须使用 try-catch 或者 throws 处理，而 Error 属于非检查异常，非检查异常可以使用 try-catch 捕获，但是没必要，D 选项正确。

答案：BD

### 2.3.4 自定义异常

当项目出现未被 Java 描述并封装成对象的问题时，Java 对这些特有的问题按照 Java 的问题封装思想进行自定义异常封装。在 Java 中要想创建自定义异常，需要继承 Throwable 类或者其子类 Exception。本节重点考查自定义异常的父类、概念、特征、基于 Java 语言的常用语法及适用情境。

1. 自定义的异常类可以从（　　）类继承。

A. Error

B. AWTError

C. VirtualMachineError

D. Exception 及其子类

解释：Java 语言中的 Throwable 类分为 Error 和 Exception 两个子类。自定义的异常类从 Exception 及其子类继承。

答案：D

2. 以下对自定义异常的描述正确的是（　　）。

A. 自定义异常必须继承自 Exception

B. 自定义异常可以继承自 Error

C. 自定义异常可以更加明确地定位异常出错的位置和给出详细的出错信息

D. 程序中已经提供了丰富的异常类，使用自定义异常没有意义

解释：Java 语言中的 Throwable 类分为 Error 和 Exception 两个子类。自定义的异常类是从 Exception 及其子类继承的，A、B 选项错误。JDK 中只是提供了常见的一些异常行为的类，为了更准确地描述异常行为，许多时候需要自定义异常，以此保证程序可以准确捕获异常，所以 D 选项错误。

答案：C

3. 下列关于自定义异常类的描述有误的是（　　）。

A. 定义异常类时通常需要提供两种构造

方法：无参数的构造方法和带一个字符串的构造器，这个字符串将作为该异常对象的详细说明（也就是异常对象getMessage()方法的返回值）

B. 在选择抛出什么异常时，应该选择合适的异常类，从而可以明确描述该异常情况

C. 通常情况下，程序很少会自行抛出系统异常，因为异常的类名通常包含了该异常的有用信息

D. 用户自定义异常都应该继承Exception基类，如果希望自定义Runtime异常，也应该继承Exception基类，利用Exception的printStackTrace()方法可以追踪异常出现的执行堆栈情况，并可以此找到异常的源头

解释：定义的异常类是从Exception及其子类继承的。

答案：D

4. 给出以下代码，该程序的运行结果是（　　）。

```
class Example {
    Public static void main (String args[]){
        System.out.println(3.0/0);
    }
}
```

A. 编译失败

B. 运行期异常

C. java.lang.ArithmeticException异常抛出

D. 打印输出Infinity

解释：在Java中有三个特殊的浮点型的数值：正无穷大、负无穷大、NaN，这三种数值用来表示出错或溢出的情况。Java中存在除0异常，但是0.0（是double型）并不是0，所以除以0.0并不报错，而计算负数的平方根会得到NaN。

答案：D

## 2.4 线程

Java为多线程编程提供了内置的支持。多线程可以让程序员编写高效率的程序来达到充分利用CPU的目的。本节主要考核线程的生命周期、线程与进程的概念及异同、线程同步、线程间通信、线程死锁、线程控制（如挂起、停止和恢复）等。

### 2.4.1 线程概述

一个线程指的是进程中一个单一顺序的控制流，一个进程中可以并发多个线程，每条线程并行执行不同的任务。一个线程不能独立地存在，它必须是进程的一部分。一个进程一直运行，直到所有的非守护线程都结束运行后才能结束。本节主要考核线程的创建，线程与进程各自的概念、特征、常用方法，以及两者之间的联系与异同。

1. 在Java语言中编写一个多线程的程序，可以使用的方法有（　　）。（2017年，德邦）

A. 扩展类Thread

B. 实现Runnable接口

C. 扩展类Runnable

D. 实现Thread接口

解释：实现线程的方法如下。

（1）继承Thread类（覆盖它的run()方法）。

（2）实现Runnable接口（实现接口的run()方法）。

除了上面两种方法外，还可以使用ExecutorService、Callable、Future等实现多线程。

答案：AB

2. 关于线程和进程，下列描述不正确的是（　　）。（2016 年，阿里巴巴）

A. 在一个进程的线程共享堆区，而进程中的线程各自维持自己的堆栈

B. 进程的隔离性要好于线程

C. 线程在资源消耗上通常要比进程轻量

D. 不同进程间不会共享逻辑地址空间

解释：进程是具有一定独立功能的程序关于某个数据集合的一次运行活动，是系统进行资源分配和调度的一个独立单位。

线程是进程的一个实体，是 CPU 调度和分配的基本单位，它是比进程更小的能独立运行的基本单位。线程自己基本上不拥有系统资源，只拥有一点在运行中必不可少的资源（如程序计数器，一组寄存器和栈，非共享），但是它可以与同属一个进程的其他的线程共享进程所拥有的全部资源。

进程与线程有以下区别。

（1）包含关系：一个程序至少有一个进程，一个进程至少有一个线程。

（2）内存共享：进程在执行过程中拥有独立的内存单元（一个进程崩溃后，在保护模式下不会对其他进程产生影响）；多个线程共享进程提供的内存（拥有自己的私有栈空间，只是作为运行需要的极少内存），从而极大地提高程序的运行效率，但一个线程死掉就等于整个进程死掉。所以多进程的程序要比多线程的程序健壮。

（3）执行过程：进程独立执行；线程不能够独立执行，必须依存在应用程序中，由应用程序提供多个线程执行控制。

（4）从逻辑角度来看，多线程的意义在于一个应用程序中有多个执行部分可以同时执行。但操作系统并没有将多个线程看作多个独立的应用来实现进程的调度、管理及资源分配。这是进程和线程的重要区别。

答案：D

3. 下面代码输出的结果是（　　）。（2017 年，美团）

```
public static void main(String args[]) {
    Thread t = new Thread() {
        public void run() {
            print();
        }
    }
    t.run();
    System.out.print("MT");
}
static void print() {
    System.out.print("DP");
}
```

A. DPMT

B. MTDP

C. MTDP 和 DPMT 都有可能

D. 都不输出

解释：start() 方法用来启动一个线程，当调用 start() 方法后，系统才会开启一个新的线程，进而调用 run() 方法来执行任务，而单独调用 run() 方法跟调用普通方法是一样的，已经失去线程的特性了。因此在启动一个线程时一定要使用 start() 方法，而不是 run() 方法。如果是多线程的情况（即用 t.start()，而不是 t.run()），MTDP 和 DPMT 都有可能，现在用的是 t.run()，因此只有一个 main 线程，是单线程，所以顺序执行，输出的是 DPMT。

答案：A

4. 线程启动调用的方法的是（　　）。

A. init()　　B. start()

C. run()　　D. main()

解释：启动一个线程是调用 start() 方法，使线程所代表的虚拟处理机处于可运行状态，这意

味着它可以由 JVM 调度并执行，但并不是线程就会立即运行。run() 方法是线程启动后要进行回调（callback）的方法。

答案：B

5. 以下说法错误的有(　　)。(2017 年，乐视)

A. Java 线程类的优先级相同

B. Thread 和 Runnable 接口没有区别

C. 若一个类继承了某个类，只能使用 Runnable 实现线程

D. 其他选项均不正确

解释：Java 线程类的优先级是有可能不同的。例如，守护（daemon）线程的优先级就低于普通线程。

Thread 实现了 Runnable 接口，是一个类，不是接口。在使用过程中，因为 Thread 是类，所以如果一个类继承了 Thread，就不能集成其他类了，此时一般推荐使用 Runnable 接口。除此之外，Thread 中还定义了 start() 方法，可以用它启动一个线程。

实现线程的两个常用方法如下。

（1）继承 Thread 类，重写（Overwrite）run() 方法，缺点是一旦继承了 Thread 类就不能继承其他类了。

（2）实现 Runnable 接口，调用 run() 方法。

答案：ABC

## 2.4.2 线程的生命周期

线程是一个动态执行的过程，它也有一个从创建到死亡的过程。本节主要考核线程从创建到死亡的整个生命周期，线程生命周期中状态的转换及转换线程状态的常用方法。

1. 在一个线程中调用 sleep(1000) 方法，将使该线程在(　　)时间后获得对 CPU 的控制（假设睡眠过程中不会有其他事件唤醒该线程）。（2019 年，第四范式）

A. 正好 1000ms

B. 少于 1000ms

C. 大于等于 1000ms

D. 不一定

解释：在程序休眠（sleep）1000ms 之后线程进入就绪态，在这种状态下，需要检查现在是否有资源允许这个线程继续运行，如果条件不满足，则需要等待，如果现在有资源，则立即执行。所以它至少在 1000ms 之后才有可能获得对 CPU 的控制。

答案：C

2. 在 Java 线程状态转换时，下列转换不可能发生的有（　　）。（2017 年，完美世界）

A. 初始态→运行态

B. 就绪态→运行态

C. 阻塞态→运行态

D. 运行态→就绪态

解释：在 Java 线程状态转换时，初始态→运行态、阻塞态→运行态。这两种转换不可能发生。

答案：AC

3. 编译并运行下面的程序时，会发生（　　）。（2017 年，德邦）

```
public class Bground extends Thread{
    public static void main(String argv[]){
        Bground b = new Bground();
        b.run();
    }
    public void start(){
        for(int i=0;i<10;i++){
            System.out.println("Value of
            i = "+i);
        }
```

```
    }
}
```

A. 编译错误，指明 run() 方法没有定义

B. 运行错误，指明 run() 方法没有定义

C. 编译通过并输出 0~9

D. 编译通过，但无输出

解释：对于线程而言，start() 方法是让线程从初始状态变成就绪状态。run() 方法才是执行体的入口。但是在 Thread 中，run() 方法是一个空方法，没有具体实现。Bground 类继承了 Thread 类，但是没有覆盖 Thread 类的 run() 方法，因此调用 run() 方法肯定无输出。

答案：D

4. 下列可以终止当前线程的运行的是（　　）。（2017 年，凤凰网）

A. 当一个优先级高的线程进入就绪状态时

B. 当该线程调用 sleep() 方法时

C. 当创建一个新线程时

D. 抛出一个异常时

解释：抛出异常，线程终止。

答案：D

### 2.4.3 多线程、锁和死锁

Java 给多线程编程提供了内置的支持，但多线程可能会带来内存泄漏、程序不可控等问题，因此需要使用 Java 的锁机制来控制并发代码产生的问题。本节主要考核多线程编程的概念、特征与实际应用，以及 Java 锁机制中 synchronized 和 volatile 的作用。

1. Java 中（　　）关键字可以对对象加互斥锁。（2017 年，斐讯）

A. transient　　　B. synchronized

C. serialize　　　D. static

解释：本题考查记忆型知识点。

答案：B

2. 下面对多线程和多进程编程描述正确的有（　　）。（2017 年，美团）

A. 线程的数据交换更快，因为它们在同一地址空间内

B. 线程因为有自己的独立栈空间且共享数据，不利于资源管理和保护

C. 在多进程中，子进程可以获得父进程的所有堆和栈的数据

D. 进程比线程更健壮，但是进程比线程更容易杀掉

答案：ACD

3. 下列说法正确的有（　　）。（2017 年，完美世界）

A. 因为直接调用 Thread 对象的 run() 方法会报异常，所以应该使用 start() 方法来开启一个线程

B. 一个进程是一个独立的运行环境，可以看作一个程序或一个应用。而线程是在进程中执行的一个任务。Java 运行环境是一个包含不同的类和程序的单一进程。线程可以称为轻量级进程。线程需要较少的资源来创建和驻留在进程中，并且可以共享进程中的资源

C. synchronized 可以解决可见性问题，volatile 可以解决原子性问题

D. ThreadLocal 用于创建线程的本地变量，该变量是线程之间不共享的

解释：volatile 与 synchronized 的区别如下。

- volatile 本质是在提示 JVM 当前变量在寄存器中的值是不确定的，需要从主存中读取；

synchronized 则是锁定当前变量，只有当前线程可以访问该变量，其他线程被阻塞。

- volatile 仅能用于变量级别，而 synchronized 可以用于变量或方法。
- volatile 仅能实现变量的修改可见性，但不具备原子特性，而 synchronized 可以保证变量的修改可见性和原子性。
- volatile 不会造成线程的阻塞，而 synchronized 可能会造成线程的阻塞。
- volatile 标记的变量不会被编译器优化，而 synchronized 标记的变量可以被编译器优化。

答案：BD

4. 假设 a 是一个由线程 1 和线程 2 共享的初始值为 0 的全局变量，则线程 1 和线程 2 同时执行下面的代码，最终 a 的结果不可能是（　　）。（2017 年，今日头条）

```
boolean isOdd = false;
for (int i = 1; i <= 2; ++i) {
      if (i % 2 == 1)
   isOdd = true;
      else
   isOdd = false;
      a += i * (isOdd ? 1 : -1);
}
```

A. −1　　B. −2　　C. 0　　D. 1

解释：

假设两线程为 A、B，设有三种情况。

（1）A、B 不并发：此时相当于两个方法顺序执行。A 执行完后 a=−1，B 使用 −1 作为 a 的初值，B 执行完后 a=−2。

（2）A、B 完全并发：此时读写冲突，相当于只有一个线程对 a 的读写最终生效，方法只执行了一次。此时 a=−1。

（3）A、B部分并发：假设A先进行第一次读写，得到a=1；之后A的读写被B覆盖了。B使用1作为a的初值，B执行完后a=0。

根据以上分析，a 的值不可能是 1。

答案：D

## 2.4.4 Lock

在 Java 并发编程中，锁有两种实现：隐式锁（synchronized）和显式锁（Lock）。本节主要考核 Lock 的概念、特征、基于 Java 语言的常用语法与适用情境，以及 synchronized 和 Lock 的区别。

1. 关于 synchronized 和 java.util.concurrent.locks.Lock 的比较，以下描述正确的有（　　）。

A. Lock 不能完成 synchronized 所实现的所有功能

B. synchronized 会自动释放锁

C. Lock 一定要求程序员手工释放，并且必须在 finally 中释放

D. Lock 有比 synchronized 更精确的线程语义和更好的性能

解释：Lock 能完成 synchronized 所实现的所有功能，A 选项错误。与 synchronized 比较，Lock 有比 synchronized 更精确的线程语义和更好的性能。synchronized 会自动释放锁，而 Lock 一定要求程序员手工释放，并且必须在 finally 中释放。Lock 还有更强大的功能。例如，它的 tryLock() 方法可以以非阻塞方式获得锁。

答案：BCD

2. 以下可用来实现线程间通知和唤醒的有（　　）。

A. Object.wait()/notify()/notifyAll()

B. ReentrantLock.wait()/notify()/notifyAll()

C. Condition.await()/signal()/signalAll()

D. Thread.wait()/notify()/notifyAll()

解释：wait()、notify() 和 notifyAll() 是 Object 类中的方法。调用某个对象的 wait() 方法能让当前线程阻塞，并且当前线程必须拥有此对象的锁。调用某个对象的 notify() 方法能够唤醒一个正在等待这个对象的锁的线程，如果有多个线程都在等待这个对象的锁，则只能唤醒其中一个线程。调用 notifyAll() 方法能够唤醒所有正在等待这个对象的锁的线程，即让这些线程都进入就绪状态，等待获取资源运行。Condition 是在 Java 1.5 中才出现的，它用来替代传统的 Object 的 wait()、notify() 实现线程间的协作，相比使用 Object 的 wait()、notify()，使用 Condition 的 await()、signal() 这种方式实现线程间协作更加安全和高效。因此通常推荐使用 Condition。

答案：AC

3. 下列关于 Java 多线程并发控制机制的叙述中，错误的是（　　）。

A. Java 中对共享数据操作的并发控制采用加锁技术

B. 线程之间的交互，提倡采用 suspend()/resume() 方法

C. 共享数据的访问权限都必须定义为 private

D. Java 中没有提供检测与避免死锁的专门机制，但应用程序员可以采用某些策略防止死锁的发生

解释：本题考查多线程的并发控制机制。Java 中对共享数据操作的并发控制采用传统的加锁技术，也就是给对象加锁，A 选项正确。线程之间的交互，提倡采用 wait() 和 notify()/notifyAll() 方法，这三个方法是 Object 类的方法，是实现线程通信的方法。不提倡使用 suspend() 方法和 resume() 方法，它们容易造成死锁，所以 B 选项错误。共享数据的访问权限都必须定义为 private，不能为 public 或其他，C 选项正确。Java 中没有提供检测与避免死锁的专门机制，因此完全由程序进行控制，应用程序员可以采用某些策略防止死锁的发生，D 选项正确。

答案：B

4. 在多线程同步中，对象加锁应该注意（　　）。

A. 返还对象的锁

B. 用 synchronized 保护的共享数据必须是私有的

C. Java 中对象加锁具有可重用性

D. 以上都对

解释：在多线程同步中，对象加锁应该注意的是，一定要返还对象的锁，用 synchronized 保护的共享数据必须是私有的，对象加锁具有可重用性。所以选 D 选项。

答案：D

## 2.4.5 线程池

Java 中使用 ThreadGroup 类来代表线程组，表示一组线程的集合，可以对一批线程和线程组进行管理。线程池就是一个容纳多个线程的容器，其中的线程可以反复使用，省去了频繁创建线程对象的操作，无须因为反复创建线程而消耗过多资源。本节主要考核线程组与线程池的概念、特征、适用情境与实际应用，以及线程池管理的常用方法。

1. 在 Java 中，管理线程组的类是（　　）。

A. java.lang.ThreadGroup

B. java.lang.Thread

C. java.lang.Runnable

D. java.lang.Object

解释：Java 语言将一组线程定义为线程组，再将线程组作为一个对象进行统一的处理和维护，

线程组由 java.lang.ThreadGroup 类实现。

答案：A

2. 线程池的目的是复用线程，以提高响应速度，减少系统创建和销毁线程开销。(　　)

解释：本题属于记忆型知识点的考查。

答案：正确

3. Java 线程池中 submit() 和 execute() 方法的区别有（　　）。

A. submit() 方法可以向线程池提交任务

B. execute() 方法的返回类型是 void，它定义在 Executor 接口中

C. submit() 方法可以返回持有计算结果的 Future 对象，它定义在 ExecutorService 接口中

D. 以上都对

解释：两个方法都可以向线程池提交任务，execute() 方法的返回类型是 void，它定义在 Executor 接口中，而 submit() 方法可以返回持有计算结果的 Future 对象，它定义在 ExecutorService 接口中，它扩展了 Executor 接口，其他线程池类，如 ThreadPoolExecutor 和 ScheduledThreadPoolExecutor 都有这些方法。所以选 B、C 选项。

答案：BC

4. 关于 sleep() 和 wait()，以下描述错误的一项是（　　）。

A. sleep() 是线程类（Thread）的方法，wait() 是 Object 类的方法

B. sleep() 不释放对象锁，wait() 放弃对象锁

C. sleep() 暂停线程，但监控状态仍然保持，结束后会自动恢复

D. wait() 进入等待锁定池，只针对此对象发出 notify() 方法后获取对象锁，并进入运行状态

解释：针对此对象发出 notify() 方法后获取对象锁并进入就绪状态，而不是运行状态。另外，针对此对象发出 notifyAll() 方法后也可能获取对象锁并进入就绪状态，而不是运行状态。

答案：D

## 2.5 文件操作和 I/O 流

流代表任何有能力产出数据的数据源对象，或者有能力接收数据的接收端对象。流的本质是数据传输，根据数据传输特性将流抽象为各种类，方便更直观地进行数据操作。本节主要考查 I/O 流的分类，各类 I/O 流的概念、特征、适用情境与常用方法，各类 I/O 流之间的联系与区别。

### 2.5.1 文件和目录操作

Java 中 File 文件类以抽象的方式代表文件名和目录路径名。本节主要考核 File 类的概念、特征、适用情境与常用方法，File 类中进行文件和目录的创建、文件的查找和文件的删除等操作的语法与用法。

1. Java 对文件类提供了许多操作方法，能获得文件对象父路径名的方法是（　　）。

A. getAbsolutePath()

B. getParentFile()

C. getAbsoluteFile()

D. getName()

解释：本题考查 File 类的基本知识。File 类是通过文件名列表来描述一个文件对象的属性，通过 File 类提供的方法，可以获得文件的名称、长度、所有路径等信息，还可以改变文件名称、删除文件等。

答案：B

2. 在File类提供的方法中，用于创建目录的方法是（　　）。

A. mkdir()　　B. mkdirs()

C. list()　　D. listRoots()

解释：本题属于记忆型知识点考查。

答案：A

3. 下列说法中，正确的是（　　）。

A. 类FileInputStream和FileOutputStream用于文件I/O处理，用其所提供的方法可以打开本地主机上的文件，并进行顺序读/写

B. 通过类File的实例或者一个表示文件名的字符串可以生成文件I/O流，在生成流对象的同时，文件被打开，但不能进行文件读/写

C. 对于InputStream和OutputStream来说，其实例都是非顺序访问流，即只能顺序读/写

D. 当从标准输入流读取数据时，从键盘输入的数据被直接输入程序中

解释：文件被打开时，可以进行读写操作，所以B选项错误。当InputStream/OutputStream配合RandomAccessFile时，可以不按顺序访问文件内容，所以C选项错误。当从标准输入流读取数据时，从键盘所输入的数据被缓冲，按Enter键时，程序才会得到输入数据，D选项错误。

答案：A

### 2.5.2 字节流和字符流

在io包（java.io）中，流分为两种：字节流与字符流。字节流有InputStream、OutputStream，字符流有Reader、Writer。本节主要考核字节流与字符流的概念、特征、适用情境与常用方法，以及两者之间的联系与区别。

1. 过滤字节流输出都是（　　）抽象类的子类。（2017年，德邦）

解释：本题考查记忆型知识点。

答案：FilterOutputStream

2. 能向内存直接写入数据的流是（　　）。

A. FileOutputStream

B. FileInputStream

C. ByteArrayOutputStream

D. ByteArrayInputStream

解释：本题考查Java的内存读写。在java.io中，还提供了ByteArrayInputStream、ByteArrayOutputStream和StringBufferInputStream类可直接访问内存，它们是InputStream和OutputStream的子类。用ByteArrayOutputStream可向字节数组写入数据；用ByteArrayInputStream可从字节数组中读取数据。

答案：D

3. Java中类ObjectOutputStream支持对象的写操作，这是一种字节流，它的直接父类是（　　）。

A. Writer　　B. DataOutput

C. OutputStream　　D. ObjectOutput

解释：ObjectOutputStream是字节流，所有的字节输出流都是OutputStream抽象类的子类。ObjectOutputStream既继承了OutputStream抽象类，又实现了ObjectOutput接口，Java用接口技术代替双重继承。

答案：C

4. 在读字符文件Employee.dat时，使用该文件作为参数的类是（　　）。

A. BufferedReader

B. DataInputStream

C. DataOutputStream

D. FileInputStream

解释：本题考查java.io包中的字符输入流。Java的I/O输出包括字节流、文件流、对象流等，要注意区分不同流使用的不同类。字符类输入流都是抽象InputStreamReader及其子类FileReader、BufferedReader等。A选项中的BufferedReader类是把缓冲技术用于字符输入流，提高了字符传送的效率，但它不能处理文件流。B选项中的DataInputStream类用于处理字节流，实现了DataInput接口，不能处理文件流。C选项中的DataOutputStream类实现了DataOutput接口，不能处理文件流。D选项中的FileInputStream类可以对一个磁盘文件涉及的数据进行处理，满足题目要求。

答案：D

5. 在程序读入字符文件时，能够以该文件作为直接参数的类是（　　）。

A. FileReader

B. BufferedReader

C. FileInputStream

D. ObjectInputStream

解释：FileInputStream是字节输入流。ObjectInputStream用于对象串行化时从对象流中读取对象。所以C选项和D选项都不是本题的答案。A选项和B选项的FileReader和BufferedReader都是字符类输入流。但是FileReader的参数是读入的文件，而BufferedReader的参数是FileReader流的一个对象。

答案：A

6. 下列叙述中，错误的是（　　）。

A. 所有的字节流都从InputStream类继承

B. 所有的字节输出流都从OutputStream类继承

C. 所有的字符流都从OutputStreamWriter类继承

D. 所有的字符输入流都从Reader类继承

解释：字符类输出流的各个类都是抽象类Writer的子类，其中包括PrintWriter类、OutputStreamWriter类及其子类FileWriter、BufferWriter、CharArrayWriter、PipedWriter、StringWriter等。OutputStreamWriter类只是Writer类的一个子类，所以C选项的说法并不全面。

答案：C

## 2.5.3 转换流

字节流和字符流可以进行相互转换。OutputStreamWriter将字节输出流变为字符输出流，InputStreamReader将字节输入流变为字符输入流。本节主要考核转换流的概念、特征、适用情境与常用方法。

1. 下面语句能够正确地创建一个Input-StreamReader的实例的是（　　）。（2019年，第四范式）

A. new InputStreamReader(new FileInputStream("data"))

B. new InputStreamReader(new FileReader("data"))

C. new InputStreamReader(new BufferedReader("data"))

D. new InputStreamReader("data")

解释：InputStreamReader将字节输入流转换为字符输入流，是字节流通向字符流的桥梁。它的构造方法如下。

（1）InputStreamReader(InputStream in)：用

于构造一个默认编码集的 InputStreamReader 类。

(2) InputStreamReader(InputStream in,String charsetName)：用于构造一个指定编码集的 InputStreamReader 类。

InputStreamReader 的主要方法如下。

(1) int read()：读取单个字符。

(2) int read(char []cbuf)：将读取到的字符存到数组中，返回读取的字符数。

答案：A

2. 下面的流中，(　　) 是字节流通向字符流的桥梁。

A. InputStreamReader

B. OutputStreamWriter

C. LineNumberReader

D. ObjectInputStream

解释：InputStreamReader 是字节流通向字符流的桥梁。

答案：A

3. 下列有关转换流的说法，错误的是 (　　)。

A. OutputStreamWriter 是字符流通向字节流的桥梁

B. 可以指定字节流和字符流之间转换的字符集

C. InputStreamReader 使用了缓冲区技术

D. OutputStreamWriter 是 OutputStream 的子类

解释：InputStreamReader 没有使用缓冲区技术，C 选项错误。

答案：C

4. 下列关于转换流的说法不正确的是 (　　)。

A. InputStreamReader 和 OutputStreamWriter 都是转换流

B. InputStreamReader 是字符流通向字节流的桥梁

C. 转换流可以在创建对象的时候指定编码集

D. 在需要使用字符流时，可以用转换流把字节流转换成字符流

解释：字符流通向字节流的桥梁是 OutputStreamWriter。

答案：B

5. FileWriter 类直接继承的类是 (　　)。

A. OutputStreamWriter

B. Writer

C. BufferedWriter

D. InputStreamReader

解释：FileWriter 类从 OutputStreamWriter 类继承而来。

答案：A

6. InputStreamReader 是转换流，可以将字节流转换成字符流，是字符流与字节流之间的桥梁。它的实现使用的设计模式是 (　　)。

A. 工厂模式　　B. 装饰者模式

C. 适配器模式　　D. 代理模式

解释：java.io 流主要运用了两个设计模式，适配器模式和装饰者模式。

适配器模式：例如，InputStreamReader 和 OutputStreamWriter 做了 InputStream 与 OutputStream 字节流类到 Reader/Writer 之间的转换。

装饰者模式（无处不在）：例如，Buffered InputStream bis = new BufferedIn putStream (new FileInputStream())。

答案：C

# 第3章 Java数据结构和算法

## 内容导读

本节重点考核各种数据结构与算法的特征、用法及实际应用。

数据结构是以某种形式将数据组织在一起的集合，它不仅存储数据，还支持访问和处理数据的操作。数据结构主要涉及两概念：线性结构与非线性结构，其中线性结构分为线性表、栈与队列，非线性结构分为树、图。

算法是为求解一个问题需要遵循的、被清楚指定的简单指令的集合。本章算法主要考核算法设计策略以及查找与排序算法等，其中排序算法有经典的10种排序：冒泡排序、选择排序、插入排序、希尔排序、归并排序、快速排序、堆排序、基数排序、桶排序、计数排序。

算法和数据结构是历来各种入职考试的重要考点，所以本章内容需要多花时间学习、练习。

## 3.1 排序算法

所谓排序算法，即通过特定的算法将一组或多组数据按照既定模式进行重新排序。这种新序列遵循着一定的规则，体现出一定的规律，因此，经处理后的数据便于筛选和计算，大大提高了计算效率。本节考核排序算法的概念与特征，重点考核排序算法的评判标准：时间复杂度、空间复杂度、使用场景、稳定性。

### 3.1.1 冒泡排序算法

冒泡排序算法是把较小的元素往前调或者把较大的元素往后调。这种方法主要是通过对相邻两个元素进行大小的比较，根据比较结果和算法规则对两个元素的位置进行交换，这样逐个进行比较和交换就能达到排序目的。本节主要考核冒泡排序算法的概念与特征，并且重点考核冒泡排序算法的评判标准：时间复杂度、空间复杂度、使用场景、稳定性。

1. 一台机器对 200 个单词进行排序花了 200 秒（使用冒泡排序），那么花费 800 秒，大概可以对（　　）个单词进行排序。（2016 年，阿里巴巴）

A. 400　　B. 500
C. 600　　D. 700

解释：冒泡排序算法时间复杂度为 $O(n^2)$，时间与数量的关系公式：

$T = kn^2$

代入已知数据求 $k$：

$200 = k \times 200 \times 200$

得出 $k$=1/200

所以 $800 = 1/200 \times n^2$

$n$= 400

答案：A

2. 设要将序列（Q, H, C, Y, P, A, M, S, R, D, F, X）中的关键码按字母序的升序重新排列，则冒泡排序一趟扫描的结果是（　　）。

A. H C Q P A M S R D F X Y
B. P A C S Q H F X R D M Y
C. F H C D P A M Q R S Y X
D. A D C R F Q M S Y P H X

解释：冒泡排序是比较相邻的元素。如果第一个比第二个大，就交换它们两个。对每一对相邻元素做同样的比较，从开始第一对到结尾的最后一对。执行一趟扫描后，最后的元素应该是最大的数。针对所有的元素重复以上步骤，除了最后一个。持续每次对越来越少的元素重复上面的步骤，直到没有任何一对数字需要比较。升序就是按照 ABC…的顺序排列。

答案：A

3. 以下对于冒泡排序的说法，正确的有（　　）。

A. 比较相邻的元素，如果第一个比第二个大，就交换它们两个
B. 对每一对相邻元素做同样的工作，从开始第一对到结尾的最后一对。此时，最后的元素应该会是最大的数
C. 针对所有的元素重复以上步骤，除了最后一个
D. 持续每次对越来越少的元素重复上面的步骤，直到没有任何一对数字需要比较

答案：ABCD

### 3.1.2 快速排序算法

快速排序的基本思想是：通过一趟排序算法把所需要排序的序列的元素分割成两大块，其中，一部分的元素都要小于或等于另外一部分的序列元素，然后仍根据该种方法对划分后

的这两块序列的元素分别再次实行快速排序算法，排序实现的整个过程可以是递归调用，最终能够实现将所需排序的无序序列变为一个有序序列。本节主要考核快速排序算法的概念与特征，并且重点考核快速排序算法的评判标准：时间复杂度、空间复杂度、使用场景、稳定性。

1. 以 30 为基准，设一组初始记录的关键字序列为 (30,15,40,28,50,10,70)，则第一趟快速排序结果是（　　）。（2017 年，顺丰）

A. 10,28,15,30,50,40,70

B. 10,15,28,30,50,40,70

C. 10,28,15,30,40,50,70

D. 10,15,28,30,40,50,70

解释：快速排序的基本思想：通过一趟排序将待排记录分隔成独立的两部分，其中一部分记录的关键字均比另一部分的关键字小，分别对这两部分记录继续进行排序，以达到整个序列有序。

以下是快速排序的步骤。

（1）设置两个变量 low、high，排序开始时，low=0，high=size-1。

（2）整个数组找基准位置，所有元素比基准值小的摆放在基准前面，所有元素比基准值大的摆放在基准的后面。

① 默认数组的第一个数为基准数据，赋值给 key，即 key=array[low]。

② 因为默认数组的第一个数为基准，所以从后面开始向前搜索（high--），找到第一个小于 key 的 array[high]，就将 array[high] 赋给 array[low]，即 array[low] = array[high]。（循环条件是 array[high] >= key；结束时 array[high] < key）

③ 此时从前面开始向后搜索（low++），找到第一个大于 key 的 array[low]，就将 array[low] 赋给 array[high]，即 array[high] = array[low]。（循环条件是 array[low] <= key；结束时 array[low] > key）

④ 循环②、③步骤，直到 low=high，该位置就是基准位置。

⑤ 把基准数据赋给当前位置。

（3）将第一趟找到的基准位置，作为下一趟的分界点。

（4）递归调用（recursive）分界点前和分界点后的子数组排序，重复（2）中②～④的步骤。

（5）得到排序好的数组。

因此，在第一趟快速排序中，次序的变化是：10 15 40（low 在此）28 50 40（high 在此）70→10 15 28 30 50 40 70。

答案：B

2. 关于排序算法，下列说法正确的是（　　）。（2017 年，七牛云）

A. 快速排序在被排序的数据完全无序时最易发挥其长处

B. 快速排序是稳定的排序算法

C. 堆排序最好情况和最坏情况的时间复杂度不同

D. 快速排序所需的辅助空间少于堆排序

解释：快速排序属于不稳定的排序算法，而直接插入排序、冒泡排序、基数排序、归并排序稳定，B 选项错误。

堆排序最好、最坏情况的时间复杂度均为 $O(n\log_2 n)$，C 选项错误。

快速排序所需辅助空间为 $O(1)$，堆排序为 $O(n\log_2 n)$，D 选项错误。

答案：A

3. 快速排序在下列选项（　　）情况下最易发挥其长处。（2017 年，搜狐）

A. 被排序的数据已基本有序

B. 被排序的数据中含有多个相同排序码

C. 被排序的数据完全无序

D. 被排序的数据中的最大值和最小值相差悬殊

解释：A 选项，尾部依次探索到头部，时间复杂度为 $O(n^2)$。B、C、D 选项，最好每次划分能得到两个长度相等的子文件，设文件长度 $n=2^k-1$，则时间复杂度最佳应为 $O(n\log_2 n)$。

答案：C

4. 快速排序的最坏时间复杂度是（　　）。（2017 年，美团）

A. $O(\log_2 n)$　　B. $O(n)$

C. $O(n\log_2 n)$　　D. $O(n^2)$

解释：快速排序最好情况下的时间复杂度为 $O(n\log_2 n)$，最坏情况下为 $O(n^2)$。

答案：D

5. 对长度为 $n$ 的线性表做快速排序，在最坏情况下，比较次数是（　　）。（2017 年，吉比特）

A. $n$　　B. $n-1$

C. $n(n-1)$　　D. $n(n-1)/2$

解释：最坏情况是线性表有序但是反序，第一次比较 $n$ 个，第二次比较 $n-1$ 个，根据等差序列求和可得 D 选项正确。

答案：D

6. 用某种排序方法对关键字（25，84，21，47，15，27，68，35，20）进行排序时，序列的变化情况如下：20，15，21，25，47，27，68，35，84 → 15，20，21，25，35，27，47，68，84 → 15，20，21，25，27，35，47，68，84，则采用的排序方法是（　　）。（2019 年，百度）

A. 选择排序　　B. 希尔排序

C. 归并排序　　D. 快速排序

解释：可以看出排序的规律是比第一个元素小的在该元素左侧，比第一个元素大的在该元素右侧，是快速排序的特征。

答案：D

7. 下面不是稳定的排序算法的是（　　）。（2018 年，百度）

A. 冒泡排序　　B. 插入排序

C. 快速排序　　D. 归并排序

解释：快速排序属于不稳定的排序算法，而直接插入排序、冒泡排序、基数排序、归并排序稳定。

答案：C

8. 下面（　　）算法对 LinkedList 排序最快。（2018 年，百度）

A. 冒泡排序　　B. 快速排序

C. 二分插入排序　　D. 堆排序

解释：LinkedList 采用双向链表存储，比较适合用快速排序算法进行排序，这是由快速排序算法不需要随机访问元素的特点决定的。冒泡排序算法适合 List，但是算法复杂度为 $O(n^2)$，没有快速排序算法快。二分插入排序算法适合顺序存储情况，不适合链式存储。

答案：B

9. 设有以下四种排序方法，则（　　）的空间复杂度最大。

A. 冒泡排序　　B. 快速排序

C. 堆排序　　D. 希尔排序

解释：快速排序，空间复杂度正常为 $O(\log_2 n)$，这也是递归的深度，如果基准值选择不好，退化为 $O(n)$，当然，即使非递归结果也是如此。冒泡排序属于简单排序，只需要几个辅助循环变量，因此空间复杂度为 $O(1)$。希尔排序，只是将直接插入排序进行修改，一般不设置特别的缩小增量序列，空间复杂度也是 $O(1)$。堆排序，只需要一个中间用辅助变量和一些循环变量，空间复杂度也是 $O(1)$。

答案：B

## 3.1.3 快速排序案例

本节主要考核快速排序在实际应用中涉及的排序思想与使用方式。

1. 有一组关键字序列（41,34,53,38,26,74），采用快速排序方法由大到小进行排序，第一趟排序结果是（　　）。

A. 26,34,53,38,41,74

B. 26,34,41,38,53,74

C. 26,34,38,41,53,74

D. 以上都不是

解释：快速排序的步骤已在 3.1.2 节第 1 题中提及。因此，在第一趟快速排序中，次序的变化是：26 34 53（low 在此）38 53（high 在此）74 → 26 34 38 41 53 74，选 C 选项。

答案：C

2. 在数据结构中，给出一组关键字：66, 30, 78, 53, 6, 18, 10, 11, 20, 49，要求用快速排序法按升序排序，第一趟排序结果是（　　）。

解释：快速排序的步骤已在 3.1.2 节第 1 题中提及。因此，第一趟快速排序中，次序的变化是：49,30,78（low 在此）,53,6,18,10,11,20,78（high 在此）→ 49,30,20,53,6,18,10,11,66,78。

答案：49, 30, 20, 53, 6, 18, 10, 11, 66, 78

## 3.1.4 数据结构概述

数据结构是指相互之间存在着一种或多种关系的数据元素的集合和该集合中数据元素之间的关系。常用的数据结构有数组、栈、链表、队列、树、图、堆、散列表等。本节主要考核数据结构的分类与各数据结构的特征。

1. 关于数据结构，下列描述中正确的是（　　）。（2017 年，4399 游戏）

A. 在深度为 5 的满二叉树中，叶子结点的个数为 32

B. 队列、栈及二叉树都是线性结构

C. 算法的复杂度主要包括时间复杂度和空间复杂度

D. 在待排序的元素序列基本有序的前提下，效率最高的排序方法是堆排序

解释：A 选项错误，因为深度为 5 的满二叉树有 $2^{k-1}$ 个叶子结点，所以为 16 个叶子结点。

B 选项错误，二叉树不是线性结构。

D 选项错误，在待排序列基本有序的情况下插入排序的效率最高。

答案：C

2. 以下数据结构中属于非线性数据结构的是（　　）。（2016 年，酷狗）

A. 队列　　B. 线性表

C. 二叉树　　D. 栈

解释：线性结构常见的有数组、队列、链表和栈。非线性结构包括二维数组、多维数组、广义表、树结构、图结构。

答案：C

## 3.1.5 数组

本节主要考核在 Java 语言下数组这一数据结构的使用。

1. 下列有关数组中元素位置交换的描述，错误的是（　　）。

A. 位置交换的过程需要借助一个中间变量

B. 位置交换的过程至少需要三步

C. 位置交换后数组的下标顺序发生了改变

D. 位置交换后数组的下标顺序不会发生改变

解释：位置交换不会导致数组下标的顺序变

化，只是下标对应的值发生了改变。

答案：C

2. 设有定义：int[2][3]，则以下关于二维数组 x 的叙述错误的是（　　）。

A. x[0] 可以看作由 3 个整型元素组成的一维数组

B. x[0] 和 x[1] 是数组名，分别代表不同的地址常量

C. 数组 x 包含 6 个元素

D. 可以用语句 x[0]=0 为所有元素赋初值 0

解释：x[0] 返回的是二维数组中的第一个元素，即一个由 3 个元素构成的一维数组，直接将此数组赋值为 0，显然是错误的初始化方式，故 D 选项错误。

答案：D

### 3.1.6 数组接口设计

本节主要是数组的一个具体应用，请读者观看配套视频进行学习。

数组的初始化，以下写法正确的有（　　）。

A. String[] arg=new String[];

B. String arg[]=new String[]{};

C. String[] arg=new String{};

D. String arg[]=new String{};

E. String arg[]={};

解释：数组初始化的三种正确写法如下。

（1）String[] str = new String[5];

（2）String[] str = new String[]{"","","","",""};

（3）String[] str = {"","","","",""};

答案：BE

### 3.1.7 快速排序的核心算法

本节主要考核快速排序算法内部的核心算法与快速排序算法在算法评价标准上的表现。

1. 快速排序的核心方法是（　　）。

A. partition　　B. partion

C. import　　D. io

解释：快速排序最核心的步骤是 partition 操作，即从待排序的数列中选出一个数作为基准，将所有比基准值小的元素放在基准前面，所有比基准值大的元素放在基准的后面（相同的数可以放到任一边），该基准就处于数列的中间位置。partition() 方法返回基准的位置，然后就可以对基准位置的左右子序列递归地进行同样的快速排序操作，从而使整个序列有序。

答案：A

2. 快速排序的空间复杂度是（　　）。

A. $O(n\log_2 n)$　　B. $O(\log_2 n)$

C. $O(n^2)$　　D. $O(n^2+1)$

解释：快速排序的空间复杂度主要考虑递归时使用的栈空间。

在最好情况下，即 partition() 方法每次恰好能均分序列，空间复杂度为 $O(\log_2 n)$；在最坏情况下即退化为冒泡排序，空间复杂度为 $O(n)$。平均空间复杂度为 $O(\log_2 n)$。

答案：B

### 3.1.8 二分查找与拉格朗日插值查找

二分查找一般指折半查找，它是一种效率较高的查找方法。但是，折半查找要求线性表必须采用顺序存储结构，而且表中元素按关键字有序排列。在数值分析中，拉格朗日插值法是一种多项式插值方法。本节主要考核二分查找与拉格朗日插值查找各自的定义与操作步骤，以及两者之间的区别和各自适用的环境。

1. 有一个有序表为 {1,5,8,11,19,22,31,35,40,45,48,49,50}，当二分查找值为 48 的结点时，查找成功需要比较的次数为(　　)。( 2016 年，京东 )

A. 4　　B. 3　　C. 2　　D. 1

解释：

（1）有序表查找范围为 1,5,8,11,19,22,31,35,40,45,48,49,50, 其中 31 < 48。

（2）有序表查找范围为 35,40,45,48,49,50, 其中 45<48。

（3）有序表查找范围为 48,49,50, 其中 49 > 48。

（4）有序表查找范围为 48, 其中 48 == 48。

答案：A

2. 为了对某序列进行二分查找，则要求其(　　)。

A. 可以是乱序

B. 必须已排序

C. 可以已排序，也可以是乱序

D. 必须转化为二叉树

解释：二分查找要求序列是顺序存储，元素有序。

答案：B

3. 若有 18 个元素的有序表存放在一维数组 A[19] 中，第一个元素放在 A[1] 中，现进行二分查找，则查找 A[3] 的比较序列的下标依次是(　　)。( 2017 年，凤凰网 )

A. 1，2，3　　B. 9，5，3

C. 9，5，2，3　　D. 9，4，2，3

解释：

第一次：high1=18，low1=1，medium1 = (high1+low1)/2=9，A[3]<A[9]，进行下一轮比较。

第二次：high2=medium1-1=8，low2=1，medium2 =(high2+low2)/2=4，A[3]<A[4]，进行下一轮比较。

第三次：high3=medium2-1=3，low3=1，medium3=(high3+low3)/2=2，A[3]>A[2]，进行下一轮比较。

第四次：由于 A[4]、A[2] 都与 A[3] 比较了，A[2]<A[3]<A[4]，故直接取 A[3]，下标为 3。

答案：D

4. 针对二分查找算法，假设一个有序数组有 136 个元素，要查找到第 10 个元素，需要比较的元素是(　　)。( 2019 年，点我达 )

A. 68,34,17,9,13,11,10

B. 68,34,17,8,12,10

C. 69,35,18,10

D. 68,34,18,9,13,11,10

解释：因为选项最后是 10，题目给的是"查找第 10 个元素"，所以是从 1 开始。

（1）1+(136-1)/2=68。

（2）10<68，下次从 1~67 中找：1+(67-1)/2=34。

（3）10<34，下次从 1~33 中找：1+(33-1)/2=17。

（4）10<17，下次从 1~16 中找：1+(16-1)/2=8。

（5）10>8，下次从 9~16 中找：9+(16-9)/2=12。

（6）10<12，下次从 9~11 中找：9+(11-9)/2=10。

（7）10==10，返回。

答案：B

### 3.1.9 内存模式

本节主要考核内存中存储数据时使用的模式（大端模式、小端模式）、内存管理模式及内存分配方式。

1. 计算机在内存中存储数据时使用了大端（big endian）模式、小端（little endian）模式，请问0x123456在大端模式下，首个字节是（　　）。

A. 0x23　　B. 0x34
C. 0x56　　D. 0x12
E. 0x1

解释：大端模式是指高位字节存放在内存的低端地址，低位字节存放在内存的高端地址；小端模式是指低位字节存放在内存的低端地址，高位字节存放在内存的高端地址。

举例说明，int a = 0x12345678，a 在内存中是如何保存的？int 型变量需要 4 个字节保存数据，a 是 4 个字节的变量。把 a 分为 0x12，0x34，0x56，0x78 这 4 个部分，分别保存到 4 个字节中。在内存中，每个字节都有一个编号，这个编号就是内存的地址，所以每个字节都有一个地址。a 需要占据 4 个字节，就会占据 4 个地址，这 4 个地址也是从低端地址变换到高端地址。若 a 变量中高字节（0x12）保存在低端地址，则是大端模式；若 a 变量中低字节（0x78）保存在低端地址，则是小端模式。

假设起始地址为 0x4000，则：

大端模式：内存地址 0x4000 0x4001 0x4002 0x4003 存放内容 0x12 0x34 0x56 0x78。

小端模式：内存地址 0x4000 0x4001 0x4002 0x4003 存放内容 0x78 0x56 0x34 0x12。

答案：D

2. 下面的内存管理模式中会产生外零头的有（　　）。

A. 页式　　B. 段式
C. 请求页式　　D. 请求段式

解释：内零头是指进程在向操作系统请求内存分配时，系统满足了进程所需要的内存需求后，还额外多分了一些内存给该进程；外零头是指内存中存在着一些空闲的内存区域。页式和请求页式会产生内零头；段式和请求段式会产生外零头。

答案：BD

### 3.1.10 快速排序处理相等

本节主要描述快速排序对重复元素过多的情况的改进，主要考核快速排序的基本概念，以及改进方法与思想。

1. 快速排序在下面（　　）情况下优势最明显。

A. 数据有多个相同数值
B. 数据基本有序
C. 数据基本无序
D. 数据无任何相同数值

答案：B

2. 快速排序方法在（　　）情况下最不利于发挥其长处。

A. 要排序的数据量太大
B. 要排序的数据中含有多个相同值
C. 要排序的数据个数为奇数
D. 要排序的数据已基本有序

解释：快速排序的基本思想是以基准元素为中心，将待排序表分成两个子表，然后继续对子表进行划分，直到所有子表的长度为 1。如果每次划分结果都是两个子表长度相等，则效率最高；如果一个子表的长度为 0，则效率最低。对已基本有序的表以第 1 个元素为标准进行划分时，其中一个表长度将基本为 0，效率最低。

答案：D

3. 关于排序算法，下列描述正确的是（　　）。

A. 快速排序和堆排序的平均时间复杂度都

是 $O(n\log_2 n)$

B. 快速排序和归并排序的最坏时间复杂度都是 $O(n^2)$

C. 快速排序和堆排序的空间复杂度都是 $O(1)$

D. 快速排序和希尔排序的最优时间复杂度都是 $O(n\log_2 n)$

解释：堆排序的时间复杂度为 $O(n\log_2 n)$，空间复杂度为 $O(1)$，是不稳定排序，适合较多情况。

归并排序的时间复杂度为 $O(n\log_2 n)$，空间复杂度为 $O(n)$，是稳定排序。快速排序的时间复杂度为 $O(n\log_2 n)$ ~ $O(n^2)$，平均为 $O(n\log_2 n)$，空间复杂度最好的情况是 $O(\log_2 n)$，最坏的情况是 $O(n^2)$，是不稳定排序。希尔排序的时间复杂度是 $O(n\log_2 n)$ ~ $O(n^2)$，是不稳定排序。

答案：A

## 3.1.11 插入排序算法

插入排序算法是基于某序列已经有序排列的情况，通过一次插入一个元素的方式按照原有排序方式增加元素。这种比较是从该有序序列的最末端开始执行，即要插入序列中的元素最先和有序序列中最大的元素比较，若其大于该最大元素，则直接插入最大元素的后面即可；否则再向前一位比较查找，直至找到应该插入的位置为止。本节主要考核插入排序算法的概念与特征，重点考核插入排序算法的评判标准：时间复杂度、空间复杂度、使用场景、稳定性。

1. 若输入数据已经是排好序的（升序），下列排序算法最快的是（　　）。（2017 年，搜狐）

A. 插入排序　　B. 希尔排序

C. 合并排序　　D. 快速排序

解释：快速排序在元素基本无序的情况下是最好的选择，在基本有序的情况下其时间复杂度是 $O(n^2)$；归并排序（合并排序）的时间复杂度稳定，为 $O(n\log_2 n)$；希尔排序的时间复杂度与选择的增量有关，一般小于 $O(n^2)$，大于 $O(n)$；插入排序在序列已有序的情况下是最快的，时间复杂度是 $O(n)$。

答案：A

2. 已知表 A 中每个元素距其最终位置不远，则（　　）最省时间。（2017 年，吉比特）

A. 冒泡排序　　B. 直接插入排序

C. 快速排序　　D. 堆排序

解释：因为接近有序时，元素的移动次数很少。

答案：B

3. 下列排序算法中，平均时间复杂度为 $O(n^2)$ 的排序算法有（　　）。（2019 年，百度）

A. 插入排序　　B. 冒泡排序

C. 归并排序　　D. 快速排序

解释：平均时间复杂度为 $O(n^2)$ 的排序算法有冒泡排序、选择排序、插入排序。

答案：AB

4. 对于一个基本有序的序列，想让其全部有序，同时想求其最大的 5 个数，使用（　　）算法最好。（2018 年，百度）

A. 插入排序　　B. 快速排序

C. 堆排序　　D. 归并排序

E. 选择排序

解释：这道题的重点是对序列进行排序，因为排好序的话最大的几个数很容易出来了，如果不用排好序，当然是堆排序。

答案：A

5. 用直接插入排序方法对下面 4 个序列进行排序（由小到大），元素比较次数最少的是（　　）。（2019 年，点我达）

A. 88,95,12,88,21,54,23,79

B. 95,21,79,88,54,23,39,12

C. 39,54,21,79,88,23,95,12

D. 12,21,23,39,79,54,88,95

解释：序列接近有序时，直接插入排序算法的元素的移动次数很少。

答案：D

## 3.1.12 二分查找插入排序算法

3.1.8 节中已经介绍了二分查找方法，本节主要考核二分查找插入排序算法的概念与特征，并且重点考核二分查找插入排序算法的评判标准：时间复杂度、空间复杂度、使用场景、稳定性。

1. 具有 12 个关键字的有序表，二分查找的平均查找长度是（　　）。

A. 3.1　B. 4　C. 2.5　D. 5

解释：将 12 个数画成完全二叉树，第一层有 1 个，第二层有 2 个，第三层有 4 个，第四层只有 5 个。 二分查找时：第一层需要比较 1 次；第二层有 2 个数，每个比较 2 次；第三层有 4 个数，每个比较 3 次；第四层有 5 个数，每个比较 4 次，则平均查找长度即为（1+2×2+3×4+4×5）/12 = 37/12 = 3.0833 约等于 3.1。

答案：A

2. 对记录（54,38,96,23,15,72,60,45,83）进行从小到大的直接插入排序时，当把第 7 个记录 60 插入有序表时，为找到插入位置需比较（　　）次。（采用从后往前比较）

A. 3　B. 4　C. 5　D. 6

解释：加入 60 之前，前 6 个数（54, 38, 96, 23,15,72）已经按序排成（15,23,38,54,72,96），再加入 60 时，先和 96 比（第一次），因为 60 小于 96，再和 72 比（第二次），60 小于 72，就再和 54 比（第三次），60 大于 54 了，所以插入在 54 和 72 之间，是从后往前比较。

答案：A

3. 在顺序表（8,11,15,19,25,26,30,33,42,48,50）中，用二分（折半）法查找关键码值 20，需做的关键码比较次数是（　　）。

解释：顺序表中的数值和索引如下。

| 8 | 11 | 15 | 19 | 25 | 26 | 30 | 33 | 42 | 48 | 50 |
|---|---|---|---|---|---|---|---|---|---|---|
| 0 | 1 | 2 | 3 | 4 | 5 | 6 | 7 | 8 | 9 | 10 |

假设低下标用 low 表示，高下标用 high 表示。

查找 20，可以通过以下步骤完成：

开始 low = 0，high = 10

第一次查找，找到中心的下标为 (0+10)/2 = 5，即 26，由于 20 小于 26，所以，调整 low = 0，high = 4；

第二次查找，找到中心的下标为 (0+4)/2 = 2，即 15，由于 15 小于 20，所以，调整 low = 2，high = 4；

第三次查找，找到中心的下标为 (2+4)/2 = 3，即 19，由于 19 小于 20，所以，调整 low = 4，high = 4；

第四次查找，找到中心的下标为 4，不是 20。

答案：4

## 3.1.13 归并排序算法

归并排序算法就是把序列递归划分成为一个个短序列，以其中只有 1 个元素的直接序列或者只有 2 个元素的序列作为短序列的递归出口，再将全部有序的短序列按照一定的规则排序为长序列。本节主要考核归并排序算法的概念与特征，并且重点考核归并排序算法的评判标准：时间复杂度、空间复杂度、使用场景、稳定性。

1. 在下列几种排序方法中，空间复杂度最高的是（　　）。（2020 年，4399 游戏）

A. 归并排序　　B. 快速排序
C. 插入排序　　D. 选择排序

解释：归并排序的空间复杂度是 $O(n)$，插入排序与选择排序的空间复杂度都为 $O(1)$，快速排序的空间复杂度为 $O(n\log_2 n)$。

答案：B

2. 现有 1GB 数据需要排序，计算资源只有 1GB 内存可用，下列排序方法中最可能出现性能问题的是（　　）。（2020 年，4399 游戏）

A. 堆排序　　B. 插入排序
C. 归并排序　　D. 快速排序

解释：归并排序在归并时需要同样大小的临时存储空间，空间复杂度为 $O(n)$，而堆排序、插入排序和快速排序的空间复杂度都为 $O(1)$。故选择归并排序。

答案：C

3. 利用归并排序算法对数字序列 5, 19, 17, 21, 11, 8, 1 进行排序，共需要进行（　　）次比较。（2017 年，京东）

A. 10　　B. 11　　C. 12　　D. 14

解释：

第一轮归并：3 次。

5 和 19，17 和 21，11 和 8。

结果：5　19　17　21　8　11　1。

第二轮归并：4 次。

5 和 17　19 和 17，19 和 21，8 和 1。

结果：5　17　19　21　1　8　11。

第三轮归并：4 次。

5 和 1，5 和 8，17 和 8，17 和 11。

结果：1　5　8　11　17　19　21。

答案：B

4. 假设只有 100MB 的内存，需要对 1GB 的数据进行排序，最合适的算法是（　　）。（2017 年，凤凰网）

A. 归并排序　　B. 插入排序
C. 冒泡排序　　D. 快速排序

解释：

（1）将 1GB 分为 10 个 100MB（为方便理解，这里将 1GB 近似于 1000MB），逐个加载 10 个 100MB 数据到内存中，分别对其进行排序。

（2）将 10 个文件分别选取 10MB 加载到内存进行排序，依次进行。

答案：A

5. 以下属于稳定排序的有（　　）。（2017 年，爱奇艺）

A. 归并排序和基数排序
B. 快速排序和堆排序
C. 选择排序和希尔排序
D. 插入排序和冒泡排序

解释：选择排序、快速排序、希尔排序、堆排序不是稳定的排序算法，而冒泡排序、插入排序、归并排序和基数排序是稳定的排序算法。

答案：AD

6. 以下排序算法需要开辟额外的存储空间的是（　　）。（2019 年，百度）

A. 选择排序　　B. 归并排序
C. 快速排序　　D. 堆排序

解释：归并排序需要进行归并操作，需要归并数组，需要开辟额外的存储空间。快速排序的额外存储是由递归深度引起的，辅助空间存储在 $O(\log_2 n)$~$O(n)$ 之间，每趟快速排序辅助的空间存储也是一个临时单元，并不需要额外开辟。

答案: B

7. 假设现在有 8GB 的数据需要排序，但是计算机内存也只有 8GB，下面排序最可能出现问题的是（　　）。（2018 年，百度）

A. 选择排序　　B. 插入排序

C. 归并排序　　D. 快速排序

E. 堆排序

解释: 归并的时候需要创建额外的内存空间，所以有可能出现问题。

答案: C

8. 有 A、B、C、D、E 五个字符，出现的频率分别为 2、5、3、3、4，在由 A、B、C、D、E 生成的最优二叉树中，该树的带权路径长是（　　）。（2016 年，搜狗）

A. 35　　B. 49　　C. 39　　D. 45

解释: 最优二叉树又称哈夫曼树，是一类带权路径长度最短的树。哈夫曼编码是一种应用广泛且非常高效的数据压缩技术。

构造哈夫曼树:

（1）将出现频率 2,5,3,3,4 按从小到大排序为 2,3,3,4,5，此时所有的元素都当作根结点，把出现频率当作权值。

（2）选取权值最小的 2 和 3 作为左右子树组成树，2+3=5 作为根结点，将 5 加入根结点系列，此时根结点权重系列为 3,4,5,5。

（3）选取当前权值最小的 3 和 4 作为左右子树组成树，3+4=7 作为根结点，此时根结点权重系列为 5,5,7。

（4）选取 5 和第(2)步生成的根结点为 5 的树，组成新的子树，根结点为 5+5=10，此时根结点权重系列为 7,10。

（5）将 7 和 10 作为左右子树生成新的树，根结点为 7+10=17。

此时得到哈夫曼树如图 3-1 所示。

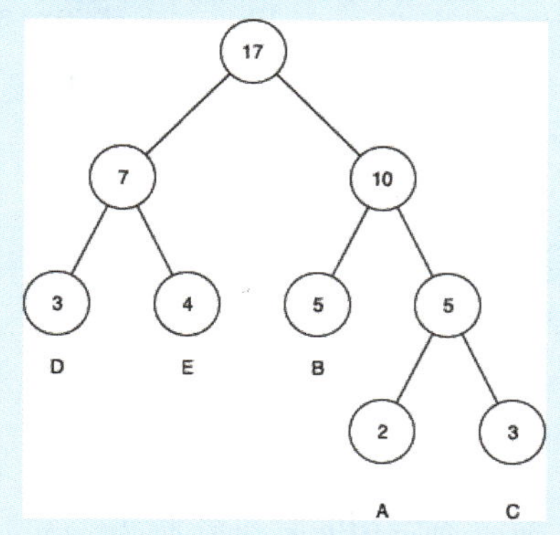


图 3-1　哈夫曼树

接下来计算路径长度。结点 A 距离根结点的距离为 3，B 距离根结点的距离为 2，C 距离根结点的记录为 3，D 距离根结点的距离为 2，E 距离根结点的距离为 2，因此，可以算出带权路径总长度为

$$WPL=2\times3+5\times2+3\times3+3\times2+4\times2=39$$

答案: C

9. 从根开始按层次（第 0 层→第 1 层→第 2 层）遍历一棵二叉树，需要使用（　　）辅助数据结构。（2016 年，搜狗）

A. heap　　B. queue

C. binary tree　　D. stack

解释: 遍历二叉树可以采用先序、中序、后序和层序等方式来进行。按层次遍历，即层序方式，它采用从根结点开始从上到下逐层遍历。开始遍历后，将根结点先压入队列，然后将左右孩子结点逐次压入，先进先出，所以应该使用队列作为辅助方式: 先将根结点 A 入队，再将 A 出队（遍历到 A），将 A 的所有子结点（假设为 B、C）入队，接着 B 出队（遍历到 B），将其所有子结点入队，接下来出队的自然是 C（遍历到 C），然后将 C 的所有子结点入队，这样就遍历了两层。接

下来出队的自然是 B 的第一个子结点（遍历到该结点），开始第三层的遍历……可见，我们需要一个先进先出的结构，自然选择队列作为辅助数据结构。

答案：B

## 3.1.14 迷宫 AI 实现

本节是 AI（人工智能）思想与 Java 语言在“迷宫游戏”课题上的应用，重点考查 AI 的适用算法与逻辑。

迷宫 AI 实现常用的原理是递归。（　　）

解释：迷宫 AI 实现通常使用路径搜索策略中的 A* 算法来实现，A* 算法最常用的是递归思想。

答案：正确

## 3.1.15 快速排序算法

快速排序算法是把较小的元素往前调或者把较大的元素往后调。这种方法主要是通过对相邻两个元素进行大小的比较，根据比较结果和算法规则对两个元素的位置进行交换，这样逐个进行比较和交换，就能达到排序目的。本节主要考核快速排序算法的概念与特征，并且重点考核快速排序算法的评判标准：时间复杂度、空间复杂度、使用场景、稳定性。

1. 在下列序列中，若以最后一个数字为基准进行快速排序（升序），第一趟数字被移动次数最多的是（　　）。

A. 102, 106, 98, 52, 40, 45, 120, 110

B. 102, 106, 110, 120, 52, 45, 40, 98

C. 110, 106, 102, 45, 40, 120, 98, 52

D. 52, 40, 45, 102, 110, 106, 98, 120

解释：

A 选项：1 次，第一趟之后为 102, 106, 98, 52, 40, 45, 110, 120。

B 选项：7 次，第一趟之后为 40,45,52, 98,120,110,106,102。

C 选项：5 次，第一趟之后为 40, 45, 52, 102, 106, 120, 98, 110。

D 选项：0 次，第一趟之后为 52, 40, 45, 102, 110, 106, 98, 120。

答案：B

2. 快速排序的平均时间复杂度和最坏时间复杂度分别是（　　）。

A. $O(n\log_2 n)$，$O(n\log_2 n)$

B. $O(n\log_2 n)$，$O(n^2)$

C. $O(n\log_2 n)$，$O(n(\log_2 n)^2)$

D. $O(n)$，$O(n(\log_2 n)^2)$

解释：最坏情况是退化为冒泡排序，其时间复杂度为 $O(n^2)$。

答案：B

3. 关键码序列 (Q,H,C,Y,Q,A,M,S,R,D,F,X)，要按照关键码值递增的次序进行排序，若采用以第一个元素为分界元素的快速排序法，则扫描一趟的结果是（　　）。

解释：希尔排序，步长默认先以数组长度的一半作为基准点，然后每次减半，直到最后为 1。

题目中的要求是以第一个元素为基准点，从后往前，遇到第一个比基准点小的元素，则换到前面，然后从前面开始往后遍历，遇到第一个比基准点大的元素则换到后面，此题答案对应的是没有等号的情况，即严格大才会换位置。

故为 FHCDQAMQRSYX。

答案：FHCDQAMQRSYX

## 3.1.16 快速排序的相等优化

本节主要描述快速排序时对重复元素过多

的情况的改进，主要考核快速排序的基本概念、改进方法与思想，以及各种改进算法的评判标准。

1. 快速排序的优化有（　　）。

A. 序列长度达到一定大小时，使用插入排序

B. 尾递归优化

C. 聚集优化

D. 多线程处理快速排序

解释：快速排序的优化包括序列长度达到一定大小时，使用插入排序、尾递归优化、聚集优化、多线程处理快速排序。

答案：ABCD

2. 当快速排序达到一定深度后，划分的区间很小时，再使用快速排序的效率不高。（　　）

解释：当快速排序达到一定深度后，划分的区间很小时，再使用快速排序的效率不高。当待排序列的长度达到一定数值后，可以使用插入排序。

答案：正确

3. 如果一个方法中所有递归形式的调用都出现在方法的末尾，当递归调用是整个方法体中最后执行的语句且它的返回值不属于表达式的一部分时，这个递归调用就是尾递归。（　　）

解释：采用尾递归，可以极大地提高运行效率。如果一个方法中所有递归形式的调用都出现在方法的末尾，称这个递归方法是尾递归。需要说明的是，只有当递归调用是整个方法体中最后执行的语句且它的返回值不属于表达式的一部分时，这样的递归调用才是尾递归。

答案：正确

### 3.1.17 数据去重复计次处理

本节主要考核“大批量数据去重”涉及的工具类、API 与并发思想。

1. Java 数组中去掉重复数据可以使用 Set 集合。（　　）

解释：Set 集合的元素不能重复，所以 Java 数组中去掉重复数据可以使用 Set 集合。

答案：正确

2. 数据重复可以使用 API 做并发处理。（　　）

解释：数据去重并计次的问题，可以在高并发情况下完成。

答案：正确

### 3.1.18 密码概率实现

关于密码学的讨论中，下列（　　）观点是不正确的。

A. 密码学是研究与信息安全相关的方面，如机密性、完整性、实体鉴别、抗否认等的综合技术

B. 密码学的两大分支是密码编码学和密码分析学

C. 密码并不是提供安全的单一的手段，而是一组技术

D. 密码学中存在一次一密的密码体制，它是绝对安全的

解释：一次一密在明文均匀分布的情况下具有完善保密性，此种情况下是不可破密码。现实中，由于明文依赖于某种语言，所以明文不是均匀分布，于是不具有完善保密性，因而不是绝对安全的。

答案：D

### 3.1.19 堆排序算法

堆排序是指利用堆这种数据结构所设计的一种排序算法。堆是一个近似完全二叉树的结

构，并同时满足堆积的性质，即子结点的键值或索引总是小于（或者大于）它的父结点。本节主要考核堆排序算法的概念与特征，并且重点考核堆排序算法的使用与评判标准：时间复杂度、空间复杂度、使用场景、稳定性。

1. 一组记录排序码为 (5 11 7 2 3 17)，利用堆排序方法建立的初始堆是（　　）。（2017 年，阿里巴巴）

A. (11 5 7 2 3 17)　　B. (11 5 7 2 13 3)
C. (17 11 7 2 3 5)　　D. (17 11 7 5 3 2)

解释：堆排序是借助完全二叉树的数据结构进行排序，将数据以二叉树的方式表示。以大顶堆为例，每次调整，都让每个结点的值都大于或者等于它的左右子结点的值，然后将最后一个叶子结点和根结点交换，此时最后的叶子结点即为最大的值。将最后的叶子结点排除后，剩下的二叉树按照上面的规则循环操作，直到所有元素都排好顺序。

构造初始化堆，是在构建完全二叉树后，从最后非叶结点开始调整，比较其和左右子结点的大小。主要有以下几种情况。

（1）自己最大，不用调整。

（2）左子结点最大，交换该非叶结点与其左子结点的值，并考察以左子结点为根的子树是否满足大顶堆的要求，不满足的话递归向下处理。

（3）右子结点最大，交换该非叶结点与其右子结点的值，并考察以右子结点为根的子树是否满足大顶堆的要求，不满足的话递归向下处理。

图 3-2 为构造初始化堆的步骤演示。

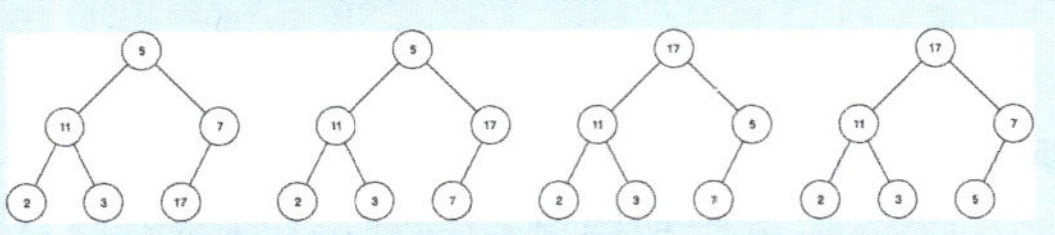

图 3-2　构造初始化堆的步骤演示

此时，初始化堆的数字序列为 (17 11 7 2 3 5)。

答案：C

2. 将整数数组（7-6-3-5-4-1-2）按照堆排序的方式原地进行升序排列，在第一轮排序结束之后，数组的顺序是（　　）。（2016 年，阿里巴巴）

A. 2-6-3-5-4-1-7
B. 6-2-3-5-4-1-7
C. 6-5-3-2-4-1-7
D. 1-5-3-2-4-6-7

解释：利用堆排序升序排列，通过以下步骤。

（1）使用完全二叉树构建大顶堆，将堆顶与末尾数交换，这样最大的数就到达了末尾。

（2）除了末尾的元素以外，对前面的数再次构建大顶堆，再将堆顶交换到当前的末尾数。

……

逐个以构建大顶堆的形式构建、交换，最终将所有数据都排序。

按照以上方法，第（1）步后就可以得到 C 选项。

答案：C

3. 将整数数组（7-6-3-5-4-1-2）按照堆排序的方式原地进行升序排列，在整个排序过程中，元素 3 的数组下标发生过（　　）次改变。（2016 年，阿里巴巴）

A. 0　　B. 1　　C. 2　　D. 3

解释：在整个排序过程中，3 应该只移动了 2 次，就是最后 3 放入堆顶 1 次（下标从 2 变为 0），然后与当前堆的最后一个元素交换 1 次（下标从 0 变为 2），一共 2 次。

答案：C

4. 关于堆排序复杂度分析的叙述中正确的有

(　　)。(2017年，京东)

A. 堆排序的时间复杂度为 $O(n\log_2 n)$

B. 整个构建堆的时间复杂度为 $O(n)$

C. 堆排序的空间复杂度为 $O(1)$

D. 堆排序是一种不稳定的排序算法

解释：堆排序的时间复杂度，主要在初始化建堆的过程和每次选取最大数后重新建堆的过程：初始化建堆的过程时间复杂度为 $O(n)$；更改堆元素后重建堆时间复杂度为 $O(n\log_2 n)$。

堆排序的时间复杂度为 $O(n\log_2 n)$，堆排序是就地排序，空间复杂度为常数 $O(1)$。

答案：ABCD

5. 将数组 [18,17,14,16,15,12,13] 用堆排序进行原地升序排序，那么在排序过程中，元素14的数组下标发生(　　)次改变。(2018年，百度)

A. 0　　B. 1　　C. 2　　D. 3

E. 4

解释：参考第3题的分析，这两道题基本是一致的。

答案：C

6. 在堆排序的过程中，建立一个堆的时间复杂度是(　　)。(2018年，百度)

A. $O(\log_2 n)$　　B. $O(n\log_2 n)$

C. $O(n^2)$　　D. $O(n)$

解释：在堆排序的过程中，因为是使用完全二叉树，从最后一个非叶结点开始构建，将它与其子结点进行比较，如果其子结点大于父结点，则进行交换，对于每个非叶结点来说，其实最多进行两次比较和互换操作，因此整个构建堆的时间复杂度为 $O(n)$。

答案：D

7. 下面的排序算法中，初始数据集的排列顺序对算法的性能无影响的是(　　)。(2016年，酷狗)

A. 插入排序　　B. 堆排序

C. 冒泡排序　　D. 快速排序

解释：初始数据集的排列顺序与比较次数无关的算法主要有堆排序、归并排序和选择排序。

答案：B

### 3.1.20 大顶堆和小顶堆

堆中所有父结点值都大于其左右子结点值的堆是最大堆。堆中所有父结点值都小于其左右子结点值的堆是最小堆。本节主要考核堆排序建立初始堆的操作步骤与堆排序的特征。

有一组数据(15,9,7,8,20,-1,7, 4)，用堆排序的筛选方法建立的初始堆是(　　)。(最小顶堆)

A. -1,4,8,9,20,7,15,7

B. -1,7,15,7,4,8,20,9

C. -1,4,7,8,20,15,7,9

D. A,B,C均不对

解释：因为这里最前面的数字是-1，为最小数，所以肯定是小顶堆。初始堆(也称为建堆)的过程在3.1.19节已经讲过，只不过小顶堆是把最小的数字移到根结点。它的建堆过程如图3-3所示，所以初始堆为-1,4,7,8,20,15,7,9。

答案：C

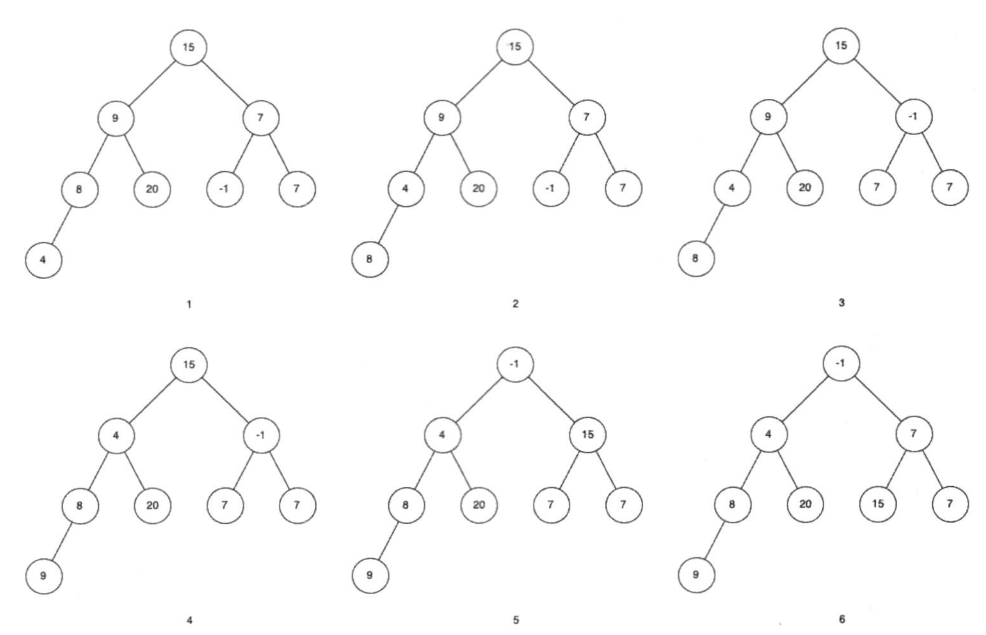


图 3-3 初始化小顶堆

## 3.1.21 桶排序

桶排序是一个排序算法，工作原理是将数组分到有限数量的桶（Bucket）里。每个桶再个别排序（桶里的数据可以使用其他排序算法，也可以以递归方式继续使用桶排序算法进行排序）。但桶排序并不是比较排序，它不受到 $O(n\log_2 n)$ 下限的影响。本节主要考核桶排序算法的概念与特征，并且重点考核桶排序算法的评判标准：时间复杂度、空间复杂度、使用场景、稳定性。

1. 下列排序算法的平均时间复杂度不是 $O(n\log_2 n)$ 的是（　　）。（2017 年，阿里巴巴）

A. 快速排序

B. 桶排序

C. 合并排序

D. 二叉树排序

解释：桶排序的平均时间复杂度为线性的 $O(n+k)$，其中 $k=n(\log_2 n-\log_2 m)$，$m$ 为桶数量。相对于同样的 $n$，桶数量 $m$ 越大，其效率就越高，最好的时间复杂度达到 $O(n)$。桶排序的空间复杂度为 $O(n+m)$，如果输入数据非常庞大，而桶的数量也非常多，则空间代价无疑是昂贵的。此外，桶排序是稳定的。

答案：B

2. 桶排序的时间复杂度为 $O(n)$。（　　）

解释：桶排序的时间复杂度接近 $O(n)$。

答案：正确

3. 桶排序的特点有（　　）。

A. 桶排序是稳定的

B. 桶排序是常见排序里最快的一种，在大多数情况下比快速排序还要快

C. 桶排序非常快，但是同时非常耗空间，基本上是最耗空间的一种排序算法

D. 以上都错

解释：桶排序是一种时间复杂度为 $O(n)$ 的排序。

桶排序是一种稳定的排序。

桶排序适用于数据均匀分布在一个区间内的数据集合。

桶排序是常见排序里最快的一种，在大多数情况下，比快速排序还要快。

桶排序非常快，但是同时非常耗费空间，基本上是最耗费空间的一种排序算法。

答案：ABC

## 3.1.22 大数据分析与清洗概述

本节是多线程在数据分析与清洗中的应用，主要考核大数据清洗与分析所涉及的工具类、数据分析算法、数据清洗方法与多线程思想。

1. 数据清洗是一个反复的过程，不可能在几天内完成，只有不断地发现问题、解决问题。(　　)

解释：数据清洗的任务是过滤那些不符合要求的数据，将过滤的结果交给业务主管部门，确认是过滤掉，还是由业务单位修正之后再进行抽取。不符合要求的数据主要有不完整的数据、错误的数据和重复的数据三类。

答案：正确

2. 数据清洗的路径有（　　）。

A. 去除 / 补全有缺失的数据

B. 去除 / 修改格式和内容有错误的数据

C. 去除 / 修改逻辑有错误的数据

D. 去除不要的数据

E. 关联性验证

解释：数据清洗路径为：预处理阶段→去除 / 补全有缺失的数据→去除 / 修改格式和内容有错误的数据→去除 / 修改逻辑错误的数据→去除不需要的数据→关联性验证。

答案：ABCDE

3. 要处理分类特征缺失的数据，只需将其标记为“缺失”即可。(　　)

解释：处理分类特征缺失的数据的最佳方法是简单地将其标记为“缺失”，这样做实质上是在为该特征添加新的类。

答案：正确

4. 下列关于大数据的分析理念的说法中，错误的是（　　）。(2019 年，京东)

A. 在数据基础上倾向于全体数据而不是抽样数据

B. 在分析方法上更注重相关分析我不是因果分析

C. 在分析效果上更追究效率而不是绝对精确

D. 在数据规模上强调相对数据而不是绝对数据

解释：大数据理念：

(1) 用全量代替样本。

(2) 兼容不精确。

(3) 更加关注相关规律：只关注关联关系，不关注因果关系。

答案：D

5. 某店铺 2022 年度会员信息表中，某会员的出生年份是 1990 年，但年龄却记录为 25 岁，此类错误需要进行（　　）。

A. 缺失值清洗

B. 重复值清洗

C. 逻辑值清洗

D. 无价值数据清洗

解释：数据清洗阶段主要处理不符合业务逻辑的异常值，还有缺失值和重复值。本题属于逻辑值异常。

答案：C

## 3.1.23 数据清理和排序

本节主要考核大数据清洗与分析所涉及的工具类、数据分析算法、数据清洗方法与多线程思想。

1. 数据清理时需要删除不必要的观测值。（ ）

解释：数据清理的第一步是从数据集中删除不需要的观测结果，包括重复或不相关的观测结果。

答案：正确

2. BufferedWriter 方法执行完成后要加 close，不然会出现异常。（ ）

解释：FileWriter 在写文件时，会把内容存储到一块缓冲区中，缓冲区满后，才会把缓冲区中的内容写入文件，内容再继续存到缓冲区，如此反复。flush() 会将内存中的内容强制写到文件中，即使内存没满。否则最后就会有少部分的内容缺失，特别是写小文件的时候，会出现文件空白，没有内容。

答案：正确

## 3.1.24 数据分割

数据分割是指把逻辑上是统一整体的数据分割成较小的、可以对独立管理的物理单元，以便于重构、重组和恢复，以提高创建索引和顺序扫描的效率。本节主要考核数据分割的思想、具体操作，以及操作之间的逻辑。

下面关于数据分割的说法正确的有（ ）。

A. 分割前先判断数据是否为空，防止保存了空的数据

B. 将获取到的符合规则的字符按照所需的规则切割出所有需要的字段，循环执行，之后将不需要的数据全部替换为空，再将接收的值添加到接收的字段

C. 对 url 编码的字符串进行解码并返回一个字符串

D. 要将上传后的数据进行分割，然后处理，只有将文件处理好，才能将它准确地保存到指定的地址

答案：ABCD

## 3.1.25 数据归并

本节是并发思想与“大数据排序”的结合，主要考核归并排序的概念、算法评价标准的表现，以及多线程思想。

1. 以下排序方式中占用 $O(n)$ 辅助存储空间的是（ ）。

A. 简单排序　　B. 快速排序

C. 堆排序　　D. 归并排序

解释：归并排序在归并过程中需要与原始序列相等的存储空间 $O(n)$ 用于存放归并结果；递归实现的归并排序还需考虑深度为 $\log_2 n$ 的栈空间，因此空间复杂度为 $O(n+\log_2 n)$；而非递归实现的归并排序避免了递归时深度为 $\log_2 n$ 的栈空间，因此空间复杂度为 $O(n)$。归并排序是所有排序中占用内存较多，但是效率比较高且稳定的算法，即牺牲内存提高了效率。

答案：D

2. 对 10TB 的数据文件进行排序，应使用的方法是（ ）。

A. 希尔排序　　B. 堆排序

C. 归并排序　　D. 快速排序

解释：此处数据巨大，需要使用外部排序。外部排序指待排序文件较大，内存一次性放不下，需存放在外部介质，如硬盘中。外部排序通常采

用归并排序。

答案：C

3. 在内部排序时，若选择了归并排序而没有选择插入排序，则可能的理由是（　　）。

A. 归并排序的程序代码更短

B. 归并排序占用的空间更少

C. 归并排序的运行效率更高

D. 以上都对

解释：归并排序的空间复杂度是 $O(n)$，直接选择排序是 $O(1)$。

归并排序的时间复杂度是 $O(n\log_2 n)$，直接选择排序是 $O(n^2)$。

选择一种排序算法的根本是考虑它的效率。从上面两种排序的时空复杂度分析中，可以看出归并排序的效率是优于插入排序的。

答案：C

## 3.1.26 希尔排序

希尔排序又称为缩小增量排序，是直接插入排序算法的一种更高效的改进版本，它是第一个时间复杂度突破 $O(n^2)$ 的排序算法。希尔排序的基本原理是将待排序的序列分成多个子序列，使得每个子序列的元素个数相对较少，然后对每个子序列分别进行直接插入排序。它的基本步骤如下。

（1）选择一个增量序列 $t_1, t_2, \cdots, t_k$，其中 $t_1>t_2>\cdots>t_k$，且 $t_k=1$。

（2）按增量序列个数 $k$，对序列进行 $k$ 趟排序。

（3）每趟排序根据对应的增量 $t_i$，将待排序列分割成若干长度为 $m$ 的子序列，分别对各子表进行直接插入排序。当增量因子为 1 时，整个序列作为一个表来处理，表长度即为整个序列的长度。

本节主要考核希尔排序算法的概念与特征，重点考核希尔排序算法的评判标准：时间复杂度、空间复杂度、使用场景、稳定性。

1. 基于比较的排序算法有（　　）。（2017 年，京东）

A. 基数排序　　B. 冒泡排序

C. 桶排序　　D. 希尔排序

解释：基于比较的排序算法主要有：①直接插入排序；②冒泡排序；③简单选择排序；④希尔排序；⑤快速排序；⑥堆排序；⑦归并排序。

基于非比较的排序算法主要有：①计数排序；②桶排序；③基数排序。

答案：BD

2. 对一组数据 {49,38,65,97,76,13,27,49,55,4} 进行排序，若前三趟的结果如下：

（1）13,27,49,55,4,49,38,65,97,76

（2）13,4,49,38,27,49,55,65,97,76

（3）4,13,27,38,49,49,55,65,76,97

采用的排序算法可能是（　　）。（2019 年，百度）

A. 希尔排序　　B. 快速排序

C. 冒泡排序　　D. 归并排序

解释：仔细观察这三次排序结果，可以看到第一次排序：第一个元素 49 和第六个元素 13 交换了位置，第二个元素 38 和第七个元素 27 交换了位置，第三个元素 65 和第八个元素 49 交换了位置；第二次排序：第二个元素 27 和第五个元素 4 交换了位置，第四个元素 55 和第七个元素 38 交换了位置；第三次排序后已经全部排好顺序了。从其规律来看这是希尔排序，其增量系列为 (5, 3, 1)。

答案：A

## 3.1.27 栈模拟线性递归

本节是栈这一数据结构与线性递归思想的结合，主要考核栈这一数据结构的特征、栈与队列的异同及各自的适用环境，以及线性递归算法的思想。

1. 下列叙述正确的是（ ）。

A. 栈是“先进先出”的线性表

B. 队列是“先进后出”的线性表

C. 循环队列是非线性结构

D. 有序线性表既可以采用顺序存储结构，也可以采用链式存储结构

解释：本题考查栈、队列、循环队列的基本概念。栈的特点是先进后出；队列的特点是先进先出。根据数据结构中各数据元素之间的复杂程度，将数据结构分为线性结构与非线性结构两类。有序线性表既可采用顺序存储结构，也可以采用链式存储结构。

答案：D

2. 栈和队列的共同点是（ ）。

A. 都是先进后出

B. 都是先进先出

C. 只允许在端点处插入和删除元素

D. 没有共同点

解释：栈和队列都是一种特殊的操作受限的线性表，只允许在端点处进行插入和删除。二者的区别是：栈只允许在表的一端进行插入或删除操作，是一种“后进先出”的线性表；队列只允许在表的一端进行插入操作，在另一端进行删除操作，是一种“先进先出”的线性表。

答案：C

## 3.1.28 栈模拟树状递归

本节是栈这一数据结构与树状递归思想的结合，主要考核栈与树这两种数据结构各自的特征，二叉树的实际应用——二叉查找树的特征与使用方法，以及树状递归算法的思想。

1. 一个栈的输入序列为 1 2 3 4 5，则下列序列中不可能是栈的输出序列的是（ ）。

A. 5 4 1 3 2　　B. 2 3 4 1 5

C. 1 5 4 3 2　　D. 2 3 1 4 5

解释：栈的特点是先进后出。如果是 5、4 最先出栈，说明栈顶元素应该是 5，栈顶第二个元素是 4，根据入栈顺序可以推导出栈中的元素应该是 1 2 3 4 5，则出栈序列是 5 4 3 2 1，不可能是其他；B 选项，入、出栈顺序为 1、2 入栈，2 出栈，3 入栈，3 出栈，4 入栈，4 出栈，1 出栈，5 入栈，5 出栈。C 选项，1 入栈，1 出栈，2、3、4、5 分别入栈，5、4、3、2 分别出栈。D 选项，1 入栈，2 入栈，2 出栈，3 入栈，3 出栈，1 出栈，4 入栈，4 出栈，5 入栈，5 出栈。可以看出 B、C、D 选项都是可能的。

答案：A

2. 下列关于排序算法的描述，错误的是（ ）。

A. 在待排序的记录集中，存在多个具有相同键值的记录，若经过排序，这些记录的相对次序仍然保持不变，称这种排序为稳定排序

B. 二叉查找树的查找效率与二叉树的树形有关，在结点太复杂时其查找效率最低

C. 在排序算法中，希尔排序在某趟排序结束后不一定能选出一个元素放到其最终位置上

D. 插入排序方法可能出现这种情况：在最后一趟开始之前，所有的元素都不在其最终应在的正确位置上

解释：当二叉树变成单枝树时，其查找效率最低。

答案：B

3. 对于下列关键字序列，不可能构成某二叉

排序树中一条查找路径的序列是（　　）。

A. 83,16,77,82,79,78

B. 56,60,99,59,87,92

C. 82,10,81,24,78,25

D. 13,26,61,58,32,34

解释：二叉排序树是具有下列性质的二叉树。

（1）如果它的左子树不空，则左子树上所有结点的值均小于它的根结点的值。

（2）如果它的右子树不空，则右子树上所有结点的值均大于它的根结点的值。

（3）它的左、右子树也分别为二叉排序树。

根据这个规则，A、C、D 选项都可以画出符合要求的二叉排序树，而 B 选项无法绘制出符合要求的二叉排序树：因为 60<99，所以 99 为 60 结点的右子树结点，而 99 后续的子结点是 59，它小于 60，这样就违反了上面的“如果它的右子树不空，则右子树上所有结点的值均大于它的根结点的值”这条要求，如图 3-4 所示。

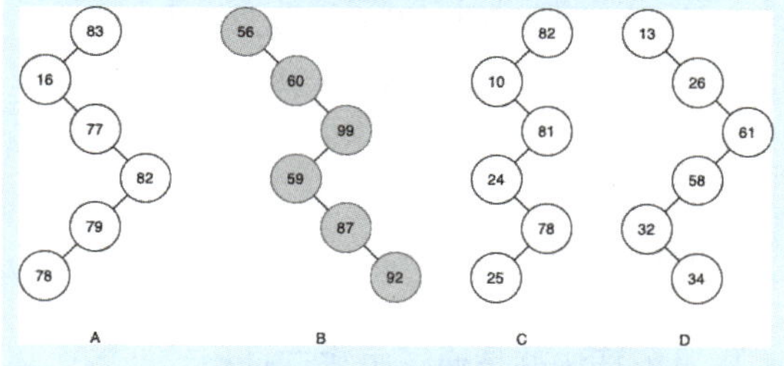


图 3-4　二叉查找树

答案：B

## 3.1.29　文件遍历

本节主要考核大文件“分片上传”所涉及的工具类、工具的使用方法与常见指令，以及多线程思想。请读者观看配套视频学习。

在文件系统中引入“当前目录”的主要目的是（　　）。

A. 方便用户　　　　B. 提高系统性能

C. 增强系统安全性　D. 支持共享访问

解释：当前目录又称为工作目录，是系统为用户提供一个目前正在使用的工作目录，在查找文件时，既可以从根目录开始，也可以从当前目录向下检索，从而缩短检索路径，提高检索速率，进而提高系统性能。

答案：B

## 3.1.30　栈模拟文件遍历

本节是栈与“遍历文件”相结合的一个应用，主要考核多线程“遍历文件”所涉及的工具类、栈的数据结构特征与常用操作，以及多线程思想。

1. 元素 a,b,c,d,e 依次进入初始为空的栈中，若元素进栈后可停留、可出栈，直到所有元素都出栈，则在所有可能的出栈序列中，以元素 d 开头的序列个数是（　　）。

A. 3　　B. 4　　C. 5　　D. 6

解释：abce 全排列共 16 种。a 开头、b 开头不可能，c 开头 cbea、cbae、ceba，e 开头 ecba，共 4 个。

答案：B

2. 下列方法不是 Java 8 的 Stream 中的中间操作方法的是（　　）。

A. filter()　　B. map()

C. findAny()　　D. limit()

解释：Stream 中的中间操作方法如下。

（1）过滤：filter()。

（2）截断流：limit()。

（3）跳过元素：skip()。

（4）筛选：distinct()。

（5）映射：map()、flatMap()。

（6）排序：sorted()。

答案：C

3. 以下代码中，class A 的变量 i、s、a 都在栈中。(　　)

```
class A {
    String i = "op";
    void func(String s) {
        s = ""+9;
    }
    static void test() {
        A a = new A();
        a.func(a.i);
    }
}
```

解释：本题考查堆与栈，栈内存主要用于存储各种基本类型的变量，包括 Boolean、Number、String、Undefined、Null 以及对象变量的指针；堆主要存储 object。

所以字符串变量 i、s 及对象指针 a 都存在栈中，用 new 创建的对象开辟内存，存在堆上，对应地址是指针 a 存的内容。

答案：错误

## 3.1.31 递归层级改造为栈

本节是栈与递归层级的结合，主要考核该案例实现过程中涉及的思想与工具类的使用。

1. (　　) 方法将 val 值压栈，使其成为栈顶的第一个元素。

A. set()　　B. int()
C. put()　　D. push()

解释：push() 将 val 值压栈。
答案：D

2. (　　) 方法用于移除堆栈中最顶层元素。

A. push()　　B. pop()
C. set()　　D. put()

解释：pop() 将 val 值出栈。
答案：B

3. size() 方法返回当前堆栈中的元素数目。(　　)

答案：正确

## 3.1.32 取极大值

本节是遗传算法与排序算法的结合应用，主要考核取极大值过程中涉及的工具类与遗传算法的特征与思想。请读者观看配套视频学习。

1. 遗传算法是模拟达尔文生物进化论的自然选择和遗传学机理的生物进化过程的计算模型。(　　)

解释：遗传算法是模拟达尔文生物进化论的自然选择和遗传学机理的生物进化过程的计算模型，是一种通过模拟自然进化过程搜索最优解的方法。简而言之，遗传算法就是通过每次选择比较好的个体进入下一次循环来保证每一轮解的最优特性。

答案：正确

2. 遗传算法就是通过每次选择比较好的个体进入下一次循环来保证每一轮解的最优特性。(　　)

答案：正确

3. 取极大值可以使用归并排序。(　　)

解释：方法在某个极小区间内，存在自变量取值 $x$，且存在比其大与比其小的自变量，这些自变量所对应的方法值均小于 $x$ 对应的方法值。此方法值称为极大值。归并排序是将已有序的子序列合并，得到完全有序的序列，即先使每个子序列有序，再使子序列段间有序。若将两个有序表合并成一个有序表，称为二路归并。因此，如果求极大值，可以使用归并排序。

答案：正确

## 3.1.33 文件归并排序

本节是归并排序算法在文件中的应用，主要考核多个文件在归并排序过程中所涉及的工具类、归并排序的特征与思想。

1. 在下列几种排序方法中，要求内存量最大的是（　　）。

A. 插入排序　　B. 选择排序

C. 快速排序　　D. 归并排序

解释：插入排序的基本操作是指将无序序列中的各元素依次插入已经有序的线性表中，从而得到一个新的序列；选择排序的基本思想是，扫描整个线性表，从中选出最小的元素，将它交换到表的最前面（这是它应有的位置），然后对剩下的子表采用同样的方法，直到表空；快速排序的基本思想是，通过一趟排序将待排序记录分割成独立的两部分，其中一部分记录的关键字均比另一部分记录的关键字小，再分别对这两部分记录继续进行排序，以达到整个序列有序；归并排序是将两个或两个以上的有序表组合成一个新的有序表。

答案：D

2. 二路归并排序不属于归并排序。（　　）

解释：归并排序指的是将两个顺序序列合并成一个顺序序列的方法，即归并排序。

答案：错误

3. 对于归并排序的说法正确的是（　　）。

A. 归并排序是一种不稳定的排序

B. 不可以用顺序存储结构

C. 时间复杂度不论是在最好情况下还是在最坏情况下均是 $O(n\log_2 n)$

D. 空间复杂度为 $O(n)+1$

解释：归并排序的时间复杂度为 $O(n\log_2 n)$。归并排序并不是一种原地排序，因为需要额外申请空间来充当临时容器。归并排序是一种稳定排序。

答案：C

4. 关于归并排序的叙述正确的有（　　）。

A. 归并排序使用了分治策略的思想

B. 归并排序使用了贪心策略的思想

C. 子序列的长度一定相等

D. 归并排序是稳定的

解释：归并排序是先不断二分整个序列，排好每一段然后再合并，是一种稳定算法。

答案：AD

5. 传统的归并排序会占用数据设定的两倍空间。（　　）

解释：归并排序的空间复杂度为 $O(n)$，因此 $n+n=2n$。

答案：正确

## 3.1.34 文件夹归并

本节是归并排序算法在文件夹中的应用，主要考核多文件夹进行归并排序过程中所涉及的工具类以及归并排序的特征与思想。请读者观看配套视频进行学习。

在二路归并排序中，对 9 个记录进行归并的趟数是（　　）。

A. 2　　B. 3　　C. 4　　D. 5

解释：对于二路归并排序，其归并次数相当于以待排元素为叶子的一棵完全二叉树的深度。所以对长度为 $n$ 的文件，需要进行 $\log_2 n$ 趟二路归并，每趟归并的时间为 $O(n)$，故其时间复杂度无论是在最好情况下还是最坏情况下均是 $O(n\log_2 n)$，是一种稳定的排序。

答案：C

### 3.1.35 排序可视化

本节是排序算法与数据可视化思想的结合，请读者观看配套视频学习。

1. 基数排序就是桶排序。(　　)

解释：基数排序的思想就是将待排数据中的每组关键字依次进行桶分配，它是通过键值的各个位的值将要排序的元素分配至某些“桶”中，以达到排序的目的。基数排序的性能比桶排序要略差。

答案：错误

2. 基数排序是将所有待比较数值统一为同样的数位长度，数位较短的数前面补零。然后从最低位开始，依次进行一次排序。这样从最低位排序一直到最高位排序完成以后，数列就变成一个有序序列。(　　)

解释：本题属于对定义的考查。

答案：正确

### 3.1.36 基数排序优化版本

本小节主要描述基数排序对普通基数排序性能较差的情况的改进，主要考核快速排序的基本概念，以及改进方法与思想。

1. 下列排序方法中，稳定的排序方法有(　　)。

A. 直接插入排序　　B. 归并排序

C. 希尔排序　　D. 基数排序

解释：稳定性是指如果在待排序的表中含有多个码值相同的记录，经过排序后，这些记录的相对次序不变，则称这种排序方法是稳定的，否则是不稳定的。稳定排序算法包括冒泡排序、鸡尾酒排序、插入排序、桶排序、计数排序、归并排序、基数排序、二叉排序树排序。

答案：ABD

2. 设有 5000 个无序的元素，希望用最快的速度排出其中前 50 个最大的元素，最好选用(　　)方法。

A. 冒泡排序　　B. 快速排序

C. 堆排序　　D. 基数排序

解释：堆排序算法中数组最大的元素位于堆顶处，在输出堆顶的最大值之后，使得剩余 $n$-1 个元素的序列又建成一个堆，则得到 $n$ 个元素中的次大值。如此反复执行 50 次，便能得到前 50 个最大的元素。与其他的方法相比，堆排序只执行了 50 次，其他方法在最坏的情况下都要遍历，所以选 C 选项。

答案：C

## 3.2 查找算法与实战

用关键字标识一个数据元素，查找是根据给定的某个值，在表中确定一个关键字的值等于给定值的记录或数据元素。在计算机中进行查找的方法是根据表中的记录的组织结构确定的。本章重点考核常见查找算法的特征，以及查找成功长度与查找失败长度的概念与计算。常见的查找算法有顺序查找、二分查找、插值查找、斐波那契查找、树表查找、分块查找、哈希查找。本节内容主要是项目实战，请读者观看配套视频学习。

### 3.2.1 高效磁盘查询数据模型

本节主要考核查找算法、适用的数据模型及适用数据库的特征。请读者观看配套视频学习。

1. 对 $n$ 个元素的表进行顺序查找时，若查找每个元素的概率相同，则平均查找长度是（　　）。

A. $(n-1)/2$　　B. $n/2$

C. $(n+1)/2$　　D. $n$

解释：在等概率的情况下，平均查找长度为 $(1+2+3+\cdots+n)/n=(n+1)/2$，即查找成功时的平均比较次数约为表长的一半。

答案：C

2. 常见的三种数据模型是（　　）。

A. 链状模型、关系模型、层次模型

B. 关系模型、环状模型、结构模型

C. 层次模型、网状模型、关系模型

D. 链表模型、结构模型、网状模型

解释：本题考查数据库的基本知识。常见的数据模型有层次模型、网状模型和关系模型，目前最常用的是关系模型。

答案：C

## 3.2.2 数据预处理及内存限制无法实现

本节对数据分析与清洗中的操作步骤以及常见问题进行叙述，主要考核大数据清洗与分析所涉及的思想与步骤。

1. 数据清理的目的有（　　）。

A. 格式标准化　　B. 异常数据清除

C. 错误纠正　　D. 重复数据的清除

解释：数据清理工作的目的是，不让有错误或有问题的数据进入运算过程，一般在计算机的帮助下完成，包括数据有效范围的清理、数据逻辑一致性的清理和数据质量（重复、清除）的抽查。

答案：ABCD

2. 数据变换通过平滑聚集、数据概化、规范化等方式将数据转换成适用于数据挖掘的形式。（　　）

解释：数据变换是指通过平滑聚集、数据概化、规范化等方式将数据转换成适用于数据挖掘的形式。例如，对于线性回归，数据进行归一化或标准化，统一量纲后的效果要比之前好。因为是用距离去度量的，而树模型不用进行这种变换。

答案：正确

## 3.2.3 大批量数据处理

本节是数据分析与清洗的应用，主要考核大数据清洗与分析所涉及的工具类、数据分析算法、数据清洗方法，以及适用的设计模式。

1. 下面关于数据处理的说法正确的有（　　）。

A. 在实际开发中，数据的处理有五种：获取、传输、存储、分析、转换

B. 序列化是将对象的信息转换为可传输或可存储形式的过程

C. Java 反射是在运行时，对于任何一个类，都可以知道这个类有哪些方法和属性

D. 反序列化是反过来让这些可传输的、可存储的信息变回对象

解释：在实际开发中，Java 数据的处理有获取、传输、存储、分析、转换五种，每种各对应一些常用的技术。序列化是将对象的信息转换为可传输或可存储形式的过程。反序列化就是反过来让这些可传输的、可存储的信息变回对象。Java 反射是在运行时，对于任何一个类，都可以知道这个类有哪些方法和属性。对于任何一个对象，都能对它的方法和属性进行调用。

答案：ABCD

2. 以下哪个用来描述代理模式（　　）

A. 定义一个用于创建对象的接口，让子类决定实例化哪一个类

B. 保证一个类仅有一个实例，并提供一个

访问它的全局访问点

C. 将一个复杂对象的构建与它的表示分离，使得同样的构建过程可以创建不同的表示

D. 为其他对象提供一种代理，以控制对这个对象的访问

解释：A 选项：工厂方法模式；B 选项：单例模式；C 选项：建造者模式；D 选项：代理模式。

答案：D

## 3.2.4 大批量数据的二分查找文件

本节是应用二分查找与线性结构的一个案例，主要考核二分查找算法与线性表的概念与特征，重点考核二分查找算法的评判标准：时间复杂度、空间复杂度、使用场景、稳定性。

1. 适用于二分查找的表的存储方式及元素排列要求是（　　）。

A. 链接方式存储，元素无序

B. 链接方式存储，元素有序

C. 顺序方式存储，元素无序

D. 顺序方式存储，元素有序

解释：要进行二分查找，就要求元素有序，否则二分查找根本无从实施。另外，为了方便查找，最好使用顺序方式存储。因此，答案是 D 选项。

答案：D

2. 如果要求一个线性表既能较快地查找，又能适应动态变化的要求，最好采用（　　）法。

A. 顺序查找　　B. 折半查找

C. 分块查找　　D. 哈希查找

解释：分块查找是二分查找和顺序查找的一种改进方法，二分查找虽然具有很好的性能，但其前提条件是线性表顺序存储而且按照关键码排序，这一前提条件在结点树很大且表元素动态变化时是难以满足的。顺序查找可以解决表元素动态变化的要求，但查找效率很低。如果既要使对线性表的查找具有较快的速度，又要满足表元素动态变化的要求，则可采用分块查找的方法。

分块查找的思路是，将大的线性表分成若干块，每块中的结点可以随意存放数据，但块和块之间必须按序排好。

分块查找的速度虽然不如二分查找算法，但比顺序查找算法快得多，同时又不需要对全部结点进行排序。当结点很多且块数很大时，对索引表可以采用二分查找，这样能够进一步提高查找的速度。

答案：C

3. 二分查找有序表（4, 6, 10, 12, 20, 30, 50, 70, 88, 100）。若查找表中元素 58，则它将依次与表中（　　）比较大小，查找结果是失败。

A. 20, 70, 30, 50

B. 30, 88, 70, 50

C. 20, 50

D. 30, 88, 50

解释：有序表中有 10 个数，查找时首先和中间值 20 比较，58 比 20 大，因此选择右边，右边 5 个数选择中间值 70，58 比 70 小，选择左边，左边两个数选择中间值 30 进行比较，58 比 30 大，选择右边，右边只有一个数 50，58 比 50 大，不相等，此时没有其他数可找，所以最后没有在这个有序表中找到 58。

答案：A

## 3.2.5 大批量数据的完整版磁盘二分查找

本节是应用二分查找与线性结构的一个案例，主要考核二分查找算法与线性表的概念与特征、查找成功与查找失败的平均查找长度的计算，重点考核二分查找的相关概念（二叉排序树）的特征。

1. 对22个记录的有序表进行二分查找，当查找失败时，至少需要比较（　　）次关键字。

A. 3　　B. 4　　C. 5　　D. 6

解释：16<22<31，所以查找失败时至少比较4次。

答案：B

2. 二分搜索与二叉排序树的时间性能（　　）。

A. 相同　　B. 完全不同

C. 有时不相同　　D. 数量级都是 $O(\log_2 n)$

解释：二分搜索的时间复杂度恒定是 $O(\log_2 n)$，但二叉排序树的最优时间复杂度是 $O(\log_2 n)$，只有平衡二叉树才是 $O(\log_2 n)$。

答案：C

### 3.2.6 索引二分查找

本节主要考核二分查找算法的概念、步骤与特征，重点考核查找成功与查找失败的平均查找长度的计算以及二分查找算法的评判标准：时间复杂度、空间复杂度、使用场景、稳定性。

1. 在有序表A[1…12]中，采用二分查找算法查找等于A[12]的元素，所比较的元素下标依次是（　　）。

解释：二分查找算法的原理如下。

（1）如果待查序列为空，则返回 -1，并退出算法，这表示查找不到目标元素。

（2）如果待查序列不为空，则将它的中间元素与要查找的目标元素进行匹配，看它们是否相等。

（3）如果相等，则返回该中间元素的索引，并退出算法，此时就查找成功了。

（4）如果不相等，则再比较这两个元素的大小。

（5）如果该中间元素大于目标元素，则将当前序列的前半部分作为新的待查序列。这是因为后半部分的所有元素都大于目标元素，它们全都被排除了。

（6）如果该中间元素小于目标元素，则将当前序列的后半部分作为新的待查序列。这是因为前半部分的所有元素都小于目标元素，它们全都被排除了。

（7）在新的待查序列上重新开始第（1）步的工作。

答案：6、9、11、12

2. 已知有序表为(12,18,24,35,47,50,62,83,90,115,134)，当用二分法查找90时，查找成功需要（　　）次。

A. 1　　B. 2　　C. 3　　D. 4

解释：根据二分法查找需要两次，第一次将90与表中间的元素50进行比较，由于90大于50，所以在线性表的后半部分查找。第二次比较的元素是后半部分的中间元素，即90，这时两者相等，即查找成功。所以只需要两次查找就可以了。

答案：B

3. 假定查找有序表A[1…12]中每个元素的概率相等，则进行二分查找时的平均查找长度是（　　）。

A. 37/12　　B. 37/13

C. 37/14　　D. 37/15

解释：首先根据二分查找算法，将有序数组转换成二叉搜索树的形式，然后用每层的数据的个数乘以所在层数后累加，最后除以数据个数所得的结果，即查找成功时的平均查找长度。

答案：A

### 3.2.7 数据结构基础

本节主要考核数据结构中哈希表的概念、

常用方法、常见问题及其解决方案（如散列表的冲突，以及线性探测法等处理散列表冲突过程中的常用解决方法）。

1. 采用线性探测法处理冲突，可能要探测多个位置，在查找成功的情况下，所探测的这些位置上的关键字（　　）。

A. 不一定都是同义词

B. 一定都是同义词

C. 一定都不是同义词

D. 都相同

解释：用线性探测法解决冲突，可能要探测多个散列地址，这些位置上的键值不一定都是同义词。

散列表就是哈希表，它用散列将键值映射到散列表中的存储位置。同义词是指具有相同散列值的关键字。散列表的存储结构是根据关键字的散列方法值来确定关键字在散列表中的存储位置，对同义词的处理，根据不同情况有不同的冲突处理方法。用线性探测法查找闭散列表，可能要探测多个散列地址，这些位置上的键值不一定都是同义词，因为同义词不一定存放在相邻的位置。

答案：A

2. 设哈希表长为 14，哈希函数是 H(key)=key%11，表中已有数据的关键字为 15，38，61，84 共四个，现要将关键字为 49 的元素加到表中，用二次探测法解决冲突，则放入的位置是（　　）。

A. 8　　B. 3　　C. 5　　D. 9

解释：49%11=5 被占用了，$(5+1^2)$ %11=6 被占用了，$(5-1^2)$%11=4 还是被占用了。$(5+2^2)$%11=9 未被占用，所以在 9 的位置放入 49。

答案：D

## 3.3 数组

数组对于每门编程语言来说都是重要的数据结构之一，当然不同语言对数组的实现及处理也不尽相同。Java 语言中提供的数组用于存储固定大小的同类型元素。本节考核数组的定义与常用方法，数组与接口的结合使用，以及数组在实际案例中的使用方式（如数据清洗）。

### 3.3.1 数组的基本使用

数组是 Java 语言中最基本的数据存储结构。数组是一块连续的内存空间，用于存储相同类型的数据。基本上掌握数组的这个定义里包含的特点，也就掌握的了数组。

1. 在 ArrayList 中，获得主要元素的方法是（　　）。

A. size()　　B. toArray()

C. get()　　D. contains()

解释：ArrayList 中有以下常用方法。

（1）add(Object element)：向列表的尾部添加指定的元素。

（2）size()：返回列表中元素的个数。

（3）get(int index)：返回列表中指定位置的元素，index 从 0 开始。

（4）add(int index, Object element)：在列表的指定位置插入指定元素。

（5）set(int i, Object element)：将索引 i 位置的元素替换为元素 element，并返回被替换的元素。

（6）clear()：从列表中移除所有元素。

（7）isEmpty()：判断列表是否包含元素，不包含元素则返回 true，否则返回 false。

（8）contains(Object o)：如果列表包含指定的元素，则返回 true。

（9）remove(int index)：移除列表中指定位

置的元素，并返回被删除元素。

（10）remove(Object o)：移除集合中第一次出现的指定元素，移除成功返回 true，否则返回 false。

（11）iterator()：返回按适当顺序在列表的元素上进行迭代的迭代器。

答案：C

## 3.3.2 数组查询操作

本节主要考核数组的概念、特征与常用方法，以及数组查询操作的特性与 Java 语法。

1. 在 Java 中，关于数组的使用和理解，正确的是（　　）。

A. 数组中只能存放基本数据类型

B. 数组中可以存放基本数据类型和引用类型

C. 数组中只能存放引用类型

D. 数组中可以存放不同的数据类型

解释：在 Java 中，数组既可以存放基本数据类型，又可以存放对象。

答案：B

2. Java 中定义数组名为 abc，（　　）可以得到数组元素的个数。

A. abc.length()　　B. abc.length

C. len(abc)　　D. ubound(abc)

解释：数组名 .length 可以获得数组长度。

答案：B

## 3.3.3 移动内存删除数据

本节主要考核数组的概念、特征与常用方法，以及数组删除与复制操作的特性与 Java 语法。

1. 下面不是数组复制方法的是（　　）。

A. 用循环语句逐个复制数组

B. 用 arraycopy() 方法

C. 用 “=” 进行复制

D. 用 clone() 方法

解释：在 Java 中实现数组复制有 4 种方法，分别为使用 Arrays 类的 copyOf() 方法和 copyOfRange() 方法，System 类的 arraycopy() 方法和 Object 类的 clone() 方法。

答案：C

2. 给出以下代码，插入（　　）语句后可以依次打印输出数组中的每个元素。

```
class Example{
    public static void main(String args[]){
        int arr[][]=new int[4][];
        arr[0]=new int[4];
        arr[1]=new int[3];
        arr[2]=new int[2];
        arr[3]=new int[1];
        for(int n=0;n<4;n++)
        System.out.println(/* 插入语句处 */);
    }
}
```

A. arr[n].length();　　B. arr.size;

C. arr.size−1;　　D. arr[n].length;

解释：数组名 .length 可以获得数组长度。

答案：D

## 3.3.4 删除数组中的数据

本节主要考核数组的概念、特征与常用方法，以及数组删除、修改、查找操作的特性与 Java 语法。

1. 遍历数组时，for 循环可以修改数组元素，foreach 不可以。（　　）

解释：在使用 foreach 时，不能对数组（集合）

进行添加、删除，因为使用 foreach 时数组（集合）已被锁定，不能修改，否则会报出 java.util.ConcurrentModificationException 异常。

答案：正确

2. 已知表达式 int m [ ] = {1,2,3,4,5,6}，下面（　　）表达式的值与数组下标量的总数相等。

A. m.length()　　B. m.length

C. m.length()+1　　D. m.length+1

解释：数组名 .length 可以获得数组长度。

答案：B

## 3.3.5 数组插入操作

本节主要考核数组的插入操作的语法。

1. 数组作为方法的参数时，向方法传递的是（　　）。

A. 数组的引用

B. 数组的栈地址

C. 数组自身

D. 数组的元素

解释：数组作为方法的参数传递，传递的参数是数组内存的地址值，其实也是引用传递。

答案：A

2. 删除数组中重复的数字问题：一个动态长度可变的数字序列，以数字 0 为结束标志，要求将重复的数字用一个数字代替。

参考答案：

```
void static remove_duplicated(int a[])
{
  if(a[0]==0 || a==NULL)
      return;
  int insert=1,current=1;
    while(a[current]!=0)
    {

        if(a[current]!=a[current-1])
        {
            a[insert]=a[current];
            insert++;
            current++;
        }
        else
        current++;
    }
    a[insert]=0;
}
```

## 3.3.6 数组的测试

本节主要考核数组与其他数据结构的联系和转换，以及对应 Java API 的使用与常见方法。

1. 将集合转成数组的方法是（　　）。

A. asList()

B. toCharArray()

C. toArray()

D. copy()

解释：将集合转成数组用 toArray()。

答案：C

2. 以下对 HashMap 集合的说法正确的是（　　）。

A. 底层是数组结构

B. 底层是链表结构

C. 可以存储 null 值和 null 键

D. 不可以存储 null 值和 null 键

解释：HashMap 底层就是一个数组结构，数组中的每一项又是一个链表。数组 + 链表结构，新建一个 HashMap 时，就会初始化一个数组。元素以键值对的方式存储，并且允许使用 null 键和 null 值，因为键不允许重复，因此只能有一个键为 null。

答案：C

3. 下列说法错误的有（ ）。

A. 数组是一种对象

B. 数组属于一种原生类

C. int number=[]={31,23,33,43,35,63}

D. 数组的大小可以任意改变

解释：Java 中的基本类型属于原生类，而数组是引用类型，不属于原生类，可以看成是一种对象。

C 选项中的数组声明和初始化的格式不对。

数组的大小一旦指定，就不可以进行改变。

答案：BCD

## 3.4 链表

链表是一种物理存储结构上非连续、非顺序的存储结构，数据元素的逻辑顺序是通过链表中的指针链接次序实现的。本节主要考核链表这一数据结构的定义、特征、常用方法，以及基于链表的排序算法的实现逻辑与适用情境。

### 3.4.1 链表简介

本节对链表的概念、链表的分类（如单链表、循环链表等）、各类别链表的概念与特征，以及链表的相关概念（如广义表等）进行了介绍。主要考核链表这一数据结构的定义、特征、常用方法与算法的概念。

1. 若一个广义表的表头为空表，则此广义表亦为空表。（ ）

解释：广义表的表头为空，并不代表该广义表为空表。例如，广义表 () 和 (()) 不同。前者是长度为 0 的空表，对其不能做求表头和表尾的运算；后者是长度为 1 的非空表（该表中唯一的一个元素是空表），对其可进行分解，得到的表头和表尾均是空表。

答案：错误

2. 为了方便单链表的添加和遍历操作，可以添加一个成员变量 current，用来表示当前结点的索引。（ ）

解释：为了方便单链表的添加和遍历操作，在链表类中添加一个成员变量 current，用来表示当前结点的索引。

答案：正确

### 3.4.2 链表循环

本节对在链表上实现循环操作的步骤及思想进行了介绍。主要考核链表这一数据结构的定义、特征、常用方法等。

1. 链表不具有的特点是（ ）。

A. 插入、删除不需要移动元素

B. 可随机访问任一元素

C. 不必事先估计存储空间

D. 所需空间与线性长度成正比

解释：可随机访问任一元素是数组的特点，但不是链表的特点。

答案：B

2. 下列不是线性表的是（ ）。

A. 队列　　B. 栈

C. 关联数组　　D. 链表

解释：关联数组是哈希表等存储键值的数据结构，根据 key 来查找 value，这也就意味着关联数组的每个元素可以无前后顺序，它是离散的，不是线性连续的。

答案：C

## 3.4.3 链表插入

本节对在链表上实现插入操作的步骤以及思想进行了介绍。

1. 以下关于线性表的叙述，错误的是（　　）。

A. 线性表采用顺序存储，必须占用一片连续的存储空间

B. 线性表采用链式存储，不必占用一片连续的存储空间

C. 线性表采用链式存储，便于插入和删除操作的实现

D. 线性表采用顺序存储，便于插入和删除操作的实现

解释：D 选项错误。顺序存储下要插入和删除，需要往前或往后移动剩下的数据，所以并不方便插入和删除操作。

答案：D

2. 假设用链表作为栈的存储结构，则退栈操作（　　）。

A. 必须判别栈是否为满

B. 必须判别栈是否为空

C. 判别栈元素的类型

D. 对栈不做任何判别

解释：退栈操作需要先检查是否已为空。

答案：B

3. 链表不具备的特点是（　　）。

A. 可随机访问任意一个结点

B. 不可随机访问任意一个结点

C. 不必事先估计存储空间

D. 所需空间与其长度成正比

解释：链表的插入、删除操作是不需要移动元素的，只需要修改结点的指针；在链表中新增结点时，可以再动态地申请空间，因此无须事先估计存储空间的大小；链表的每个结点所需的存储空间是一样大的，因此线性表的元素越多，其所需的总存储空间肯定越多。它们之间是成正比的。

如果要访问链表中的元素，必须从链表的头进行遍历，寻找要访问的元素，而不像数组那样可以通过指定下标来访问。因此在链表中无法随机访问任何一个元素。

答案：A

## 3.4.4 头插法和尾插法

本节主要考核链表插入操作中常见的头插法和尾插法。

1. 头插法和尾插法的区别有（　　）。

A. 头插法相对简便，但插入的数据与插入的顺序相反

B. 尾插法操作相对复杂，但插入的数据与插入的顺序相同

C. 没有区别

D. 以上都错

解释：头插法与尾插法的区别：头插法相对简便，在第一个结点之前插入新的元素，但插入的数据与插入的顺序相反；尾插法相对复杂，在最后一个结点之后插入新的元素，但插入的数据与插入的顺序相同。

答案：AB

2. 头插法是从一个空表开始，重复读入数据，生成一个新结点，将读入数据存放到新结点的数据域中，然后将新结点插入当前链表的表头结点之后，直到读入结束标志为止。（　　）

解释：头插法建表是从一个空表开始，重复读入数据，生成新结点，将读入的数据存放到新结点的数据域中，然后将新结点插入当前链表的表头上，直到读入结束标志为止。

答案：正确

3. 尾插法是将新结点插入当前单链表的表尾上，增设一个尾指针，使之指向当前单链表的表尾。(　　)

解释：尾插法建表时，将新结点插入当前链表的表尾上，因此需要增设一个尾指针 rear，使其始终指向链表的尾结点。

答案：正确

### 3.4.5 链表删除插入的简单模式

本节对在链表上实现删除插入操作的步骤及思想进行了介绍。

1. 若某链表最常用的操作是在最后一个结点之后插入一个结点，并删除最后一个结点，则采用（　　）存储方式最省时间。

A. 单链表
B. 双链表
C. 带头结点的双循环链表
D. 单循环链表

解释：

（1）带尾指针的单向链表：可以插入，但是无法完成删除，因为指针需要前移，但是单向链表无法得到前一个结点。

（2）带尾指针的双向链表：插入和删除都很简单。

（3）带尾指针的单向循环链表：插入很简单，删除则需要遍历整个链表，比较费时。

（4）带头指针的双向循环链表：插入和删除都很简单。

重点在于避免遍历整个链表。

答案：C

2. 单链表的插入可选择的方法有（　　）。

A. 头插法　　B. 尾插法
C. 中间插入法　　D. 三个都不是

解释：单链表的创建有头插法和尾插法两种方法。这两种方法最大的区别在于，对输入数据的存储方式不同，头插是逆序，尾插是顺序，尾插比较符合大多数人的习惯。

答案：AB

3. 在单链表中插入或者删除元素时，不需要(　　)。

解释：链表的最大优点就是，在插入和删除时不需要移动表的元素，只需要修改前后元素指向的元素。

答案：移动元素

### 3.4.6 链表删除操作

本节对在链表上实现删除操作的步骤及思想进行了介绍。

1. 下面关于链表删除操作的说法，正确的是(　　)。

A. 对链表进行插入和删除操作时，需要移动链表中的结点
B. 对链表进行插入和删除操作时，不必移动链表中的结点
C. 链表的删除算法很简单，因为当删除链中某个结点后，会自动将后续各个单元向前移动
D. 以上都对

解释：链表插入和删除只是改变了相应结点的指针指向，地址并没有改变，所以不必移动。

答案：B

2. 对链表进行插入和删除操作时不必移动链表中的结点。(　　)

答案：正确

## 3.4.7 链表插入操作

本节对在链表上实现插入操作的步骤及思想进行了介绍。

一般情况下，在一个双向链表中插入一个新的链结点的说法，正确的是（　　）。

A. 需要修改 4 个指针域内的指针

B. 需要修改 3 个指针域内的指针

C. 需要修改 2 个指针域内的指针

D. 只需要修改 1 个指针域内的指针

解释：需要修改 2 个指针域内的指针，一个前驱指针，一个后缀指针。

答案：C

## 3.4.8 链表冒泡排序

本节对在链表上实现冒泡排序算法的步骤及思想进行了介绍。

1. 下面关于链表排序正确的有（　　）。

A. 链表排序思想和数组排序类似

B. 链表（单项链表）只能一个方向遍历，不能逆序遍历（也可以先反转再遍历），且不能随机访问

C. 如果交换两个结点，共需要涉及 3 个结点

D. 以上都错

解释：链表排序思想和数组排序类似，区别就是数组遍历容易，数据交换也容易；链表（单向链表）只能一个方向遍历，不能逆序遍历（也可以先反转再遍历），且不能随机访问，所以排序比较麻烦，同时链表的数据交换也很麻烦，如果交换两个结点，共需要涉及 3 个结点，无形中增加了复杂度，也可以直接交换结点中的数据，这种方式相对简单。

答案：ABC

2. 下面关于单链表的冒泡排序正确的有（　　）。

A. 设置两个结点来控制内外循环

B. 两个结点都初始化为 NULL

C. 外层循环次数每次减少一个，并且外层循环的总数是总结点 -1 次

D. 一次内循环后内循环需要抛弃

解释：单链表的冒泡排序过程如下。

（1）设置三个指针 tail、p、cur；p 和 tail 用于控制外循环的次数，cur 用于控制内循环的次数。

（2）排序开始前遍历一次单链表，将 tail 指向尾结点的指针域，即 NULL。cur 和 p 均指向头结点。

（3）比较 cur->data 与 cur->next->data 的大小，若前者大于后者，则交换；否则不交换，之后 cur 指针右移，继续比较 cur->data 与 cur->next->data 的大小，直至 cur->next==tail。

（4）一次循环之后，将 tail 指向 cur 的位置，即相当于 tail 前移。将 cur 重新指向头结点，重复步骤（3）。

直至 p->next==tail 结束整个循环。

答案：ABCD

## 3.4.9 链表插入排序

本节主要考核链表上实现插入排序算法的步骤、逻辑与经典插入排序的异同。

1. 插入排序的思想是：依次读取链表当前值，将其插入之前已排好序的部分中的正确位置，不断地向已排序的新链表中添加新的结点，并且保证添加结点后的列表仍然有序，直至原链表遍历完毕。（　　）

解释：插入排序思想的考核。

答案：正确

2. 下面关于单链表实现插入排序的说法，正确的有（　　）。

A. 待插结点需插入有序链表中部，用到 preOrder 指针

B. 待插结点的值最小，需插在头部

C. 将待插入结点和链表断开

D. 待排序链表中的游动指针，指向待排序链表的第二个结点

解释：插入排序的基本思想是将一个结点插入一个有序的序列中。对于链表而言，要依次从待排序的链表中取出一个结点，插入已经排好序的链表中，也就是说，在单链表插入并排序的过程中，原链表会分成两部分，一部分是原链表中已经排好序的结点；另一部分是原链表中未排序的结点。这样就需要在排序过程中设置一个当前结点，指向原链表未排序部分的第一个结点。

插入排序的代码实现如下。

```
public ListNode insertionSortList
(ListNode head) {
    if (head == null || head.next == null)
        return head;

    ListNode c = head.next;
    //未排序游动指针 c
    head.next = null;
    ListNode pt, h;
    //pt: 临时结点指针，h : 已排序部分游动指针

    while (c != null) {
        pt = c;
        c = c.next;
        pt.next = null;

        if (head.val > pt.val) {
        //比较头部
            pt.next = head;
            head = pt;
            continue;
        }

        h = head;
        while (h.next != null) {
        //比较有序部分
            if (h.next.val > pt.val) {
                pt.next = h.next;
                h.next = pt;
                break;
            }

            h = h.next;
        }

        if (h.next == null) { //追加末尾
            h.next = pt;
        }
    }

    return head;
}
```

答案：ABCD

3. 插入排序中待插结点的数值最大，需追加在尾部。（　　）

解释：头部有序数据中比待插入元素大的，都朝尾部方向挪动，因此数据最大的会追加在尾部。

答案：正确

## 3.5 树与图论

树解决了单一入口下的非线性关联性的数据存储或者排序的功能，在本质上，树相对于链表，就是每个结点不止有一个后续结点，但

是只有一个前置结点。图是数据结构中最难的一部分，图的本质其实就是把线性表做进一步扩展，每个结点会有不止一个前置结点和后缀结点，而且前置结点和后缀结点的概念变成了关联结点。本节重点考查树结构中的红黑树、二叉树、B 树与 B+ 树 4 个树结构的概念、特征、实际应用，图结构中的概念、特征、常用算法，以及各类结构之间的差别与联系。

### 3.5.1 红黑树简介

红黑树（Red Black Tree）是一种自平衡二叉查找树，也是计算机科学中用到的一种数据结构，典型的用途是实现关联数组。本节主要考核红黑树的概念、特征（性质 / 特质），以及二叉树、平衡二叉树等的概念与特征。

1. 红黑树的插入复杂度是（　　）。（2017 年，吉比特）

A. $O(n)$　　B. $O(1)$

C. $O(n^2)$　　D. $O(\log_2 n)$

解释：红黑树的查找、插入和删除操作的时间复杂度都是 $O(\log_2 n)$。

答案：D

2. 下列属于红黑树性质的有（　　）。（2017 年，美团点评）

A. 每个结点要么是红的，要么是黑的

B. 根结点是黑的

C. 每个叶结点是黑的

D. 如果一个结点是红的，那么它的两个子结点都是黑的

解释：红黑树有以下 5 条性质。

（1）每个结点要么是红的，要么是黑的。

（2）根结点是黑的。

（3）每个叶结点是黑的。

（4）如果一个结点是红的，那么它的两个子结点都是黑的。

（5）对于任一个结点而言，其到叶结点的每一条路径都包含相同数目的黑结点。

答案：ABCD

### 3.5.2 B+ 树

B+ 树是 B 树的一种变形形式，B+ 树上的叶子结点存储关键字及相应记录的地址，叶子结点以上各层作为索引使用。一棵 $m$ 阶的 B+ 树的定义如下：①每个结点至多有 $m$ 个子结点；②除根结点外，每个结点至少有 $[m/2]$ 个子结点，根结点至少有两个子结点；③有 $k$ 个子结点的结点必有 $k$ 个关键字。本节主要考核 B+ 树的概念、特征（性质 / 特质），二叉树、平衡二叉树等的概念与特征，以及 B+ 树与 B 树的异同。

1. 下面关于 B 树的说法正确的有（　　）。

A. 根结点至少有两个子结点

B. 每个结点有 $M-1$ 个 key，并且以升序排列

C. 位于 $M-1$ 和 $M$ 之间的 key 的子结点的值位于 $M-1$ 和 $M$ 之间的 key 对应的 Value 之间

D. 其他结点至少有 $M/2$ 个子结点

解释：B 树有以下特点。

（1）根结点至少有两个子结点。

（2）每个结点有 $m-1$ 个键（key），并且以升序排列。

（3）位于 $m-1$ 和 $m$ 之间的键的子结点的值位于 $m-1$ 和 $m$ 的键对应的值之间。

（4）其他结点至少有 $m/2$ 个子结点。

答案：ABCD

2. B+ 树跟 B 树的差别有（　　）。

A. 有 $k$ 个子结点的结点必然有 $k$ 个键

B. 非叶结点仅具有索引作用，跟记录有关

的信息均存放在叶结点中

C. 树的所有叶结点构成一个有序链表，可以按照关键码排序的次序遍历全部记录

D. 以上都错

解释：B 树和 B+ 树的区别在于，B+ 树的非叶子结点只包含导航信息，不包含实际值，所有的叶子结点和相连的结点使用链表相连，便于区间查找和遍历。

答案：ABC

3. B+ 树的优点有（　　）。

A. 数据存放得更加紧密，具有更好的空间局部性

B. 叶子结点上关联的数据具有更好的缓存命中率

C. 叶子结点都是相连的，因此对整棵树的遍历只需要一次线性遍历叶子结点即可

D. 由于数据顺序排列并且相连，所以便于区间查找和搜索

解释：B+ 树优点是，由于 B+ 树在内部结点上不包含数据信息，因此在内存页中能够存放更多的键（key），数据存放得更加紧密，具有更好的空间局部性。因此访问叶子结点上关联的数据也具有更好的缓存命中率。

B+ 树的叶子结点都是相连的，因此对整棵树的遍历只需要一次线性遍历叶子结点即可。由于数据顺序排列并且相连，所以便于区间查找和搜索。B 树则需要进行每一层的递归遍历。相邻的元素可能在内存中不相邻，所以缓存命中率没有 B+ 树好。

答案：ABCD

4. 二叉树是一种树形结构，每个结点至多有两棵子树，下列一定是二叉树的有（　　）。（2017 年，搜狐）

A. 红黑树　　B. B 树

C. AVL 树　　D. B+ 树

解释：红黑树是一种自平衡二叉查找树。B 树是一种平衡的多叉树。B+ 树是一种树数据结构，是一个 $n$ 叉树。AVL 树是一种自平衡二叉查找树。

答案：AC

### 3.5.3 图论

本节主要考核图结构中的概念、特征、常用算法，以及各类图结构之间的差别与联系。

1. 无向图 G 中的边 e 是 G 的割边（桥）的充分必要条件是（　　）。

A. e 是重边

B. e 不是重边

C. e 不包含在 G 的任一简单回路中

D. e 不包含在 G 的某一简单回路中

解释：

（1）割点：在一个无向图中，如果删除某个顶点，这个图就不再连通（任意两点之间无法相互到达），这个顶点就是这个图的割点。

（2）割边：在一个无向图中删除某条边后，图不再连通，这条边就是这个图的割边。

（3）简单回路：在图的顶点序列中，除了第一个顶点和最后一个顶点相同外，其余顶点不重复出现的回路叫简单回路。或者说，若通路或回路不重复地包含相同的边，则它是简单的。

因此，应该选 C 选项。

答案：C

2. 连通图 G 是一棵树，当且仅当 G 中(　　)。

A. 有些边不是割边

B. 所有边都是割边

C. 无割边集

D. 每条边都不是割边

解释：在一个无向图中，如果有一个边集合，

删除这个边集合以后，图的连通分量增多，就称这个边集合为割边集合；如果某个割边集合只含有一条边 X（也即 {X} 是一个边集合），那么 X 称为一个割边，也叫作桥。

答案：B

**3.** 图 G 的邻接矩阵表达如下，G 的顶点数和边数是（　　）。（2018 年，百度）

0 0 1 1 1
0 0 1 1 0
1 1 0 1 0
1 1 1 0 1
1 0 0 1 0

A. 4,7　　B. 4,8
C. 5,7　　D. 5,8
E. 7,4

解释：该矩阵是对称矩阵，因此可能是无向图或者完全有向图。顶点数就是矩阵维度，如果是无向图，则边数是矩阵中“1”的数量的一半，有向图的边数等同于矩阵中“1”的数量。

答案：C

# 第4章 数据库和 JDBC

内容导读

在企业级应用开发和大数据开发中，Oracle 是存储数据重要的数据库之一。本章主要围绕 Oracle 数据库操作、SQL 语句和 Java 访问数据库的 JDBC（java database connectivity，Java 数据库连接）API 来讨论。

## 4.1 Oracle 基础

本节主要介绍Oracle数据库相关的基础知识，包括Oracle基本概念、Oracle服务、Oracle的安装配置等内容。

**1.** 安装Oracle数据库过程中的SID指的是(　　)。

A. 系统标识号　　B. 数据库名

C. 用户名　　D. 用户口令

解释：SID是system identifier的缩写，中文是系统标识号。

答案：A

**2.** 在Windows上使用Oracle数据库，必须启动的服务是(　　)。

A. OracleHOME_NAMETNSListener

B. OracleServiceORCL

C. OracleMTSRecoveryService

D. OracleJobSchedulerSID

解释：在Windows上成功安装Oracle 11g后，一般有7个服务，这7个服务的含义如下。

(1) Oracle ORCL VSS Writer Service：Oracle卷映射拷贝写入服务，VSS（volume shadow copy service）能够让存储基础设备（如磁盘、阵列等）创建高保真的时间点映像，即映射拷贝（shadow copy）。它可以在多个卷或单个卷上创建映射拷贝，同时不会影响到系统的性能。（非必须启动）

(2) OracleDBConsoleorcl：Oracle数据库控制台服务，orcl是Oracle的实例标识，默认的实例为orcl。在运行Enterprise Manager（企业管理器OEM）时，需要启动这个服务。（非必须启动）

(3) OracleJobSchedulerORCL：Oracle作业调度（定时器）服务，ORCL是Oracle实例标识。（非必须启动）

(4) OracleMTSRecoveryService：服务端控制服务。该服务允许数据库充当一个微软事务服务器MTS、COM/COM+对象和分布式环境下的事务的资源管理器。（非必须启动）

(5) OracleOraDb11g_home1ClrAgent：Oracle数据库.NET扩展服务的一部分。（非必须启动）

(6) OracleOraDb11g_home1TNSListener：监听器服务，只有在数据库需要远程访问时才需要启动它。（非必须启动）

(7) OracleServiceORCL：数据库服务（数据库实例），是Oracle的核心服务。该服务是数据库启动的基础，只有该服务启动，Oracle数据库才能正常启动。（必须启动）

在以上7个服务中，只有OracleServiceORCL服务是在使用Oracle数据库时必须启动，其他都可以根据需要启动。

答案：B

**3.** 下面不是Oracle默认安装后就存在的用户是(　　)。

A. SYSDBA　　B. SYSTEM

C. SCOTT　　D. SYS

解释：Oracle安装成功后默认有三种用户：SYS、SYSTEM、normal。

(1) SYS用户：超级管理员，权限最高，它的角色是DBA，默认密码是change_on_install，具有创建数据库的权限。

(2) SYSTEM用户：系统管理员，权限很高，它的角色是DBA operator，默认密码是manager，不具有创建数据库的权限。

(3) 普通用户（normal），如系统安装时的scott用户，默认密码是tiger。普通用户的权限是SYS用户或SYSTEM用户给的，如果没有给，那么普通用户连很基本的访问权限（如连接权限）也没有。以上说的是Oracle 9i的默认密码，

Oracle 10g 之后已经没有默认密码了，默认密码需要自己设置。在 Oracle 12c 之后，scott 用户默认也不存在了，需要自己创建。

答案：A

4. 在 Oracle 中，(　　) 不能在用户配置文件中限定。

A. 各个会话的用户数

B. 登录失败的次数

C. 使用 CPU 时间

D. 使用 SGA 区的大小

解释：通过 sessions_per_user 配置可以限制每个用户名允许的并行会话数，但每个会话的用户数是无法限制的。其他都可以通过在配置文件中进行相关设置来限定。

答案：A

## 4.2 DDL 和 DCL

DDL（data definition language，数据定义语言）、DCL（data control language，数据控制语言）、DML（data manipulate language，数据操纵语言）、DQL（data query language，数据查询语言）是对数据库进行操作的重要手段。DDL 用于定义或者改变数据库的表结构、数据类型、表之间的约束等初始化工作；DCL 是设置和更改数据库角色和权限的语言；DML 是对数据库表中的数据进行操作的语言，例如，对数据库的表数据进行增、删、改操作等；DQL 是从数据库表中查询数据的语言，即 SELECT。有时也把 DML 和 DQL 合并成一个，统称为 DML。

本节主要围绕 DDL 和 DCL 进行考核。

### 4.2.1 创建表

本节主要涉及使用 create 创建表格的相关知识点。

1. 在 Oracle 中创建用户时，若未使用 DEFAULT TABLESPACE 关键字，Oracle 就将______表空间分配给用户作为默认表空间，将______表空间分配给用户作为临时表空间。(　　)

A. TEMP　SYSTEM

B. USERS　TEMP

C. SYSTEM　TEMP

D. EXAMPLE　TEMP

解释：若未提及 DEFAULT TABLESPACE 关键字，则 Oracle 就将 SYSTEM 表空间分配给用户作为默认表空间，将 TEMP 表空间分配给用户作为临时表空间。

答案：C

2. 下列关于 Oracle 数据库约束的说法中正确的有（　　）。

A. 外键不能包含 NULL 值

B. 一个有 UNIQUE 约束的字段能包含 NULL 值

C. 约束是只对一个表上的 INSERT 操作执行

D. 约束能被禁用，即使约束字段包含数据

解释：可以使用 ALTER TABLE XXX DISABLE CONSTRAINT YYY KEEP INDEX; 来禁用约束，但不删除索引。

答案：BD

3. 用于删除约束的命令是（　　）。

A. ALTER TABLE MODIFY CONSTRAINT

B. DROP CONSTRAINT

C. ALTER TABLE DROP CONSTRAINT

D. ALTER CONSTRAINT DROP

解释：删除约束的命令是 ALTER TABLE DROP CONSTRAINT。

答案：C

01 02 03 04 05 06 07 08 09 10 11 12 13 14 第4章 数据库和JDBC

4. 下列不属于 Oracle 数据库中约束条件的是（　　）。

A. NOT NULL　　　B. Unique

C. INDEX　　　　D. Primary key

解释：Oracle 中约束条件包括以下几种：①主键（primary key）；②外键（foreign key）；③唯一（unique）；④检测（check）；⑤非空（not null）。

索引不属于约束条件。

答案：C

5. 以下 CREATE TABLE 语法有效的是（　　）。

A.

```
CREATE TABLE ord_ details
(ord_no NUMBER(2) PRIMARY KEY,
item_no NUMBER3) PRIMARY KEY,
ord_date DATE NOT NULL);
```

B.

```
CREATE TABLE ord_ details
(ord_no NUMBER(2) UNIQUE, NOT NULL,
item_no NUMBER(3),
ord_date DATE DEFAULT SYSDATE NOT NULL);
```

C.

```
CREATE TABLE ord_ details
(ord_no NUMBER(2) ,
item_no NUMBER(3),
ord_date DATE DEFAULT NOT NULL,
CONSTRAINT ord_uq UNIQUE (ord_no),
CONSTRAINT ord_pk PRIMARY KEY (ord_no));
```

D.

```
CREATE TABLE ord_ details
(ord_no NUMBER(2),
item_no NUMBER(3),
ord_ date DATE DEFAULT SYSDATE NOT NULL,
CONSTRAINT ord_ pk PRIMARY KEY (ord_no,
iterm_no);
```

解释：创建数据表的基本语法为：

CREATE TABLE 表名称

(

列名称 1 数据类型，

列名称 2 数据类型，

列名称 3 数据类型，

...

CONSTRAINT 约束

)

答案：D

## 4.2.2 创建表空间

Oracle 把一个数据库按功能划分成若干空间来保存数据，数据存放在磁盘上最终是以文件形式来保存的，所以一般一个数据表空间包含一个以上的物理文件。

在 Oracle 中可以使用 create tablespace 创建数据库的表空间。

1. 下列关于 Oracle 数据库系统的表空间的叙述中，不正确的是（　　）。

A. 每个数据库分成一个或多个表空间

B. 每个表空间只能创建一个数据文件

C. 一个数据文件只能和一个数据库相关联

D. 数据库的表空间的总存储容量就是数据库的总存储容量

解释：Oracle 数据库的表空间、段和盘区是用于描述物理存储结构的术语，控制着数据库的物理空间的使用。表空间是逻辑存储单元，具有以下特性：①每个数据库分成一个或多个表空间，有系统表空间和用户表空间之分；②每个表空间创建一个或多个数据文件，一个数据文件只能和一个数据库相关联；③数据库的表空间的总存储容量是数据库的总存储容量。

答案：B

2. 在 Oracle 数据库中，下列有关表空间的说法正确的有（　　）。

A. 某个用户的数据必定存在于某个表空间中

B. 表空间的名称可以重复

C. 从物理上来说，一个表空间是由具体的一个或多个磁盘上的物理文件构成的

D. 从逻辑上来说，一个表空间是由具体的一个或多个用户模式下的表、索引等数据构成的

答案：ACD

3. 下列不属于 Oracle 表空间的是（　　）。

A. 大文件表空间　　B. 系统表空间

C. 撤销表空间　　D. 网格表空间

解释：Oracle 表空间按照不同的分类方式，有不同的分类名称。

按照数据文件的类型，分为大文件表空间、小文件表空间；按照管理方式，分为本地管理表空间、数据字典管理表空间；按适用类型，分为永久段表空间、临时段表空间和回滚段表空间；按照存储内容的方式，分为系统表空间、系统辅助表空间和非系统表空间。

撤销表空间（undo tablespace）是一种特殊的表空间（tablespace），只用于存储撤销信息（undo information）。

答案：D

4. 在 Oracle 中创建用户时，若未提及 DEFAULT TABLESPACE 关键字，则 Oracle 就将（　　）表空间分配给用户作为默认表空间。

A. HR　　B. SCOTT

C. SYSTEM　　D. SYS

解释：若未提及 DEFAULT TABLESPACE 关键字，Oracle 就将 SYS 表空间分配给用户作为默认表空间。

答案：D

### 4.2.3 用户管理

在 Oracle 中按照不同的用户和角色，可以对不同的数据库对象进行权限管理。本节主要涉及 Oracle 中用户管理的相关内容。

1. 下面会导致用户连接到 Oracle 数据库，但不能创建表的是（　　）。

A. 授予了 CONNECT 角色，但没有授予 RESOURCE 角色

B. 没有授予用户系统管理员的角色

C. 数据库实例没有启动

D. 数据库监听没有启动

解释：当把 RESOURCE 角色授予一个用户时，不但会授予 ORACLE RESOURCE 角色本身的权限，而且还有 UNLIMITED TABLESPACE 权限，但是，当授予一个 RESOURCE 角色时，就不会授予 UNLIMITED TABLESPACE 权限。因此授予了 CONNECT 角色，但没有授予 RESOURCE 角色时，会导致用户连接到 Oracle 数据库，但不能创建表。

答案：A

2. 在一个 7×24 小时运行的 Oracle 数据库中，配置为归档模式，当执行用户管理时，以下操作正确的有（　　）。

A. 可以执行一个完整的数据库备份，而无须关闭数据库实例

B. 可以备份数据文件，只有当所有的数据文件具有相同的 SCN 记录在控制文件中时

C. 可以只备份这些数据文件，这些文件头将被 ALTER TABLESPACE BEGIN BACKUP 或 ALTER DATABASE BEGIN BACKUP 命令冻结

D. 只能执行一致的备份

解释：在归档模式下不关闭数据库实例的备份，其实就是热备份模式，所以A选项正确。在热备份模式下，是可以只备份数据文件的，此时文件头可以通过 ALTER TABLESPACE/DATABASE BEGIN BACKUP 冻结，冻结的原因是备份数据文件时，使用的是操作系统指令copy或ocopy，而使用操作系统命令复制数据文件时，它不属于数据库指令，所以不能保证第一个读取的块就是数据文件头，如果不冻结，则可能从备份开始，已经多次更新了文件头，而此时文件头还没有被复制。

答案：AC

3. Oracle 数据库中，创建用户的命令是（　　）。

A. setup　　B. create

C. establish　　D. plan

解释：创建用户的命令是 create。

答案：B

4. 下列（　　）情况下用户不能被删除。

A. 不拥有任何模式对象的用户

B. 当前正处于连接状态的用户

C. 拥有只读表的用户

D. 所有用户都可以被删除

解释：处于连接（会话）状态的用户是不能被删除的。如果要删除处于连接状态的用户，可以先用 system kill session 将会话断开后再删除。

答案：B

5. 撤销用户授权的 SQL 语句是（　　）。

A. CREATE　　B. REVOKE

C. SELECT　　D. GRANT

解释：REVOKE 用于撤销用户授权。

答案：B

## 4.3 DML 和 DQL

本节主要介绍 DML 和 DQL，即对数据库的增、删、改、查等操作，主要介绍对 Oracle 中数据的增、删、改、查操作。

1. 在 Oracle 中，教师表 teacher 的结构如下，下面（　　）语句显示没有 E-mail 地址的教师姓名。

| 列　名 | 数据类型 |
| --- | --- |
| id | NUMBER(5) |
| name | VARCHAR2(25) |
| email | VARCHAR2(50) |

A. SELECT name FROM teacher WHERE email = NULL;

B. SELECT name FROM teacher WHERE email <> NULL;

C. SELECT name FROM teacher WHERE email IS NULL;

D. SELECT name FROM teacher WHERE email IS NOT NULL;

解释：没有 E-mail 地址是 email IS NULL。

- =：等于。
- <>：不等于。
- IS NULL：是否为空。
- IS NOT NULL：是否不为空。

答案：C

2. 如果 a 表原本是空表，执行下列语句后，以下表述正确的是（　　）。

insert into a values(1 ,'abc','1'),

insert into a values(2,'abc','2');

create table b as select * from a;

rollback;

A. a 表、b 表都没有数据

B. a 表、b 表都有两行数据

C. a 表有数据，b 表没有数据

D. a 表没有数据，b 表有数据

解释：撤销表示在不影响其他事务运行的情况下，强行回滚该事务，撤销该事务已经做出的任何对数据库的修改。因此两个表中都没有数据。

答案：A

3. 从 Oracle 数据库中删除表的记录的命令是（　　）。

A. DROP TABLE

B. ALTER TABLE

C. DELETE FROM TABLE

D. USE TABLE

解释：DELETE FROM TABLE 用于在 Oracle 数据库中删除表的记录。

答案：C

4. 数据库中有两个用户 scott 和 myuser，物资表 wz 是属于 myuser 用户的，但当前用户是 scott，要求查询物资表 wz（wno, wname, wtype, wunit）中物资单位（wunit）列为 null 的记录，取结果的前 5 条记录显示。以下正确的 SQL 语句是（　　）。

A. select * from scott.wz where wunit is null and rownum<5;

B. select * from myuser.wz where wunit = null and rownum<5;

C. select * from myuser.wz where wunit is null and rownum<6;

D. select * form scott.wz where wunit is null and rownum<6;

解释：“=”表示等于；is null 表示是否为空；前 5 条记录应该是 rownum<6 或者 rownum<=5；wz 是 myuser 的表，所以使用 myuser.wz 访问这个表。

答案：C

5. DELETE FROM S WHERE 年龄 >60 语句的功能是（　　）。

A. 从 S 表中彻底删除年龄大于 60 岁的记录

B. 给 S 表中年龄大于 60 岁的记录加上删除标记

C. 删除 S 表

D. 删除 S 表的年龄列

解释：DELETE FROM S WHERE 年龄 >60，用于给 S 表中年龄大于 60 岁的记录加上删除标记。

答案：B

## 4.4 Oracle 函数

在 Oracle 中对常用的一些操作提供了内置函数。这些函数主要分为两大类：第一类是单行函数，即操作一行数据，返回一个结果；第二类是聚合函数，即操作多行数据，返回一个结果。

1. 下面关于 Oracle 函数的描述，正确的有（　　）。

A. SYSDATE 函数返回 Oracle 服务器的日期和时间

B. ROUND 数字函数按四舍五入原则返回与指定十进制数最靠近的整数

C. ADD_MONTHS 日期函数返回指定两个月份天数的和

D. SUBSTR 函数从字符串指定的位置返回指定长度的子串

解释：ROUND 函数有两个参数，第二个参数为可选参数，如果为 0（默认值），则返回四舍五入的整数；如果指定为正整数，则可以四舍五入到小数点后指定位数，所以返回的不一定是整数，有可能包含小数；如果指定为负整数，则返回的是小数点前的四舍五入位数，结果是整数。ADD_MONTHS 函数是在当前时间基础上再加上指定的月份，得到一个新的时间。

答案：AD

2. 在 Oracle 中，表 VENDOR 包含以下列：

VENDOR_ ID NUMBER Primary Key
NAME VARCHAR2(30)
LOCATION ID NUMBER
ORDER_ DT DATE
ORDER_ AMOUNT NUMBER(8,2)

下面对表 VENDOR 运用分组函数的子句合法的是（　　）。

A. FROM MAX(ORDER_ DT)
B. SELECT SUM(ORDER_ DT)
C. SELECT SUM(ORDER_ AMOUNT)
D. WHERE MAX(ORDER_ DT) = order_ d

解释：本题考查 SELECT 查询的写法。

对于 A 选项，FROM 后边只能跟表名或视图名称。所以，A 选项错误。

对于 B 选项，ORDER_DT 为日期类型，不能采用 SUM 函数进行相加。所以，B 选项错误。

对于 C 选项，ORDER_AMOUNT 为数字类型，可以采用 SUM 函数进行相加。所以，C 选项正确。

对于 D 选项，WHERE 后应该跟过滤条件或者连接条件。所以，D 选项错误。

答案：C

3. 在 Oracle 中，当从 SQL 表达式调用函数时，下列描述不正确的有（　　）。

A. 从 SELECT 语句调用的函数均不能修改数据库表
B. 函数可以带有 IN、OUT 等模式的参数
C. 函数的返回值必须是数据库类型，不得使用 PL/SQL 类型
D. 形式参数必须使用数据库类型，不得使用 PL/SQL 类型

答案：AC

4. 下列关于 Oracle 的 to_date 函数和 to_char 函数，描述正确的有（　　）。

A. to_char 函数是将字符串数据转换为日期数据
B. to_date 函数是将字符串数据转换为日期数据
C. to_char 函数是将日期数据转换为字符数据
D. to_date 函数是将日期数据转换为字符数据

解释：Oracle 有以下两种日期格式。

（1）to_date(" 要转换日期时间字符串 "," 转换的格式字符串 ")：第一个参数必须是一个合法的日期时间字符串，并且两个参数的格式必须匹配，否则会报错，它将字符串转换为日期（Date）格式。

（2）to_char( 日期 ," 转换格式 ")：把给定的日期按照“转换格式”转换，是将日期格式转换为字符串格式。

答案：BC

## 4.5 索引

索引是建立在表的一列或多个列上的辅助对象，目的是加快访问表中的数据。本节主要考核 Oracle 数据库中索引的分类、如何创建索引等内容。

1.（　　）会自动创建索引约束。

A. UNIQUE　　B. NOT NULL

C. FOREIGN KEY　　D. CHECK

解释：UNIQUE会自动创建索引约束。Oracle在建立唯一约束和主键约束时，系统会自动建立索引。

答案：A

2. Oracle数据库最常见的索引类型是（　　）。

A. 文本索引　　B. 反向键值索引

C. 位图索引　　D. B-tree索引

解释：Oracle数据库中最常见的索引类型是B-tree索引，也就是B树索引。执行CREATE INDEX语句时，默认就是在创建B-tree索引。除了B-tree索引，在Oracle中还有位图索引（bitmap index），它用于该列只有几个枚举值的情况，如性别字段等。除此之外，还有基于函数的索引、分区索引和全局索引、反向索引（reverse index）、哈希索引（hash index）等。

答案：D

3. 在Oracle数据库中，以下关于索引的描述正确的有（　　）。

A. 需要对大数据类型创建索引

B. 对于大表，索引能明显提高查询效率

C. 在数据表上创建唯一约束，会自动生成唯一索引

D. 最常用到的是B-tree索引

解释：建立索引的目的是加快查询速度。为了达到这个目的，一般是在数据量少的、查询比较频繁的字段上建立索引。在大数据类型字段上建立索引，查询速度是会受到影响的。

答案：BCD

4. 如果需要对磁盘上的1000万条记录创建索引，用下面数据结构（　　）来存储索引最合适。

A. Hash Table　　B. AVL-Tree

C. B-tree　　D. List

解释：1000万条记录的数据量很大，AVL-Tree存储利用率低，Hash Table也很难找到一个完美的Hash函数，List每次插入删除操作可能移动几百万条数据。

B-tree是比较适用于磁盘的数据结构，由于它是一个宽而浅的树，查找一个数需要访问很少的结点，内存利用率是比较好的，所以它比较适合用于内存数据库；其搜索速度比较快（用二分查找时，只访问很少一部分结点），而且更新速度比较快（数据移动通常只涉及一个结点）。

答案：C

## 4.6 视图

视图（View）是Oracle数据库中一个重要的组成对象，它是存储在数据字典里的一条SELECT语句。视图是基于一个表、多个表或其他视图的逻辑表，本身不包含数据，通过它可以对表中的数据进行查询和修改。视图基于的表称为基表。

1. 下列有关Oracle视图的说法正确的是（　　）。

A. 使用WITH CHECK OPTION可以保证通过视图修改数据不会改变表视图的记录数

B. 视图的数据和对应表的数据单独存储

C. 视图只能在存储过程中使用

D. 如果表不存在，则不能创建视图

解释：视图自己不保存数据，它的数据都来自表，所以B选项错误；视图可以单独使用，就和表一样，不仅能在存储过程中使用，所以C选项错误；

在创建视图时，使用 FORCE 参数，可以在没有表的情况下创建视图，所以 D 选项错误。

答案：A

2. 在以下的数据字典的视图中，将查询（　　）以显示每个用户所使用的磁盘空间。

A. ALL_USERS　　B. DBA_USERS

C. USER USERS　　D. DBA_TS_USERS

解释：DBA_TS_USERS 会显示每个用户所使用的磁盘空间。

答案：D

3. 以下关于视图的叙述，错误的是（　　）。

A. 视图不存储数据，但可以通过视图访问数据

B. 视图提供了一种数据安全机制

C. 视图可以实现数据的逻辑独立性

D. 视图能够提高对数据的访问效率

解释：本题考查对视图的理解。

视图构建于基本表或其他视图之上，为用户提供一个“虚表”，它是实际存储数据的基本表的一个映射，一个视图可以对应一个或多个表或其他视图（使用 FORCE 参数甚至可以不需要对应其他表），用户可以像基本表一样对视图进行操作（有些视图的更新操作是受限的），所有对视图的操作，都会反映到对应的数据表。

可以通过建立视图，将视图授权给指定用户，则用户只能访问通过视图可见的数据，对视图外的数据起到保护作用，用户无法访问，由此提高了数据的安全性。

运行中的数据库，出于对性能的要求，可能要对已有的基本表进行分解或合并，即重构数据库。此时，数据库的表或其他视图发生改变，可以同步重建或修改已有的视图，保持视图中的数据项与原有视图或基本表中的数据项一致，并映射到修改后的基本表上，从而确保不需要修改使用这些数据的相关的应用程序，由此实现数据的逻辑独立性。

通过视图对数据进行操作，最终都会转为对基本表的操作，所以使用视图并不会提高访问效率。

答案：D

## 4.7 序列

在 Oracle 数据库中，序列（Sequence）的用途是生成表的主键值，可以在插入语句中引用，也可以通过查询检查当前值或使序列增至下一个值。可以使用 CREATE SEQUENCE 来创建一个序列：

```
CREATE SEQUENCE 序列名称
    START WITH 整数值                  -- 起始值
    INCREMENT BY 整数值                -- 增长步长
    MAXVALUE 整数值 | NO MAXVALUE      -- 最大值
    MINVALUE 整数值 | NO MINVALUE      -- 最小值
    CYCLE | NO CYCLE                  -- 是否重复
    CACHE 整数值 | NO CACHE            -- 缓冲区大小
    ORDER | NOORDER                   -- 序列是否有顺序
```

1. Oracle 中的序列（Sequence）在超出最大值设置时，可以设置（　　）从头开始生成。

A. MIN_VALUE　　B. CYCLE

C. RESTART　　D. MAX_VALUE

解释：当设置 CYCLE 时，如果序列号超出了最大值，则将重新开始计数。

答案：B

2. 序列可用来在表中生成唯一的值。（　　）

解释：序列的一个重要用途就是给表生成唯一的值，尤其是用在自增长序列中。

答案：正确

3. 序列号是在事务范围之外生成的，也就是说，无论事务是提交还是回滚，生成的序列号

都会被消耗掉。(　　)

解释：无论事务是提交还是回滚，在事务中生成的序列号都会被消耗掉，无法回滚。

答案：正确

# 4.8 PL/SQL

PL/SQL 是 procedural language & structured query language 的缩写，它是对 SQL 语言存储过程语言的扩展，它和其他编程语言相似，有编程结构、语法和逻辑机制。PL/SQL 是 Oracle 在标准 SQL 上的扩展，不仅允许在 PL/SQL 程序内嵌入 SQL 语句，而且允许使用各种类型的条件分支语句和循环语句，可以在多个应用程序之间共享其解决方案。它还是一种描述性很强、界限分明的块结构、嵌套块结构，被分成单独的过程、函数、触发器，而且可以把它们组合为程序包，提高程序的模块化能力。除此之外，它还提供了强大灵活的异常处理机制来增强应用程序的健壮性。

## 4.8.1 PL/SQL 基础

本节介绍 PL/SQL 的基础知识。

1. 下列关于 PL/SQL 的描述正确的是(　　)。

A. PL/SQL 代表 power language/SQL

B. PL/SQL 不支持面向对象编程

C. PL/SQL 块包括声明部分、可执行部分和异常处理部分

D. PL/SQL 提供的四种内置数据类型是 character、integer、float、boolean

解释：PL/SQL 中的 PL 指的是 procedural language，它由关键字 DECLARE、BEGIN、EXCEPTION 和 END 定义。将 PL/SQL 代码块分成三部分：声明部分、可执行部分和异常处理部分。PL/SQL 支持面向对象的编程方式。PL/SQL 提供的数据类型包括 CHAR、VARCHAR2、LONG、LONG RAW 等十几种类型。

答案：C

2. 要在 Oracle 中定义 SQL 查询，下列数据库对象不能直接从 SELECT 语句中引用(　　)。

A. 表　　B. 序列

C. 索引　　D. 视图

解释：索引是记录文件位置的特殊文件结构，它是保存在磁盘上的，所以不能直接被 SQL 引用，其他如视图、表和序列都是数据库对象，可以直接引用。

答案：C

3. 在 Oracle 中，用于显示 PL/SQL 程序输出的调试信息的内置程序包是(　　)。

A. DBMS_STANDARD

B. DBMS_ALERT

C. DBMS_LOB

D. DBMS_OUTPUT

解释：DBMS_OUTPUT 可以显示 PL/SQL 块和子程序输出的调试信息。

答案：D

## 4.8.2 游标

游标（Cursor）是一组 Oracle 查询出来的数据集，类似数组，把查询的数据集存储在内存中，然后通过游标指向其中一条记录，通过遍历游标达到逐个获取数据的目的。Oracle 数据库提供两种游标类型，分别为静态游标和动态游标，静态游标又分为隐式游标和显式游标，动态游标分为弱类型游标和强类型游标。

1. 在 Oracle 中，不属于游标属性的是(　　)。

A. %NOTFOUND　　B. %FOUND

C. %ROWTYPE    D. %ISOPEN

解释：每个游标都有一组属性，这些属性使应用程序能够测试该游标的状态。这些属性是%ISOPEN、%FOUND、%NOTFOUND 和%ROWCOUNT。

答案：C

2. 下列关于游标的定义正确的是（ ）。

A. TYPE CURSOR EMPCUR IS SELECT * FROM EMP;

B. TYPE EMPCUR IS CURSOR OF SELECT * FROM EMP;

C. CURSOR EMPCUR IS SELECT * FROM EMP;

D. TYPE EMPCUR IS REF CURSOR AS SELECT * FROM EMP;

解释：游标分为三种：一是直接声明为 cursor 变量；二是首先声明类型再声明变量；三是声明为 SYS_REFCURSOR。

直接声明：CURSOR EMP_CUR IS SELECT * FROM EMP;

先声明类型再声明变量：类型分为强类型（有 return 子句）和弱类型，强类型在使用时，其返回类型必须和 return 中的类型一致，否则报错，而弱类型可以随意打开任何类型。

强类型，如

type emp_cur_type is ref cursor return emp%rowtype;

弱类型，如

type emp_cur_type is ref cursor;

sys_refcursor：可多次打开，直接声明此类型的变量，不用先定义类型再声明变量。emp_cur sys_refcursor。

答案：D

3. 下列游标类型正确的是（ ）。

A. 静态游标、动态游标

B. 隐式游标、显式游标

C. 变量游标、常量游标

D. 参数游标、ref 游标

解释：游标包括隐式游标、显式游标和 ref 游标。

答案：B

4. 在 Oracle 中，下列（ ）语句不能用于控制游标。

A. Open    B. Create

C. Fetch    D. Close

解释：游标的使用方法如下。

（1）声明游标：使用 DECLARE。

（2）打开游标：使用 Open。

（3）使用游标操作数据：使用 Fetch。

（4）关闭游标：使用 Close。

答案：B

5. 在 Oracle 中，当用 Fetch 语句从游标获得数据时，下面叙述正确的是（ ）。

A. 游标打开

B. 游标关闭

C. 将当前数据加载到变量中

D. 创建变量保存当前记录的数据

解释：Fetch 是默认从一条记录开始，能否获取游标中的某一行游标记录。

答案：C

### 4.8.3 存储过程

所谓存储过程（Stored Procedure），就是一段经过编译存储在数据库中执行某业务功能的程序模块。它是由一段或多段的 PL/SQL 代码块，或者 SQL 语句组成的一系列代码块。使用存储过程可以模块化程序，提高执行效率等。

1. 对于 Oracle 存储过程和函数，下列说法错误的有（　　）。

A. 函数总是向调用者返回数据，并且一般只返回一个值

B. 存储过程不直接返回数据，但可以改变输出参数的值

C. 存储过程必须带有输出参数

D. 函数不能定义输出参数

解释：存储过程是在大型数据库系统中，一组为了完成特定功能的 SQL 语句集，经编译后存储在数据库中，用户通过指定存储过程的名字并给出参数（如果该存储过程带有参数）来执行它。

函数和存储过程类似，由 SQL 语句编写，经编译后保存到数据库中，在使用时调用。它和存储过程不一样的地方在于，函数必须有一个 return 子句，用于返回函数值。

答案：CD

2. 数据库中的对象包括（　　）。

A. 表　　B. 权限

C. 视图　　D. 存储过程

解释：数据库中的对象有表、索引、视图、图表、默认值、规则、触发器、用户、函数、存储过程等。

答案：ACD

3. 存储过程和函数的区别是（　　）。

A. 存储过程可以返回多个值，而函数只能返回一个值

B. 函数可以作为 PL/SQL 表达式的一部分，而存储过程不能

C. 函数可以返回多个值，存储过程只能返回一个

D. 函数和存储过程都必须包含 return 语句

解释：存储过程和函数的区别在于，函数可以有一个返回值（使用 return 语句），而存储过程没有返回值。但存储过程和函数都可以通过 out 指定一个或多个输出参数。可以利用 out 参数在存储过程和函数中实现返回多个值。

答案：B

4. 关于存储过程返回值的类型，以下说法正确的是（　　）。

A. 只能是基本类型

B. 可以是任何类型

C. 只能是 NUMBER、ARCHAR2、DATE、BOOLEAN

D. 可以是基本类型和用户类型

解释：存储过程返回值的类型，可以是基本类型和用户类型。

答案：D

### 4.8.4 触发器

触发器（Trigger）也是提前定义好的一段语句，当某个条件成立时，触发器中所定义的语句就会被自动执行。触发器不需要人为去调用，也不能调用。触发器可以分为语句级触发器和行级触发器。语句级触发器是指在某些语句被执行前、后会被触发的语句，而行级触发器是指当某行数据发生变化时会被触发的语句。

1. 在 Oracle 中，数据库中的触发器是一个对关联表发出 insert、update 或（　　）语句时触发的存储过程。

A. delete　　B. drop

C. create　　D. truncate

解释：触发器可对关联表的 insert、delete、update 操作起作用。

答案：A

2. 在 Oracle 中，INSTEAD OF 触发器主要用

于（　　）。

A. 表
B. 表和视图
C. 基于单个表的视图
D. 基于多个表的视图

解释：INSTEAD OF 触发器用于描述如何对复杂视图执行插入、更新和删除操作。

答案：D

3. 有关 Oracle 中替代触发器的描述正确的是（　　）。

A. 替代触发器创建在表上
B. 替代触发器创建在数据库上
C. 通过替代触发器可以向基表插入数据
D. 通过替代触发器可以向视图插入数据

解释：替代视图可以进行增、删、改操作。视图可以认为是逻辑上的一张表，类似于把一个 SQL 语句的执行结果永久地像表一样存储到数据库中，视图一般用于查询。所以 D 选项正确。

答案：D

### 4.8.5 异常处理

Oracle 系统异常分为两大类：预定义异常和自定义异常。预定义异常由 Oracle 系统自身通过 DBMS_TYPES 程序包提供，自定义异常由用户在程序中定义，Oracle 在发生用户自定义的异常情况时引发。

1. 在 PL/SQL 代码段的异常处理块中，捕获所有异常的关键词是（　　）。

A. OTHERS　　B. ALL
C. Exception　　D. ERRORS

解释：捕获所有异常的关键词是 OTHERS。

答案：A

2. 当定义 Oracle 错误和异常之间的关联时，需要使用伪过程 EXCEPTION_INIT。（　　）

解释：异常处理部分从关键字 EXCEPTION 开始，在异常处理部分使用 WHEN 语句捕捉各种异常，如果有其他未预定义的异常，使用 WHEN OTHERS THEN 语句进行捕捉和处理。

使用非预定义异常包括以下三步。

（1）在定义部分定义异常名。

（2）在异常和 Oracle 错误之间建立关联。

（3）在异常处理部分捕捉并处理异常。

当定义 Oracle 错误和异常之间的关联时，需要使用伪过程 EXCEPTION_INIT。

答案：正确

3. Oracle 的 PL/SQL 程序的异常处理部分涉及的异常有多种，其中，必须用 RAISE 显示引发的异常是（　　）。

A. 预定义异常　　B. 非预定义异常
C. 自定义异常　　D. 不确定

解释：有以下三种方式可以抛出异常。

（1）通过 PL/SQL 运行时引擎抛出异常。

（2）使用 RAISE 语句抛出异常。

（3）调用 RAISE_APPLICATION_ERROR 存储过程抛出异常。

其中，自定义异常必须使用 RAISE 关键字抛出异常。

答案：C

## 4.9 JDBC 驱动

JDBC 是 Java 访问数据库的抽象实现，它在上层提供了统一的接口供 Java 应用访问数据库，在底层由各个数据库访问程序提供具体的实现。

1. JDBC 驱动程序有（　　）类型。

A. 两种　　　　B. 三种
C. 四种　　　　D. 五种

解释：Java 中的 JDBC 驱动可以分为四种类型，包括 JDBC-ODBC 桥、本地 API 驱动、网络协议驱动和本地协议驱动。

答案：C

2. 在 Java 中，较为常用的 JDBC 驱动方式有（　　）。

A. JDBC-ODBC 桥连
B. Microsoft SQL Server 驱动程序
C. 纯 ODBC 驱动程序
D. 纯 Java 驱动程序

解释：有两种常见的 JDBC 驱动方式。

（1）JDBC-ODBC 桥连，它的优点是配置简单，只要配置一次就可以访问所有 ODBC 可以访问的数据库，这种方式适合小型项目的开发与测试。它的缺点也比较明显：性能欠佳，不适合在较大型系统中使用。

（2）纯 Java 驱动方式，它的优点是跨平台、运行速度快，缺点是连接不同的数据库需要下载不同的 JDBC 驱动包。

答案：AD

3. 下面选项中不是 JDBC API 向 JDBC Driver Manager 发出请求的内容的是（　　）。

A. 指定要加载的 JDBC 驱动程序
B. 指定需要连接的数据库系统的类型
C. 指定需要连接的数据库系统的实例
D. 指定本地系统的类型

解释：Java 应用程序通过 JDBC API 向 JDBC 驱动管理器发出请求，指定要装载的 JDBC 驱动程序的类型和数据源。

答案：D

4. Java 虚拟机中的（　　）模块既负责管理针对各种类型数据库软件的 JDBC 驱动程序，也负责和用户的应用程序交互，为 Java 应用程序建立起基于 JDBC 机制的数据库连接。

A. JDBC Connection Manager
B. JDBC Command Manager
C. JDBC Driver Manager
D. JDBC Database Manager

解释：JDBC Driver Manager 模块既负责管理针对各种类型数据库软件的 JDBC 驱动程序，也负责和用户的应用程序交互，为 Java 应用程序建立起基于 JDBC 机制的数据库连接。

答案：C

5. 在使用 JDBC 连接特定的数据库之前，首先要加载相应数据库的 JDBC 驱动类。（　　）

解释：在连接数据库之前，需要加载数据库的驱动到 JVM（Java 虚拟机），这需要通过 java.lang.Class 类的静态方法 forName() 实现。

答案：正确

本节主要介绍如何通过 JDBC 执行 SQL 语句，进行增、删、改、查操作。

1. 某打车公司将驾驶里程（drivedistanced）超过 5000 km 的司机信息转移到一张称为 seniordrivers 的表中，他们的详细情况被记录在表 drivers 中，正确的 SQL 为（　　）。

A. insert into seniordrivers drivedistanced>=5000 from drivers where
B. insert seniordrivers (drivedistanced) values from drivers where drivedistanced>=5000
C. insert into seniordrivers (drivedistanced) values>=5000 from drivers where

D. select * into seniordrivers from drivers where drivedistanced >=5000

解释：select into 语句可用于创建表的备份。select into 语句从一个表中选取数据，然后把取出的数据插入另一个表中。select into 语句常用于创建表的备份或者对记录进行存档。

答案：D

2. 下列查询姓张的学生的语句，不正确的有（　　）。

A. select * from 表名 where 姓名 = '% 张 %'

B. select * from 表名 where 姓名 like ' 张 '

C. select * from 表名 where 姓名 like ' 张 %'

D. select * from 表名 where 姓名 = ' 张 '

解释：like 操作符用于在 where 子句中模糊匹配列中的内容。“%”符号用于在模式的前后定义通配符（默认字母）。

答案：ABD

3. 分析下面两个 SQL 语句，选项中说法正确的是（　　）。

```
SELECT last_name, salary , hire_date
FROM EMPLOYEES
ORDER BY salary DESC;
```

和

```
SELECT last_name, salary , hire_date
FROM EMPLOYEES
ORDER BY 2 DESC;
```

A. 两个 SQL 语句的结果完全相同

B. 第二个 SQL 语句产生语法错误

C. 没有必要指定排序方式为 DESC，因为默认的排序方式是降序排序

D. 可以通过为第二个 SQL 语句的 salary 列添加列别名来使两个 SQL 语句得到相同的结果

4. 当删除一个用户时，在（　　）情况下，应该在 DROP USER 语句中使用 CASCADE 选项。

A. 这个模式包含对象

B. 这个模式没有包含对象

C. 这个用户目前与数据库连接着

D. 这个用户必须保留，但是用户的对象需要删除

Statement 是 JDBC 中负责执行 SQL 语句的接口，它由 Connection 生成。它还有一个子接口 PreparedStatement，可以将参数和对应的值分离，与 Statement 比较起来，PreparedStatement 接口具有高安全性、高性能、高可读性和高可维护性的优点。

1. 下列关于 JDBC 中的 Statement 和 Prepared-Statement 的区别的描述中错误的是（　　）。

A. PreparedStatement 是预编译的 SQL 语句，效率高于 Statement

B. PreparedStatement 支持问号“?”操作符，相对于 Statement 更加灵活

C. Statement 可以防止 SQL 注入，安全性高于 PreparedStatement

D. CallableStatement 适用于执行存储过程

都是接口，但 PreparedStatement 可以使用占位符，是预编译的，批处理比 Statement 效率高。

答案：C

2. 如果要限制某个查询语句返回的最大记录数，可以调用 Statement 的（　　）方法来实现。

A. setFetchSize()

B. setMaxFieldSize()

C. setMaxRows()

D. setFetchRows()

解释：setMaxRows() 在 Statement 中可以限制某个查询语句返回的最大记录数。

答案：C

3. JDBC API 中用来执行 SQL 语句的对象是（　　）。

A. DriverManager　　B. Statement

C. Connection　　D. ResultSet

解释：Statement 可以用来执行 SQL 语句。

答案：B

4. 成员 java.sql.Statement 属于 JDBC 中的（　　）。

A. 普通 Java JDBC 类

B. Java JDBC 接口类

C. Java JDBC 异常类

D. Java JDBC 数据传输类

解释：java.sql.Statement 属于 Java JDBC 接口类。

答案：B

5. 在 JDBC 应用程序中，使用 Statement 接口的（　　）方法执行查询语句，并可以返回结果集。

A. execute()　　B. close()

C. executeUpdate()　　D. executeQuery()

解释：executeQuery() 可以执行查询语句并可以返回结果集；executeUpdate() 可以执行更新语句，如 insert、update 和 delete 等，返回的是执行的语句是否成功的标记；execute() 可以执行所有的 SQL 语句，如果查询返回的第一个对象是 ResultSet 对象，则返回 true。当需要返回一个或多个 ResultSet 对象时，可以使用此方法。通过重复调用 Statement.getResultSet 来检索从查询返回的 ResultSet 对象，注意，execute() 方法并不直接返回结果集。

答案：D

## 4.12 JDBC 连接池

JDBC 连接的创建和关闭都需要耗费资源。为了提升数据库访问的效率，一般会建立一个数据库连接池，在这个连接池中建立若干个对数据库的连接，在需要连接时，直接从数据库连接池获取，不用时放回到连接池中，这样避免了频繁创建和关闭数据库的开销。

1. JDBC 连接池主要的作用是节省了重新创建数据库连接的大量资源，提高了效率。（　　）

解释：JDBC 连接池主要用于对多个连接池对象的管理，它具有以下功能。

（1）加载并注册特定数据库的 JDBC 驱动程序。

（2）根据属性文件给定的信息创建连接池对象。

（3）为方便管理多个连接池对象，为每一个连接池对象起一个名字，实现连接池名字与其实例之间的映射。

（4）跟踪客户使用连接的情况，以便需要时关闭连接、释放资源。

答案：正确

2. JVM 使用监测、JDBC 连接池监测属于中间件监控内容。(　　)

解释：本题属于针对 JDBC 连接池知识点理解的考查。JVM 使用监测、JDBC 连接池监测属于中间件监控内容。

答案：正确

3. 线程池是复用线程以提高响应速度，减少系统创建和销毁线程的开销。(　　)

解释：线程复用即如何将放入线程中的多个任务在多个线程中执行。使用线程池的目的是复用线程，降低创建、销毁线程的资源消耗，提高程序执行性能。

答案：正确

## 4.13 JDBC 调用存储过程

本节主要讨论在 JDBC 中使用 CallableStatement 调用存储过程的方法。

1. 在 JDBC 中，可以调用数据库的存储过程的接口是(　　)。

A. Statement

B. PreparedStatement

C. CallableStatement

D. PrepareStatement

解释：调用数据库的存储过程的接口是 CallableStatement。

答案：C

2. 为了在数据库和用 Java 编程语言编写的应用程序之间传输数据，JDBC API 提供了以下(　　)方法来实现这个目的。

A. ResultSet 类上的方法，用于以 Java 数据类型来获取 SQL SELECT 语句返回的结果

B. PreparedStatement 类上的方法，用于将 Java 数据类型的数据传递给 SQL 语句作为参数

C. CallableStatement 类上的方法，用于将从存储过程的 SQL OUT 参数返回的结果转换为 Java 数据类型

D. 以上都对

答案：D

## 4.14 JDBC 事务管理

本节主要考核 JDBC 中处理事务的方法。

1. 对于 JDBC 连接而言，获得 Connection 实例之后，需要调用(　　)设定事务提交模式。

A. Connection.SetAutoCommit

B. Connection.SetCommit

C. Connection.SetROLLBACK

D. Connection.SetAutoROLLBACK

解释：JDBC Connection 的 setAutoCommit() 默认为 true，即每条 SQL 语句在各自的一个事务中执行。

很多时候需要将多个操作合并到一个事务执行，如一次性插入多条相关联的数据，此时可以在插入开始前调用 Connection 的 setAutoCommit(false)，将自动提交设置为 false，插入结束后才调用 Connection 的 commit() 方法提交事务。为了防止事务中出现异常，还需要在 catch 块中调用 Connection 的 rollback() 方法回滚事务。这样即使某条插入语句报错，其他没报错的语句也会回滚，从而保证数据的完整性。

答案：A

2. 以下对 JDBC 事务的描述错误的是(　　)。

A. JDBC 事务属于 Java 事务的一种

B. JDBC 事务属于容器事务类型
C. JDBC 事务可以保证操作的完整性和一致性
D. JDBC 事务是由 Connection 发起的，并由 Connection 控制

解释：Java 事务包括 JDBC 事务、JTA（Java transaction API）事务、容器事务。其中，JDBC 事务是用 Connection 对象控制的。容器事务主要是 Java EE 应用服务器提供的，容器事务局限于 EJB（企业级 Java Bean）应用使用。JTA 事务的功能强大，事务可以跨越多个数据库或多个 DAO，使用也比较复杂。

答案：B

3. 使用 JDBC 事务的步骤是（　　）。

① 取消 Connection 的事务自动提交方式
② 发生异常回滚事务
③ 获取 Connection 对象
④ 操作完毕提交事务

A. ④①②③　　B. ①④②③
C. ①④③②　　D. ③①②④

解释：使用 JDBC 事务的步骤如下。

（1）创建 Connection 对象，因为 JDBC 的事务都是由 Connection 对象的方法处理的。

（2）通过 Connection 的 setAutoCommit(false) 关闭自动提交事务，开启事务。

（3）执行事务中包含的一系列 SQL 语句。

（4）通过 Connection 的 commit() 提交事务。

（5）如果在事务执行过程中出错（用 try-catch 语句捕捉），则在错误处理语句中使用 Connection 的 rollback() 回滚事务。

答案：D

4. JDBC 的事务必须在一个数据库连接上完成。编程时必须关闭数据库的自动提交功能。当成功后调用 commit()；当失败后调用 rollback()。（　　）

解释：使用 JDBC 事务的步骤可参考第 3 题的解释。

答案：正确

5. 在 JDBC 中回滚事务的方法是（　　）。

A. Connection 的 commit()
B. Connection 的 setAutoCommit()
C. Connection 的 rollback()
D. Connection 的 close()

解释：回滚事务的方法是 rollback()。

答案：C

# 第 2 篇 Python 编程

# 第5章 Python 快速入门

内容导读

本章是 Python 语言的基础内容。Python 是在大数据和人工智能领域中广泛使用的一种编程语言，因为其语法简单、扩展丰富等特点，被越来越多的企业重视，也是大数据和人工智能岗位考试的必考内容。

## 5.1 Python 环境安装

使用 Python 的第一步是环境安装，只有掌握这一基本技能，才能开始使用 Python。本节将介绍 Python 的安装、IDE（集成开发环境）的安装和简单使用等。

### 5.1.1 Python 安装与 HelloWorld

本节主要介绍 Python 安装的基本知识及经典例子 HelloWorld。

1. 以下说法正确的有（　　）。（2018 年，PayPal）

A. Python 是高级语言

B. Python 是解释型语言

C. Python 是面向对象的语言

D. Python 是动态类型语言

解释：A 选项，高级语言指的是参照数学公式设计，但近似于日常会话的语言，Python 属于高级语言。B 选项，解释型语言相对于编译型语言存在，不是直接翻译成机器语言，而是先翻译成中间代码，再由解释器去解释运行，Python 属于解释型语言。C 选项，Python 中有面向对象的概念，以对象为基本单位，所以是面向对象的语言。D 选项，Python 的变量要等到程序运行被赋予某个值之后，才会具有某种类型，因此是动态类型语言。

答案：ABCD

2. 拟在屏幕上打印输出 Hello World，以下选项中正确的是（　　）。

A. print("Hello World")

B. printf("Hello World")

C. printf('Hello World')

D. print(Hello World)

解释：本题考查 Python 最简单的实例。在 Python 2.x 中有指令 print，也有函数 print()，Python 3.x 中只有函数 print()，内部需要用单引号或者双引号包住字符串，否则将被认为是变量。因此 A 选项正确。

答案：A

### 5.1.2 Python IDE 安装与运行系统指令

Python 作为一种编程语言，需要有其对应的 IDE 才可以更好地进行开发。本节主要考查 Python IDE 的安装与运行系统指令，这对于使用 Python 建立项目是必不可少的知识。

1. PyCharm 是一种商业产品，有收费的企业版本，但制造商还提供了一个根据 Apache 2.0 许可证免费开源的社区版本。（　　）

解释：PyCharm 是由 JetBrains 打造的一款 Python IDE，是一款成熟的商业软件，但也提供了免费开源的社区版本。

答案：正确

2. 安装配置 PyCharm 的前提是必须安装配置好 JDK，否则无法成功安装。（　　）

解释：因为 PyCharm 平台是用 Java 编写的，所以需要配置好 JDK（Java Development Kit）。

答案：正确

### 5.1.3 安装 Python3 并配置 IDE

Python 3 是目前 Python 的主要版本，需要安装 Python 3 并在编译器中进行配置，动手实现 HelloWorld 这个例子。

1. Python 3.x 版本的代码完全兼容 Python 2.x 格式。（　　）

解释：Python 3.x 并不完全兼容 Python 2.x 格式。例如，Python 2.x 中有指令 print 和函数

print()，但 Python 3.x 中只有函数 print()。

答案：错误

2. Python 内置的集成开发环境是（　　）。

解释：IDLE 是 Python 的集成开发环境，自从 1.5.2 b1 版本以来已经与 Python 默认捆绑在一起，被打包为 Python 包装的可选部分。

答案：IDLE

### 5.1.4 安装专业版 IDE 并实现 HelloPro

本节介绍关于专业版 IDE 的相关知识，并继续实现一个 HelloPro 的小例子。

1. PyCharm 企业版与社区版相比，功能更加全面，而且两者可以兼容。（　　）

解释：PyCharm 企业版是功能更加完善的版本，社区版是简化版，两者可以兼容。

答案：正确

2. 在 Python 3.× 中，执行代码 print "hello,world!" 程序的运行结果是（　　）。

A. SyntaxError: invalid syntax

B. hello,world!

C. hello world

D. "hello,world"

解释：Python 3.x 中只有函数 print()，没有指令 print，因此 print 后面需要加括号。

答案：A

### 5.1.5 解决中文乱码

Python 的默认编码显示中文时会出现错误。本节介绍解决中文乱码的方式。

1. 以下 Python 2 的代码，如果想让它正确运行，需要在文件最前面加上（　　）。

```
s = " 你好, Python"
print(s)
```

A. #coding=utf-8

B. #coding = utf-8

C. # -*- coding: utf-8 -*-

D. #!/usr/bin/python

解释：这行代码意为告诉 Python 解释器，代码中含有非 ASCII（美国信息交换标准代码）编码。使用 A 选项和 C 选项的语句均可达到效果，B 选项错在等号左右有空格，这是不允许的，D 选项意为说明脚本语言为 Python。

答案：AC

2. Python 2.× 中文本默认采用的是 ASCII 编码方式，而 Python 3.× 中，默认使用的是 UTF-8 编码格式，所以就不需要在前面进行声明了。（　　）

解释：Python 3.x 的默认编码格式是 UTF-8，所以不需要额外声明代码中含有非 ASCII 编码。

答案：正确

## 5.2 Python 基本语法

Python 作为一门编程语言，其基本语法是非常重要的，这也是企业常考常用的知识。本节将介绍 Python 的基本语法，希望读者可以认真学习，打好基础，掌握这门语言。

### 5.2.1 代码调用

本节将介绍 Python 调用的相关知识。例如，如何执行 Python 代码，如何提高执行速度，如何通过代码调用其他 Python 代码等。

1. 将 py 文件编译为 pyc 文件可以获得更高的运行速度。（　　）

解释：pyc 文件是 Python 代码经过编译后形成的一种二进制文件，这是一种跨平台的字节码，由 Python 虚拟机来执行，加载速度相比 Python 有所提高。

答案：正确

2. 下列属于 Python 执行系统指令的方法有（　　）。

A. os.system()

B. os.popen()

C. commands.getstatusoutput()

D. os.cmd()

解释：os 模块下的 system 函数和 popen 函数都可以用来执行系统指令。二者的区别为：前者的返回值是脚本的退出状态码；后者的返回值是脚本执行过程中的输出内容。commands 模块也可以用来执行系统指令。os 模块下没有 cmd 函数。

答案：ABC

3. 使用 os 模块中的（　　）函数可以方便地调用 Python 程序或者脚本。

解释：os.system() 函数可以方便地调用系统指令或者其他 Python 程序或脚本。

答案：system

### 5.2.2 命名规则

Python 命名规则是 Python 声明变量的基础。只有学会命名规则，才能正确声明变量。

1. 下列符合 Python 常用的命名规则的选项有（　　）。

A. 模块名一般全部使用小写

B. 类名第一个字母大写

C. 函数名小写，如果有多个单词，则用下画线隔开

D. 常量名字一般全大写

解释：以上选项均为 Python 常用的命名规则，应该熟记于心。除此以外的常见规则还有：包名和文件名通常是小写字母，并用下画线分割；全局变量名一般全大写，实例变量用下画线 _ 开头，私有实例变量以两个下画线 __ 开头等。

答案：ABCD

2. 变量名必须以字母或下画线开头，其中可以加空格。（　　）

解释：Python 的变量名中间不可以加空格。

答案：错误

3. 下列选项中不符合 Python 中变量的命名规则的是（　　）。

A. I　　　　B. 9_1

C. _AI　　　　D. TempStr

解释：Python 的变量名不可以用数字开头。

答案：B

### 5.2.3 缩进

Python 正确识别代码块依赖于正确的缩进，只有掌握 Python 的缩进规则，才能够正确高效地编写代码。

1. 如果是 Python 2，代码要求严格对齐，Python 3 则不用严格要求。（　　）

解释：Python 2 和 Python 3 均严格要求代码对齐。

答案：错误

2. 在 Python 3 的语法中，缩进对齐不支持 Tab 键和空格混用。（　　）

解释：在 Python 3 中，纯 Tab 键和空格缩进都是允许的，但两者不能混用。为了避免混用，大部分编辑器都可以将 Tab 键自动转换为空格。

答案：正确

## 5.2.4 多行连接

Python 语言允许多行连接。多行连接不会影响程序的正确性，但会影响代码的可读性和美观性，因此要在恰当的地方使用多行连接。

1. 在 Python 代码中，将多行代码连接在一起需要用到的符号是（　　）。

A. +　　B. \　　C. –　　D. /

解释：Python 对缩进有严格要求，必须使用符号“\”表示多行连接，否则会报错。

答案：B

2. 下列 Python 2 代码的运行结果，正确的是（　　）。

```
num1=10
num2=20
num3=30
num4=num3-    \
    num2      \
+num1
print num4
```

A. 报错　　B. 20

C. 30　　D. 60

解释：程序的主要逻辑为 num4=num3-num2+num1，进行了正确的多行连接，最终打印结果为 30-20+10，即为 B 选项。另外，当使用“\”来连接多行语句时，紧接着“\”的代码即使不遵循严格的代码缩进，也不会报错。

答案：B

## 5.2.5 字符串

字符串是 Python 语言中一种非常重要的数据类型，在实际工作中使用频率极高。本节将对字符串做简单介绍。

1. Python 代码中的字符串在未被指定编码的情况下，默认编码与代码文件本身的编码一致。（　　）

解释：Python 字符串编码默认与文件本身保持一致，Python 2 的默认编码格式是 ASCII，不能识别中文字符，需要显式指定字符编码，此处可以参考 5.1.5 节修改指定的编码格式，解决中文乱码；Python 3 的默认编码为 Unicode，可以识别中文字符，不需要再显式指定编码方式。

答案：正确

2. Python 中表示字符串的关键字是（　　）。

A. list　　B. tuple

C. str　　D. dict

解释：A 选项，list 是列表的关键字；B 选项，tuple 是元组的关键字；C 选项，str 是字符串的关键字；D 选项，dict 是字典的关键字。

答案：C

## 5.2.6 多行注释与单行注释

在编写代码时，添加良好的注释是一个好习惯。Python 中允许单行注释和多行注释。本节将介绍这两种注释方法。

1. 关于 Python 语言的注释，以下选项中描述错误的是（　　）。

A. Python 语言有两种注释方式：单行注释和多行注释

B. Python 语言的单行注释以 # 开头

C. Python 语言的单行注释以单引号开头

D. Python 语言的多行注释以 '''（3 个单引号）开头和结尾

解释：Python 有两种注释方式，分别是单行注释和多行注释。单行注释以 # 开头，多行注释以 '''（3 个单引号）或者 """（3 个双引号）开头和结尾。

答案：C

2. 以下选项中，属于 Python 语言注释种类的有（　　）。

A. 单行注释　　B. 多行注释
C. 批量注释　　D. 中文注释

解释：Python 允许单行注释和多行注释。批量注释也是用于注释多行的，但使用的是 """（3 个双引号）或者 '''（3 个单引号）。中文注释（准确地说应该是编码格式注释）用于程序开头指定编码方式。例如：# -*- coding: utf-8 -*- 或 #coding=utf-8

答案：ABCD

3. Python 中 3 个双引号 """ 的作用有（　　）。

A. 单行注释　　B. 多行注释
C. 段落打印　　D. 定义多行字符串

解释：3 个双引号 """ 可以用于多行注释，也可以用于定义多行字符串。

答案：BD

### 5.2.7 多行代码合并成一行及输入输出

在 Python 中，多行代码是可以写在一行中的。本节将讲解多行代码写在一行的方法，并简要介绍 Python 的输入输出。

1. Python 中多行合并用分号分隔，包括最后一行也必须加分号。（　　）

解释：Python 多行合并用分号分隔，但最后一行不需要加分号。

答案：错误

2. Python 提供了一个（　　）函数，让用户输入字符串，并存放到一个变量里。

解释：input 是 Python 的标准输入函数，可以让用户输入一个字符串，并且将字符串存放在一个变量中。

答案：input

## 5.3 函数

函数是 Python 中一个非常重要的概念，可以提高应用的模块化和代码的重复利用率。Python 中有一些函数是内置的，如 print()，但很多情况下需要用户自定义函数来实现复杂的功能。本节将介绍 Python 函数的相关知识。

### 5.3.1 函数的定义

函数是为了实现一个操作而集合在一起的语句集。要了解函数，首先要了解函数的定义方法。

1. Python 中定义一个函数的方法是（　　）。（2019 年，第四范式）

A. class <name>(<type> arg1, <type> arg2, …, <type> argN)

B. function <name>(arg1, arg2, …, argN)

C. def <name>(arg1, arg2, …, argN)

D. def <name>(<type> arg1, <type> arg2, …, <type> argN)

解释：Python 中定义函数的关键字为 def，并且定义函数的参数时无须指定变量类型，因此选 C 选项。

答案：C

2. 函数的定义包括（　　）。

A. 函数名称　　B. 形参
C. 实参　　D. 函数体

解释：函数的定义包含函数名称、形参、函数体。

实参是在函数调用时才会传入的，并和形参绑定。

答案：ABD

## 5.3.2 函数的参数

1. 下列属于Python中函数的类型的有（　　）。

A. 无参，无返回值

B. 无参，有返回值

C. 有参，无返回值

D. 有参，有返回值

解释：Python中函数的参数和返回值均可以有，也可以没有，所以A、B、C、D选项均正确。

答案：ABCD

2. 在调用无参数、无返回值的函数时，可以直接输出结果。（　　）

解释：无参数的函数在调用时不需要传递实参，可以直接调用。无返回值的函数不需要把返回值赋给一个新的变量，可以在函数体中直接输出结果，因此该表述正确。

答案：正确

3. 下列关于Python中定义一个函数的规则的说法，正确的有（　　）。

A. 函数代码块以def关键字开头，后接函数标识符名和括号()

B. 任何传入参数和自变量必须放在括号中间。括号之间可以用于定义参数

C. 函数的第一行语句可以选择性地使用文档字符串，用于存放函数说明

D. 函数内容以冒号起始，并且缩进

解释：以上均为Python定义一个函数的规则。除此以外，规则还包括：除了关键字参数外，Python的函数调用参数有顺序；Python可以设置默认形参等。

答案：ABCD

## 5.3.3 命名参数

1. 关键字参数使用“**keyword”定义，而命名关键字则是在“位置参数”和“命名关键字参数”中使用“,*,”隔开。（　　）

解释：关键字参数可以让函数更加清晰，容易使用，而且清除了参数的顺序需求。一般使用“**keyword”定义关键字参数，命名关键字则是在“位置参数”和“命名关键字参数”中使用“,*,”隔开。

答案：正确

2. 如果要限制只能传指定名字的参数，可以使用命名关键字参数。（　　）

解释：如果要限制关键字参数的名字，可以用命名关键字参数。使用了命名关键字参数的函数在传递参数时，只能接受固定名字作为关键字参数。

答案：正确

## 5.3.4 默认参数

1. 在调用函数时，如果没有传递参数，则会使用（　　）参数。

解释：如果没有传递参数，函数调用则使用默认参数。默认参数的值只在定义时初始化一次，所以每次调用函数或方法时，得到的默认参数值和第一次调用的值是一样的。

答案：默认

2. 下列参数适合作为默认参数的是（　　）。

A. 参数值变化小的

B. 参数值变化大的

C. 参数值不变的

D. 都可以

解释：参数值变化小的，在很多情形下可以使用默认参数，简化函数调用。参数值变化大的，很多情形下需要传递实参，使用默认参数的意义不大。参数值不变的，不宜作为参数传递，可以当作常量在函数中使用。

答案：A

### 5.3.5 可变参数

1. 加了星号“*”的参数会以（　　）的形式导入，存放所有未命名的变量参数。

解释：可变参数是指前面加了“*”的参数，这种参数可以用元组的方式传入数量可变的参数，因此称为可变参数。

答案：元组

2. 加了两个星号“**”的参数会以（　　）的形式导入。

解释：加了两个星号“**”的参数称为关键字参数，以 key-value 的形式传入有名称的、数量可变的参数。

答案：字典

3. 需要一个函数能处理比当初声明时更多的参数。这些参数叫作（　　）参数。

解释：一个函数可以处理比声明时更多的参数，这些参数叫作可变参数，可变参数前面加“*”来表示，以 tuple 的形式传入函数内部。

答案：可变

### 5.3.6 lambda 函数

1. Python 使用（　　）来创建匿名函数。

解释：lambda 是 Python 用来创建匿名函数的关键字，一般用于函数式编程。匿名函数一般功能简单，用 lambda 可以使编程更加简捷。

答案：lambda

2. lambda 的主体是一行（　　），而不是一个代码块。仅仅能在 lambda 表达式中封装有限的逻辑。

解释：匿名函数一般只有一行表达式，且必须有返回值。其主体不能是代码块，也不可以出现 return 关键字。

答案：表达式

3. lambda 函数拥有自己的命名空间，能访问自己参数列表之外或全局命名空间的参数。（　　）

解释：lambda 函数拥有自己的命名空间，可以访问全局命名空间的参数，但不可以访问自己参数列表之外的参数。

答案：错误

## 5.4 多文件组织

Python 作为成熟的编程语言，在实际应用中少不了大型工程的开发。面对较大项目的开发，如果将所有代码写在一个文件中，对于开发和维护都是十分困难的，因此需要组织成多文件项目。本节将介绍 Python 多文件组织的知识。

### 5.4.1 Python 文件之间的互相调用

1. 在 Python 中调用 py 文件需要使用（　　）关键字。

解释：Python 中调用其他 py 文件需要使用 import 关键字。

答案：import

2. 在 Python 中一旦导入 py 文件，将会自动执行该 py 文件的语句。(　　)

解释：在 Python 中一旦导入其他 py 文件，会自动执行该 py 文件的语句。因此多数时候，被导入的 py 文件组织成多个函数，而不是顺序执行的 py 语句。

答案：正确

3. 在 Python 中 py 文件不可以相互调用。(　　)

解释：Python 中 py 文件可以相互调用，但一般不建议这样编写程序，可能会因为循环引用而出错。

答案：错误

### 5.4.2 from…import 导入

1. Python 模块（module）是一个 Python 文件，以 .py 结尾，包含 Python 对象定义和 Python 语句。(　　)

解释：Python 的模块（module）是为了复用一些对象，如类、函数，而将这些对象的定义放在一个 .py 文件中，每一个独立的 .py 文件都是一个 module，可以以 from…import 方式导入。

答案：正确

2. 模块能定义函数、类和变量，模块中也能包含可执行的代码。(　　)

解释：模块（module）中可以定义函数、类、变量，也可以包含可执行的代码。

答案：正确

### 5.4.3 from…import 全部导入

1. Python 的 from…import 语句用于从模块中导入一个指定部分到当前命名空间中。(　　)

解释：from a import b 表示从 a 模块中引入 b 部分，b 可以是变量、函数或者类。

答案：正确

2. 第一次导入后就将模块加载到内存了，后续的 import 语句仅是对已经加载到内存中的模块对象增加了一次引用，不会重新执行模块内的语句。(　　)

解释：这是 Python 的优化手段，当重复导入一个模块时，只在第一次将其加载进内存，之后重复导入时只增加一次引用，不会重新执行模块内的语句，也不会将其重新加载到内存。

答案：正确

3. 把一个模块的所有内容全都导入当前的命名空间，需要声明(　　)。

A. from… import　　B. from… import *

C. from *… import *　　D. from *… import

解释：from … import * 可以将一个模块中的所有内容导入当前的命名空间，…位置填写要导入的模块名。

答案：B

## 5.5 字符串处理

字符串是 Python 中非常重要的一种数据类型。其之所以重要，原因之一是在实际中文本是一类非常重要、非常普遍的数据，要对文本进行处理，少不了字符串的相关操作。因此，掌握字符串处理的知识十分重要。

### 5.5.1 字符串格式化

字符串格式化可以通过各种转义字符和特殊代码生成新的字符串。

1. 可以用转换码（　　）将一个字符串格式转换为一个指定宽度的字符串。

解释：%s 可以表示格式化字符串。它的语法格式如下：

"%Ns"% 字符串

其中，N 表示格式化的字符串长度，可以是一个小数，也可以不指定。当 N 是整数时，如果指定的长度大于字符串的实际长度，则会给字符串加上空格，补足到指定长度；如果 N 是负数，则在字符串后加空格；如果 N 是正数，则在字符串之前加空格。s 是转换码，表示要格式化的是字符串数据。具体模式如下。

- "%-10s"%"hello"：结果是"hello　　"，在 hello 之后补足 5 个空格。
- "%10s"%"hello"：结果是"　　hello"，在 hello 之前补足 5 个空格。

当 N 是整数且小于字符串实际长度时，得到字符串实际值。例如：

- "%2s"%"hello"：结果是"hello"。

当 N 是小数时，整数部分格式化后得到字符串的总长度，而小数部分表示从字符串中截取几个字符。例如：

- "%10.2s"%"hello"：结果是"　　　he"，总长度为 10，从 hello 中截取 2 个字符。
- "%-10.2s"%"hello"：结果是"he　　　"，总长度为 10，从 hello 中截取 2 个字符。

其他的格式化转换码及其作用如下。

- %o：转换成八进制数（oct）。
- %d：转换成十进制数（dec）。
- %x：转换成十六进制数（hex）。
- %f：格式化浮点数。默认保留小数点后面 6 位有效数字。%.3f 表示保留 3 位小数位。例如，"%.3f"%123，结果是"123.000"。
- %e：以指数形式（科学计数法）格式化浮点数。默认保留小数点后面 6 位有效数字。%.3e 表示保留 3 位小数位，使用科学计数法。例如，"%.3e"%123，结果是"1.230e+02"。
- %g：在保证整数部分有效数字的前提下，使用小数方式，否则使用科学计数法。%.3g 表示保留 3 位有效数字（包括整数部分），使用小数或科学计数法。例如，"%.g"%123.456789，结果是"1e+02"，此时相当于 "%.1g"%123.456789，即保存 1 位数字，只能用科学计数法；"%.4g" % 123.45789，保留 4 位数字，结果是"123.5"。

答案：s

2. 从 Python 2.6 开始，新增的（　　）函数增强了字符串格式化的功能。基本语法是通过"{}"和":"来代替以前的"%"。

解释：format 是 Python 2.6 新增的函数，增强了字符串格式化的功能，可以接收不限个数的参数，位置也可以不按顺序。

答案：format

3. 在默认情况下，Python 中的字符串是向左对齐的。在 Python 中为了向右对齐，在格式符里应该加入（　　）符号。

A. >　　B. <　　C. \　　D. /

解释：使用 format 格式化字符串时，可以加入一些符号来控制字符串的对齐方式。例如，"<"">""^"分别表示左对齐、右对齐、中间对齐。格式化字符串时，这 3 个符号之前还可以加入其他符号，表示填充符。

答案：A

## 5.5.2 转义字符与去除空格

Python 的转义字符主要用来表示一些不便直接打印或者有歧义的特殊符号。例如，“\t” “\n” “\b” “\” “\\” 等。对于常见的转义字符，应该熟记于心，才能在工作中得心应手。

1. 下列选项中为退格符的是（　　）。

A. \r　　B. \b　　C. \n　　D. \f

解释：\r 为回车符；\b 为退格符；\n 为换行符；\f 为换页符。

答案：B

2. 下列选项中为制表符的是（　　）。

A. \t　　B. \b　　C. \n　　D. \f

解释：\t 为 Python 中的制表符。

答案：A

3. Python 中去除字符串中左右两侧空格的函数是（　　）。（只需写函数名）

解释：strip() 是 Python 中字符串类型的一个函数，功能是去掉字符串左右两侧的空格，并返回去掉空格之后的新字符串。去除左空格的函数是 lstrip()；去除右空格的函数是 rstrip()。

答案：strip

## 5.5.3 字符串加法

字符串加法指的是两个字符串的拼接，在 Python 中使用 “+” 符号进行这一操作。

1. 在 Python 中，字符串 a 占用一块内存地址，字符串 b 也占用一块内存地址，当字符串 a+b 时，又会在内存空间中开辟一块新的地址来存放 a+b。（　　）

解释：Python 中给每个字符串都开辟了一块内存空间，这样直接相加会在内存中占用三块空间，对内存消耗较大，可以考虑用字符串格式化的方式拼接两个字符串。

答案：正确

2. 下列 Python 3 语句的输出结果是 11。（　　）

```
print('3+8')
```

解释：单引号包含的部分会被认为是字符串的部分，所以会直接输出 '3+8'，而不是算术运算之后相加的结果。

答案：错误

3. 下列 Python 3 语句的输出结果是（　　）。

```
print('3'+'8')
```

解释：这是将两个字符串拼接的结果打印出来，所以结果为 '38'。

答案：'38'

## 5.5.4 字符串截取

字符串截取是指截取字符串的一部分作为新字符串或者替代旧字符串，是非常常用的一个操作，在文本处理方面很有用处。

1. 以下代码的执行结果是（　　）。

```
s = "Hello Python"
print(s[:])
```

A. 报错　　B. Hello Python

C. 空字符串　　D. None

解释：中括号 [ ] 是字符串索引的符号，索引的范围用冒号 “:” 隔开。当冒号两边无数字时，默认截取全部字符串，所以输出的结果为 “Hello Python”。

答案：B

2. 执行以下代码，将输出空字符串。(　　)

```
s = "Hello Python"
print(s[-1:2])
```

解释：根据Python索引的规定，如果索引为负数，则要对字符串长度取模代表真实的索引范围。-1表示字符串最后一位,2表示字符串第三位，发现索引的左边范围大于右边范围，因此输出空字符串。

答案：正确

3. Python中截取字符串中的一部分，使用的符号是（　　）。

A. []　　B. [:]

C. in　　D. not in

解释：Python中截取字符串，使用[ : ]符号，冒号两端表示截取的范围，包含左边，不包含右边。如果左边范围大于等于右边，则表示空字符串。

答案：B

### 5.5.5 字符串比较

Python的字符串是可以比较的，比较规则为依次比较字符串的每个字符的ASCII码（非ASCII编码的字符，比较Unicode码），ASCII码值小的字符串小。如果一个字符串的全部字符是另一个字符串的开头，则长度较短的字符串小。可以用ord()函数取出单个字符的Unicode编码（注意，在Python 2中，只能取出ASCII编码的字符的编码）。

1. Python中使用“==”来比较两个字符串内的value值是否相同。(　　)

解释：Python中的字符串是可以比较的，比较所用的运算符和数值比较完全相同，因此“==”可以用来判断字符串内的value值是否相同。

答案：正确

2. 使用比较运算符比较字符串的规则为：从第一个字符开始比较，排序在前边的字母为小，当一个字符串的全部字符和另一个字符串的前部分字符相同时，长度长的字符串为大。(　　)

解释：以上为Python字符串比较的规则。

答案：正确

### 5.5.6 字符串翻转

字符串翻转是一种比较特殊的操作，有多种方式可以实现这样的功能。

1. 下列Python 3代码的输出结果为（　　）。

```
str='Run'
print(str[::-1])
```

解释：str后面索引的含义为，索引范围为字符串的全部长度，但步长为-1，即倒着索引整个字符串，达到了翻转字符串的效果。因此输出为翻转之后的字符串。

答案：nuR

2. 下列Python 3代码的输出结果为（　　）。

```
str='ABC'
print(''.join(reversed(str)))
```

解释：reversed()是Python的内置函数，功能是返回一个可迭代列表的反向访问迭代值。join()是Python字符串的方法，功能为用指定的字符串连接一个列表或者可迭代对象。综上所述，将两者结合可以起到翻转字符串的效果。

答案：CBA

### 5.5.7 字符串搜索与替换

字符串搜索与替换是使用频率非常高的操

作，对于文本处理有重要作用，应熟练掌握。

1. print(max("abc")) 的执行结果是 abc。(　　)

解释："abc" 是一个由字符组成的列表，max() 为取列表中的最大值，因此执行结果应该为 c。

答案：错误

2. 以下代码的输出是（　　）。

```
s = "hello world"
print(s.replace("hello", "hi"))
print(s.replace("hi", "my"))
```

A. hi world
my world
B. hello world
Hello world
C. hi world
hello world
D. hi world
hi world

解释：replace() 函数用一个字符串替换旧字符串的一部分，并且返回一个新的字符串。本题中第一次输出时应该为 hi 替换掉 hello 的字符串，但 s 并没有发生改变，第二次输出时 s 中没有和 hi 匹配的子串，没有替换成功，所以选 C 选项。

答案：C

3. 阅读以下代码：

```
s = "hello world hello world"
print(s.replace("hello", "hi", 10))
```

以上代码的输出结果是 hello world hi world。(　　)

解释：replace(a, b, n) 函数的三个参数的含义分别为旧子串、新子串、替换最多次数，其中 n 为可选参数。本题中用 hi 替换 hello，且替换次数最多为 10 次，因此输出的应该是 hi world hi world。

答案：错误

## 5.6 正则表达式

正则表达式用来检查一个字符串是否与某种格式匹配的特殊字符串，是与字符串内容相关的高级用法。掌握常见的正则表达式用法，在某些情形下可以达到事半功倍的效果。

### 5.6.1 截取字符串

正则表达式可以用来截取字符串，本节将介绍这部分内容，并重点介绍与之相关的 re.sub() 函数。

1. (　　) 模块使 Python 语言拥有全部的正则表达式的功能。

解释：re 模块是 Python 中包含正则表达式全部功能的模块，如果想要使用该模块的功能，需要引入这个包。

答案：re

2. Python 的 re 模块提供了 re.sub 用于替换字符串中的匹配项。(　　)

解释：Python 的 re.sub() 函数的功能为替换字符串中的匹配项，函数原型为 re.sub(pattern, repl, string[, count])。其中，pattern 是用正则表达式表示的匹配规则；repl 是要替换成的内容；string 表示要替换的字符串；count 为可选参数，表示最多的匹配次数。

答案：正确

3. 下列 Python 2 代码的执行结果为（　　）。

```
import re

phone = "123456 # 这是一个国外电话号码 "
num = re.sub(r'#.*$', "", phone)
print num
```

A. "123456 # 这是一个国外电话号码 "
B. 123456
C. 这是一个国外电话号码
D. 123456 # 这是一个国外电话号码

解释：re.sub() 函数表示匹配任意字符，* 表示匹配 0 次或多次，$ 表示匹配字符串的末尾，综合来看，这个正则表达式表示匹配“#”之后直到末尾的所有字符。由于 sub 函数将匹配部分换为空字符串，因此相当于删除，所以最终结果为 123456，也就是“#”之前的部分。

答案：B

## 5.6.2 findall 函数

findall 是正则表达式中非常重要的一个函数，可以匹配一个字符串中所有满足条件的子串，并返回一个字符串。

1.（　　）函数在字符串中找到正则表达式匹配的所有子串，并返回一个列表，如果没有找到匹配的，则返回空列表。

解释：findall 函数可以通过正则表达式找到所有匹配的子串并返回一个列表，如果没有匹配的，就返回空列表。函数原型为 re.findall(string[, pos[, endpos]])，其中 pos 和 endpos 都是可选参数，表示匹配的起始位置和结束位置。

答案：findall

2. match 和 search 是匹配一次，findall 匹配所有。（　　）

解释：match 和 search 都是匹配一次，区别在于，match 是从起始匹配，search 不是。findall 是匹配所有满足条件的子串并返回列表。

答案：正确

3. 下列 Python 3 代码的执行结果为（　　）。

```
import re

pattern = re.compile(r'\d+')
result1 = pattern.findall('baidu 123
          google 456')

print(result1)
```

A. ['baidu','google']
B. baidu,google
C. ['123', '456']
D. 123456

解释：\d 表示匹配任意数字，+ 表示匹配一个或多个表达式。因此题中 r'\d+' 会找出字符串中所有数字并组成一个列表后返回。

答案：C

## 5.6.3 匹配

正则表达式的一个重要功能是匹配，匹配的规则有很多，如果可以熟记并且综合运用，则会大大方便编程中对文本信息和字符串的操作。

1. 下列正则表达式不能匹配“www.oxcoder.com”的是（　　）。

A. ^w+.w+.w+$
B. [w]{0,3}.[a–z]*.[a–z]+
C. ^w.*com$
D. [w]{3}.[a–z]{3}.[a–z]

解释：^ 表示匹配字符串开头；$ 表示匹配字

符串结尾；[...] 表示匹配一组字符中的任意一个；{a,b} 表示匹配 n 次 到 m 次由前面的正则表达式定义的片段；“.” 表示匹配任意字符，“*” 表示匹配0次到多次，“+”表示匹配1次到多次。综上所述，A 选项表示末尾为 1 个到多个 w，因此无法匹配。

答案：A

2. 下列 Python 3 代码的输出结果是错误的。（　　）

```
import re

it = re.finditer(r"\d+","12a32bc43jf3")
for match in it:
    print (match.group() )
```

输出结果：

```
12
32
43
3
```

解释：finditer 和 findall 都是匹配多次，但 finditer 是作为一个迭代器返回，group() 返回被 re 匹配的字符串，因此结果正确。

答案：错误

3. Python 中 re.split() 方法能够按照匹配的子串将字符串分割后返回列表。（　　）

解释：re.split() 方法可以按照指定规则匹配字符串并分割字符串，返回分割之后的列表。

答案：正确

## 5.6.4 搜索字符串

正则表达式还可以用来搜索特定字符串，本节做简要介绍。

1. 在 Python 中，re 模块的 compile 函数根据一个模式字符串和可选的标志参数生成一个正则表达式对象。该对象拥有一系列方法，用于正则表达式的匹配和替换。（　　）

解释：re 模块的 compile 函数用于编译正则表达式，原型为 re.compile(pattern[, flags])，其中 pattern 为一个字符串形式的正则表达式；flags 为可选参数，表示匹配模式。生成的对象可供 match() 和 search() 两个函数使用。

答案：正确

2. 下列代码的运行结果中正确的是（　　）。

```
import re
print(re.search('www', 'www.taobao.
    com').span())
print(re.search('com', 'www.google.
    com').span())
```

A. (0, 3)
   (11, 14)

B. [0, 3]
   (11, 14)

C. [0, 3]
   [11, 14]

D. 报错

解释：对于一个正则表达式对象，span() 返回一个元组，包含匹配开始和结束的位置。因此 A 选项正确。

答案：A

3. re.match 尝试从字符串的起始位置匹配一个模式，如果起始位置匹配不成功，match() 就返回 none。（　　）

解释：match() 是从起始位置匹配一个模式，只能匹配一次，如果起始位置匹配不成功，则返回 none。

答案：正确

# 第 6 章 Python 编程实践

内容导读

本章是 Python 编程实践的内容。在第 5 章中，讲解了 Python 的各种基础知识，但只有在实践中，这些知识才能被读者真正掌握并学以致用。

## 6.1 数据切片

Python 中有多种序列数据类型，在这些数据类型的各种操作中，切片是常用的操作。数据切片有很多琐碎的知识点，要想熟练用好并不容易。

1. Python 的切片操作，切片支持的数据类型有列表、字符串、元组和集合 set。(　　)

解释：集合 set 不是有序的，因此不可切片，其他数据类型是有序序列，可以切片。

答案：错误

2. 切片是依赖索引来实现的，所以只要可以索引的数据结构都支持切片操作，str 也支持切片。(　　)

解释：切片是一种根据索引截取序列片段的技术，所以可以索引的数据结构都支持切片操作。

答案：正确

3. Python 语句 print('abcdefg'[1:5:2]) 的输出结果是 (　　)。

解释：切片操作符用中括号 []，第一个冒号两边为起始位置和终止位置，并且切片包含起始位置，不包含终止位置。第二个冒号可选，后面跟随的是步长，表示每隔几个位置索引一个对象。

答案：'bd'

## 6.2 枚举

枚举是程序设计中一种重要的编程技巧，可以方便地给具有实际含义的对象列出序列数值，方便程序计算。

1. 在 Python 中枚举是一种类（Enum、IntEnum），存放在 enum 模块中。枚举类型可以为一组标签赋予一组特定的值。(　　)

解释：Python 原生是没有枚举类型的，为了方便用户，Python 3.4 中引入了 enum 标准库，包含枚举类型，可以为一组标签赋予一组特定的值。

答案：正确

2. 关于 Python 中枚举的特点，说法正确的有 (　　)。

A. 枚举类中不能存在相同的标签名

B. 枚举是不可迭代的

C. 不同的枚举标签可以对应相同的值，但它们都会被视为该值对应的第一个标签的别名

D. 枚举成员之间不能进行大小比较，可以进行等值和同一性比较

解释：枚举需要保证标签名不同，才能赋予不同的值，A 选项正确。枚举是可以迭代的，B 选项错误。不同的枚举标签可以对应相同的值，但对应相同值之后，其他的标签会被视为该值对应的第一个标签的别名，C 选项正确。枚举成员之间没有大小比较，但可以进行等值 ( == ) 和同一性比较 ( is )，D 选项正确。

答案：ACD

3. 枚举成员为单例，不可实例化，不可更改。(　　)

解释：这是枚举的基本特点，枚举的这个特点可以用来实现单例模式。

答案：正确

## 6.3 序列

序列类型是 Python 中重要且常用的一种类

型。本节将讲解如何生成 Python 的序列对象。

1. Python 中（　　）函数的作用是生成一个整数序列。

解释：range 函数可以用来生成一个整数序列。range 的函数原型为 range（start，end，scan），其中 start 和 end 表示范围的起始和终止；scan 表示步长，即为每次跳跃的距离，为可选参数，默认为 1。

答案：range

2. 下列 Python 2 代码的输出结果是错误的。（　　）

```
list1=[x*x for x in range(1,10)]
print list1
```

输出结果：

```
[1,4,9,16,25,36,49,64,81,100]
```

解释：该题考查 range 生成整数序列的范围。range() 的两个参数表示范围的下界和上界，但包含下界，不包含上界，因此生成的序列不包含 100。

答案：正确

3. range() 方法中的第一个数字是指从哪个数字开始，第二个数字为偏移量，表示到达该数字就停止，但是该数字不会被包含进生成的序列。（　　）

解释：range() 的第一个参数表示范围的下界，第二个参数表示范围的上界，但生成的序列包含下界，不包含上界。

答案：正确

## 6.4 生成器

生成器是非常有 Python 特点的一种特殊语法，它属于可迭代类型的一种，对延迟操作提供了支持。本节将讲解生成器的相关知识。

1. 生成器类型中包含（　　）关键字。

解释：一个包含 yield 关键字的函数就是生成器函数。yield 可以返回值，但不会结束函数。

答案：yield

2. 第一次调用生成器的 send() 方法时，参数只能为 None，否则会抛出异常。（　　）

解释：send() 在获取下一个值时，要给上一个 yield 的位置传递一个数据。第一次调用生成器还没有上一个 yield 的位置，所以参数只能为 None。

答案：正确

3. 下列关于生成器的特性的说法，正确的有（　　）。

A. 只有在调用时才会生成相应的数据

B. 只记录当前的位置

C. 只能向后（next），不能向前（prev）

D. 只能向前（prev），不能向后（next）

解释：生成器只有在调用时才会生成相应的数据，所以可以节约内存，A 选项正确。生成器只记录当前的位置，不会保留其他位置的数据，B 选项正确。生成器只能通过不断迭代生成下一个数据，没有向前（previous）的操作，也不会记录之前的数据，C 选项正确，D 选项错误。

答案：ABC

## 6.5 函数进阶

Python 中的函数用法非常灵活而丰富，远不止前面章节所介绍的用法。在实现一些复杂功能时，如果用好函数的一些进阶功能，可以起到简化代码、事半功倍的效果。

### 6.5.1 高阶函数

变量可以指向一个函数，函数的参数可以接收一个变量，如果一个函数的参数是另一个函数，或者一个函数的返回值是另一个函数，这个函数就称为高阶函数。

1. 以下关于 Python 高阶函数的说法中正确的有（　　）。

A. map() 将传入的函数依次作用于可迭代对象中的每一个元素，并将结果返回

B. reduce() 通过函数对可迭代对象中的元素进行累积，如何进行累积取决于函数中是如何实现的

C. filter() 进行数据的收集

D. sorted() 对数据进行排序

解释：filter() 进行数据的过滤，C 选项错误。map() 接收两个参数，一个是函数，另一个是序列，功能是将序列中的值依次处理后再返回列表中。reduce() 同样接收一个函数、一个序列作为参数，但返回的是一个值，而不是可迭代对象。sorted() 接收的参数第一个是序列，另一个是可选的，可以传入一个比较函数作为排序的依据，因此也是高阶函数。

答案：ABD

2. 下列属于 Python 高阶函数的有（　　）。

A. map　　B. reduce

C. filter　　D. sorted

解释：这四个函数均可接收一个参数为其他函数。map() 接收两个参数，一个函数，一个序列，功能是将序列中的值依次处理后再返回列表中。reduce() 同样接收一个函数、一个序列作为参数，但返回的是一个值，而不是可迭代对象。filter() 接收的参数与上述高阶函数相同，功能为按条件过滤并返回可迭代对象。sorted() 接收的第一个参数为序列，第二个参数可选，为判定排序是顺序还是逆序，可以传入一个比较函数作为排序的依据，因此也是高阶函数。

答案：ABCD

### 6.5.2 map-reduce 编程

map-reduce 编程主要依赖于 map 和 reduce 两个函数，使用了函数式编程的思想。

1. map() 函数使用前需要导入模块。（　　）

解释：map() 属于 Python 内置函数，不需要导入模块。

答案：错误

2. 下列 Python 程序的运行结果是（　　）。

```
from functools import reduce
def P(x):
    y = reduce(lambda  x,  y:  x  *  y,
        map(int, str(x)))
    return y and not x % y
def Q(x):
    return P(x) and P(x + 1)
print(sum(Q(x) for x in range(2019)))
```

A. 11　　B. 12　　C. 13　　D. 14

解释：P(x) 中含有 map() 和 reduce() 两个函数，map() 函数的意思是，把 x 转为字符串序列之后再按位转为整数序列；reduce() 表示累积，返回值为累积之后的结果和 x 不能整除 y 逻辑与。Q(x) 表示 P(x) 和 P(x+1) 逻辑与。综上所述，2019 内共有 1,2,3,4,5,6,7,8,11,111,1111,1112,1115 这 13 个数字满足题意，最终结果为 13。

答案：C

### 6.5.3 过滤数据

filter() 函数是 Python 的内置函数，用来过滤数据，过滤逻辑需要用户自己编写。

1. (　　) 函数用于过滤序列，过滤掉不符合条件的元素，返回由符合条件的元素组成的新列表。

解释：filter() 函数主要用来过滤，接收两个参数，第一个参数为函数，第二个参数为可迭代对象，生成由符合第一个参数传入的函数的条件的元素组成的新列表。

答案：filter

2. filter() 函数在 Python 2.× 中返回列表，在 Python 3.× 中返回迭代器对象。(　　)

解释：filter() 在 Python 2 中的返回值以列表形式存在，在 Python 3 中的返回值为可迭代对象，效率更高，更省空间。

答案：正确

3. 下列 Python 代码的运行结果是正确的。(　　)

```
def is_odd(n):
    return n % 2 == 1

newlist = filter(is_odd, [1, 2, 3, 4, 5,
                6, 7, 8, 9, 10])
print(newlist)
```

输出结果：

```
[1, 3, 5, 7]
```

解释：上述代码的含义为筛选列表中的奇数，因此结果应该为 [1,3,5,7,9]。

答案：错误

## 6.5.4 自定义排序

对于列表排序，Python 可以用默认的排序方法，但很多时候需要自定义排序标准。本节将介绍 Python 自定义排序的方法。

1. Python 列表有一个内置的 list.sort() 方法可以直接对列表元素进行排序。还有一个 sorted() 内置函数，可从一个可迭代对象构建一个新的排序列表。(　　)

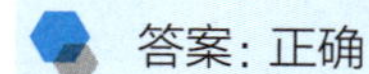

答案：正确

2. sorted() 是一个高阶函数，它可以接收一个比较函数来实现自定义排序。比较函数的定义是，传入两个待比较的元素 x 和 y，如果 x 应该排在 y 的前面，则返回 -1；如果 x 应该排在 y 的后面，则返回 1；如果 x 和 y 相等，则返回 0。(　　)

解释：sorted() 可以接收一个参数来作为自定义排序的标准，这个参数应该是一个函数，并且返回两个对象比较之后的大小。

答案：正确

## 6.5.5 函数的返回值

函数的返回值也可以是函数，如果函数的返回值是其本身，则为递归。

1. Python 中的函数不但可以返回 int、str、list、dict 等数据类型，还可以返回函数。(　　)

解释：Python 中的函数的返回值可以为函数。

答案：正确

2. 下列代码的运行结果是错误的。(　　)

```
def count():
    fs = []
    for i in range(1,4):
        def temp(j):
            def f():
                return j*j
            return f
        fs.append(temp(i))
```

```
    return fs

f1, f2, f3 = count()
print(f1())
print(f2())
print(f3())
```

输出结果：

```
1
4
9
```

解释：函数存在多层包含和调用。观察其中的range(1,4)，范围为[1,2,3]。每次往fs列表中添加的内容为temp(i)，因此最终返回到最外层赋予的f1()、f2()、f3()分别表示temp(1)、temp(2)、temp(3)，结果为1、4、9。

答案：错误

3. 在Python中，函数本身也是对象，可以返回一个函数内部定义的函数。(　　)

解释：在Python中，函数本身也是对象，在函数内部定义的函数可以作为一个对象，当作函数的返回值传递。

答案：正确

### 6.5.6 函数的别名与偏函数

函数的别名和对象的别名引用没有本质的区别，都表示一个对象有多个名称不同的引用。偏函数是Python中函数的特殊调用方法，是另外定义一个函数并且固定一部分参数值，之后用户调用偏函数不必传递原函数的所有参数。

1. Python的(　　)函数是通过functools模块被用户调用。(填函数的类型名称)

解释：Python的偏函数通过functools模块被用户调用，使用时要在之前加入“from functools import partial”。该函数接收一个函数作为参数，并且可以加入原函数的各参数，依次作为其之后的参数。

答案：偏

2. 偏函数是将所要承载的函数作为partial()函数的第一个参数，原函数的各参数依次作为partial()函数后续的参数，除非使用关键字参数。(　　)

解释：本题考查partial()函数的调用方式，如题目所示。原函数剩余的参数，则为调用偏函数需要传递的参数。

答案：正确

3. 偏函数实际上可以接收函数对象、*args和**kw三个参数。(　　)

解释：这是创建偏函数的规定。偏函数主要是在函数维度较高时简化调用方式，在创建时，可以接收函数对象、*args和**kw三个参数。

答案：正确

## 6.6 时间函数

Python的时间函数主要在time模块下，time模块提供丰富的接口，可以做时间的格式化转换。在实际编程中，时间函数在日期运算、自动控制等方面有广阔的应用场景。

### 6.6.1 休眠

休眠指的是通过函数让程序休眠指定长度的时间。

1. Python中time模块下的(　　)函数推迟调用线程的运行，可以通过参数secs指定秒数，表示进程休眠的时间。

解释：time 模块下的 sleep() 函数需要传递一个参数 secs，表示暂停的秒数，没有返回值，功能为让进程休眠固定长度的时间。

答案：sleep

2. Python 编程中使用（　　）模块可以让程序休眠。

解释：time 模块中的 sleep() 函数可以让程序休眠。

答案：time

3. time.sleep( 秒数 ),其中“秒数”以秒为单位，可以是小数，0.1s 则代表休眠 100ms。（　　）

解释：sleep 函数接收的参数 secs 表示暂停的秒数，0.1s 即为 100ms。

答案：正确

### 6.6.2 时间与日历

日历有专门的模块 calendar，可以用于格式化日期和时间。

1. 对于列表 ls 的操作，以下选项中描述错误的是（　　）。

A. ls.clear()：删除列表 ls 的最后一个元素

B. ls.copy()：生成一个新列表，复制列表 ls 的所有元素

C. ls.reverse()：列表 ls 的所有元素反转

D. ls.append(x)：在列表 ls 的末尾增加一个元素 x

解释：在列表的方法中，clear() 表示清空列表；copy() 表示生成一个复制的新列表；reverse() 表示反转列表；append(x) 表示在列表的末尾增加一个元素 x。因此 A 选项错误。

答案：A

2. 用于将一个时间戳转换成 UTC 时区（0 时区）的 struct_time 的时间函数是（　　）。

A. gmtime()　　B. mktime()

C. asctime()　　D. localtime()

解释：时间戳是指 1970 纪元后经过的浮点秒数。gmtime() 用于接收时间戳并返回格林尼治时间下的时间元组（struct_time）；mktime() 用于接收时间元组并返回时间戳；asctime() 用于接收时间元组并返回一个可读的形式；localtime() 用于接收时间戳并返回当地时间下的时间元组。因此本题选 A 选项。

答案：A

3. localtime() 函数的作用是格式化时间戳为本地 struct_time。（　　）

解释：localtime() 接收时间戳并返回当地时间下的时间元组。

答案：正确

### 6.6.3 时间差

Python 可以对时间进行差运算，得到时间差。

1. mktime(t) 函数如果输入不合法的时间值，则触发 OverflowError 或 ValueError 异常。（　　）

解释：mktime(t) 接收一个时间元组并返回时间戳，如果输入的时间不合法，则会触发 OverflowError 或 ValueError 异常。

答案：正确

2. 接收 struct_time 对象作为参数，返回用秒表示时间的浮点数的时间函数是（　　）。

A. mktime()　　B. asctime()

C. time()　　D. localtime()

解释：mktime() 与 gmtime() 相反，接收一个时间元组作为参数，返回一个时间戳。

答案：A

3. 用于接收时间元组并返回一个可读形式为 Tue Jan 12 15:45:13 2021 的 24 个字符的字符串的时间函数是（　　）。

A. asctime()　　B. time()

C. localtime()　　D. gmtime()

解释：asctime() 可以接收时间元组，并返回一个形如题干中所说的可读形式的字符串。

答案：A

## 6.7 交互式代码编程

Python 不仅可以通过运行文件运行代码，作为脚本语言，Python 还可以进行交互式代码编程，本节将做简要介绍。

1.（　　）是 Python 的一个集成开发环境，即交互式开发环境。

A. IDE　　B. IDLE

C. IDEL　　D. LIDE

解释：IDLE 是 Python 的集成开发环境，打包为 Python 包装的可选部分，可以用来进行 Python 交互式编程。

答案：B

2. 在 Python 交互模式下，输入代码，回车可得执行结果。但是交互模式下代码无法保存。（　　）

解释：在 Python 的交互模式下，每个语句块都是单独运行的，有确定的结果，但交互模式下写的内容是无法保存的。

答案：正确

3. 在 Python 交互模式下输入（　　）并回车，就退出了 Python 交互模式，并回到命令行模式。

A. return()　　B. back()

C. exit()　　D. close()

解释：exit() 函数可以退出 Python 的交互模式，只要输入 exit() 并回车，就会执行该行代码并退出。使用 quit() 也可以达到一样的效果。

答案：C

## 6.8 文件操作

文件是连续的字节序列。Python 语言提供丰富好用的文件操作相关接口，供用户处理文件。本节将对文件操作由简至难依次介绍。

### 6.8.1 文件的简单属性与写入文件

1. 文件只是连续的字节序列。数据的传输经常会用到字节流，无论字节流是由单个字节还是大块数据组成的。（　　）

解释：文件是连续的字节序列（字符串），在 Python 看来，文件的内容总是字符串，无论其本身包含的数据是什么类型。无论文件是由单个字节还是大块数据组成的，在数据传输时都会用到字节流的形式。

答案：正确

2. 下列说法正确的是（　　）。

A. read() 读取整个文件

B. readline() 读取下一行，使用生成器方法

C. readlines() 读取整个文件到一个迭代器以供遍历

D. 以上都正确

解释：read() 直接读取文件对象并返回字符串；readline() 读取文件的一行并作为字符串返回，但其具有可迭代属性；readlines() 读取整个文件的每一行到一个列表中，以供遍历。

答案：D

## 6.8.2 文件读取简单案例

和写入文件恰好相反，文件读取是把文件内容读取到 Python 的字符串中。本节将以案例形式讲解文件读取。

1. Python 2 中使用系统默认的 open() 方法打开的文件只能写入 ASCII 码，如果要写入中文，则需要用到 codecs 模块。(　　)

解释：codecs 模块专门用于编码转换，Python 2 系统默认的 open() 方法不支持中文写入，可以用 codecs 模块进行编码转换。

答案：正确

2. 读取文件内容时的格式要和保存文件时的格式一致。(　　)

解释：保存文件时的格式和编码是文件的重要特征，如果想要读取有效数据，需要和保存文件时的格式一致。

答案：正确

3. 以下关于文件的描述，错误的是（　　）。

A. 二进制文件和文本文件的操作步骤都是“打开—操作—关闭”

B. 用 open() 打开文件之后，文件的内容并没有在内存中

C. open() 只能打开一个已经存在的文件

D. 文件读写之后，要调用 close() 才能确保文件被保存在磁盘中

解释：二进制文件和文本文件的操作步骤相同，只是在打开时要在模式参数中加入 'b' 表示二进制。用 open() 打开文件之后，文件的内容并没有在内存中，只是创建了一个文件对象。open() 可以打开一个不存在的文件，即创建新文件，只能读取一个已经存在的文件，否则会报错。文件读写之后，要调用 close() 显式地关闭文件来结束对文件的访问，否则可能会丢失缓冲区数据。这是因为 Python 默认的输入文件总是缓冲的，写入的文本可能不会立即从内存转入磁盘，所以只有在文件读写之后调用 close() 或运行其 flush() 方法，才能保证文件内容被保存到磁盘上。

答案：C

## 6.8.3 按行读取文件

在读取大数据文件时，如果一次性将文件加载进内存可能无法满足，因此需要按行读取文件。

1. Python 对文件操作采用的统一步骤是（　　）。

A. 打开—操作—关闭

B. 打开—读写—写入

C. 操作—读取—写入

D. 打开—读取—写入—关闭

解释：文件操作的统一步骤是打开—操作—关闭。打开是使用 open() 函数创建文件对象，操作包含写操作和读操作，关闭是使用 close() 函数关闭文件并销毁文件对象。

答案：A

2. 以下关于 Python 中对文件的读操作方法，错误的有（　　）。

A. readline()　　B. readall()

C. readtext()　　D. read()

解释：read() 用于直接读取文件对象并返回字符串，readline() 用于读取文件的一行并作为字符串返回，但其具有可迭代属性。除此以外，Python 的 readlines() 用于读取整个文件的每一行到一个列表中，以供程序遍历。readall() 和 readtext() 函数均不存在。

答案：BC

3. 关于 Python 文件的 '+' 打开模式，以下描述正确的是（　　）。

A. 追加写模式

B. 只读模式

C. 覆盖写模式

D. 与 r/w/a/x 一同使用，在原功能基础上增加同时读写功能

解释：'+' 打开模式不能单独使用，必须和其他模式共同使用，意为打开一个文件进行更新（可读可写）。

答案：D

### 6.8.4 字符编码读取问题

字符串有多种编码方式，只有用正确的方式读取，才能获得其中的信息。

1. 在读取文件时，编码不正确会报错。如果需要强行解码，忽略错误要用关键字 ignore。（　　）

解释：读取文件时，如果检测到编码方式和文件的编码方式不同，会报错，但可以使用关键字 ignore 来忽略错误。

答案：正确

2. 编码失败的通常原因是某个编码的字符在其他的编码中不存在。（　　）

解释：如果一个编码的字符在另一个编码中不存在，就会出现编码失败的问题。

答案：正确

### 6.8.5 os 模块

os 模块是 Python 用来和文件系统进行交互的模块，本节将做简要介绍。

1. 使用 Python 对指定文件夹下指定后缀的文件进行遍历，主要运用的库是（　　）。

A. os　　B. as　　C. bs　　D. cs

解释：os 是 Python 中用来和文件系统交互的模块，可以对指定文件夹下指定后缀的文件进行遍历。

答案：A

2. 以下可以用于判断路径是否存在的函数是（　　）。

A. os.path.exists(path)

B. os.makedirs(path)

C. os.path.join(path,path2)

D. os.path.isfile(path)

解释：os.path.exists(path) 用于判断路径是否存在，存在则返回 True，否则返回 False。os.makedirs 用于创建文件夹。os.path.join 用于连接两个或者更多的路径名组件。os.path.isfile 用于判断指定路径是否为一个文件，如果是，则返回 True，否则返回 False。因此选 A 选项。

答案：A

### 6.8.6 递归与遍历文件夹

os 模块下提供了递归与遍历文件夹的方法，这在对文件进行批处理时非常有用。

1. 递归遍历根目录下的指定文件需要 import（　　）。

A. os　　B. as　　C. bs　　D. cs

解释：遍历和递归根目录下的文件属于 os 库中的功能，因此需要 import os。

答案：A

2. 一些重要的程序语言（如 C 语言和 Pascal 语言）允许过程的递归调用。实现递归调用中的存储分配通常用（　　）。

A. 栈　　　　　　B. 堆
C. 链表　　　　　D. 数组

解释：递归调用中的存储分配通常使用栈结构，在内存中函数调用时依次将函数地址和参数压进内存，然后不断清除内存顶端存储的数据，实现后调用的函数先结束，先调用的函数后结束。

答案：A

## 6.9 面向对象编程基础

Python 实际上是一门面向对象的语言，每个变量都是一个对象。面向对象编程是 Python 在实际编程中常用的编程方式，也是构建较大工程不可或缺的知识。

### 6.9.1 简单的面向对象类

本节将介绍简单的面向对象的知识。

1. 关于面向过程和面向对象，下列说法错误的是（　　）。

A. 面向过程和面向对象都是解决问题的一种思路

B. 面向过程是基于面向对象的

C. 面向过程强调的是解决问题的步骤

D. 面向对象强调的是解决问题的对象

解释："面向过程"(Procedure Oriented) 是一种以"过程"为中心的编程思想，也可称之为"面向记录"编程思想。面向过程就是分析出解决问题所需要的步骤，然后用函数把这些步骤一步一步实现，使用的时候一个一个依次调用就可以了。所以面向过程的编程方式关注点不在"事物"上，而是做这件事分几步，先做什么，后做什么。性能较高，所以单片机、嵌入式等开发一般采用面向过程开发。

"面向对象"(Object Oriented) 是一种以"对象"为中心的编程思想。一切事物皆对象，面向对象将现实世界的事物抽象成对象，把构成问题的事务分解成各个对象，建立对象的目的不是为了完成一个步骤，而是为了描述某个事物在整个解决问题的步骤中的行为。面向对象有封装、继承、多态的特性，所以易维护、易复用、易扩展。可以设计出低耦合的系统。但是性能上来说，比面向过程要低。

两者都是解决问题的思路，但面向过程其实是最为实际的一种思考方式，就算是面向对象的方法也是含有面向过程的思想，可以说面向过程是一种基础的方法。

答案：B

2. 以下关于 Python 类的说法中错误的是（　　）。

A. 类的实例方法必须创建对象后才可以调用

B. 类的实例方法必须创建对象前才可以调用

C. 类的类方法可以用对象和类名来调用

D. 类的静态属性可以用类名和对象来调用

解释：类的实例方法的第一个参数只能为实例对象，一般约定为 self，只能由实例对象来调用。类的类方法需要用到装饰器 @classmethod，第一个参数为当前类对象，参数一般约定为 cls，类和实例对象均可调用。类的静态方法需要用到装饰器 @staticmethod，没有 cls 和 self 参数，方法中不能使用类或实例的任何属性或方法，类和实例对象均可调用。因此，只有创建实例对象之后，才可以调用实例方法，A 选项正确，B 选项错误。类的类方法和静态方法都可以通过对象和类名来调用，C、D 选项正确。

答案：B

3. 类的实例方法必须创建对象前才可以调用。（　　）

解释：只有创建实例对象之后，才可以调用实

01 02 03 04 05 06 07 08 09 10 11 12 13 14
第6章 Python 编程实践

例方法。

答案：错

## 6.9.2 类的构造函数

构造函数是一种特殊的方法，在创建对象的时候初始化对象。它的方法名为 __init__，第一个参数为表示对象自身的 self，其他参数写在 self 后面。self 参数也可以定义成其他名字，之所以将其命名为 self，只是约定俗成的一种习惯，遵守这个约定，可以使编写的代码具有更好的可读性，所以建议使用 self，不要将其定义成其他名字。

1. 对于构造函数中的 self 参数，其代表的是当前正在初始化的类对象。（　　）

解释：self 参数代表的是当前正在初始化的类对象，可以通过它来传递实例的属性和方法。

答案：正确

2. 定义类如下：

```
class Hello():
    def __init__(self,name):
        self.name=name
    def showInfo(self)
        print(self.name)
```

下面代码能正常执行的是（　　）。

A.

```
h = Hello
h.showInfo()
```

B.

```
h = Hello()
h.showInfo(' 张三 ')
```

C.

```
h = Hello(' 张三 ')
h.showInfo()
```

D.

```
h = Hello('admin')
showInfo
```

解释：Hello 类中有两个方法：一个是构造函数，参数为 self 和 name；另一个是 showInfo 函数，参数只有 self。在调用类的实例方法时，必须通过类名或实例名称来调用，因此 D 选项错误。调用类的实例方法，第一个参数默认传递，因此构造函数只用传递第二个参数 name，showInfo 函数不需要传递参数，所以 C 选项正确。

答案：C

## 6.9.3 self 代表类的实例

self 是 Python 中约定俗成的代表类的实例的参数名称。

1. 定义类如下，以下说法正确的有（　　）。

```
class hello():
    def showInfo(sef):
        print(self.x)
```

A. 该类不可以实例化

B. 该类可以实例化

C. 在 PyCharm 工具中会提示语法错误，说 self 未定义

D. 该类可以实例化，并且能正常通过对象调用 showInfo()

解释：每个类必须有一个构造函数，如果程序中没有定义构造函数，Python 将会给它加默认的构造函数。该类缺少构造函数，但运行时 Python 解析器会给它加上一个默认的构造函数，所以它可实例化，当然前提是把 showInfo() 的参数 sef 改成 self，让程序没有错误。PyCharm 中会提示语法错误，说 self 未定义。

答案：BC

2. 下面不是Python合法的标识符的是（    ）。

A. int32　　B. 40XL

C. self　　D. __name_

解释：在Python中，标识符的第一个字符必须是字母或下画线，后面可以跟数字、字母及下画线。int32是合法的，因为标识符可以用字母开头，后面跟数字，且不和关键字重复。40XL是不合法的，因为数字开头不能作为标识符。self是合法的，因为这是由字母构成的标识符。__name_也是合法的，因为标识符可以用下画线开头。

答案：B

### 6.9.4 类与实例的不同

类与实例是相关又不同的两个概念。类是抽象的定义，实例是类具体化之后的对象，每个对象拥有相同的方法，但可能有不同的数据。

1. 在Python中，可以通过class关键字定义自己的类，然后通过自定义的类创建实例对象。（    ）

解释：可以通过class定义类，并且自定义的类可以创建实例对象。

答案：正确

2. 通过类实例化一个对象的时候，“__new__”方法首先被调用，然后是“__init__”方法。（    ）

解释：__new__()是创建类实例的一种静态方法，会优先于__init__()调用。

答案：正确

3. Python中的类要实例化为一个对象才能使用。（    ）

解释：类要实例化为一个对象，才能调用其中的实例方法，否则类只是抽象的定义。

答案：正确

### 6.9.5 类的数据方法权限限定

类的数据方法权限限定是面向对象中一种重要的保护数据的方法，可以将有必要隐藏的数据和方法隐藏在类的内部，开放有限的接口和数据给使用者。

1. 在Python中，通过单下画线“_”来实现模块级别的私有化，一般约定以单下画线“_”开头的变量、函数为模块私有。（    ）

解释：以单下画线开头的变量和函数，在该模块被其他模块引用时不会被引入。

答案：正确

2. 以双下画线开头的是私有类型的成员，可能是私有类型的属性或者方法，这样的方法只允许定义它的类本身访问。（    ）

解释：类的私有模块可以通过前面加双下画线表示。一旦一个模块成为私有模块，在类的外部就无法访问。

答案：正确

3. 在前面和后面都加双下画线的是系统自带的方法，如__init__()方法。（    ）

解释：系统自带的方法是前后都加双下画线，注意自定义函数不要用这样的格式，以免引发歧义。

答案：正确

### 6.9.6 类的详细属性

本节将介绍类的各种详细属性。

1. 类的数据属性分为类数据属性和实例数据属性。（    ）

解释：类数据属性是属于类本身，可以通过类名或者实例来修改或者引用。实例数据属性属于实例，只能通过实例来访问或者修改。

答案：正确

2. 通过内置函数（　　），或者访问类的字典属性“__dict__”，这两种方式都可以查看类有哪些属性。

解释：dir() 和“__dict__”都可以返回类的属性的列表。在使用时，类名作为参数传入 dir 中，而“__dict__”是类的一个特殊属性，可以通过类名加“.”的方式访问。

答案：dir

3. 类数据属性属于类本身，可以通过类名进行访问或者修改。（　　）

解释：类数据属性属于类本身，可以用类名加“.”的方式来访问或者修改。同时，类数据属性也可以被实例访问或者修改。

答案：正确

## 6.9.7 类的析构函数与手动回收内存

类的析构函数和构造函数正好相反，是在类的实例被销毁时调用的。可以使用默认的析构函数，但如果在销毁实例之前需要做一些事情，就需要重写析构函数。

1. 下列关于构造函数和析构函数的说法，正确的有（　　）。

A. 用于初始化类的一些内容，Python 提供的构造函数是 __init__()，也就是当该类被实例化前就会执行该函数

B. __init__() 方法是可选的，如果不提供，Python 会给出默认的 __init__() 方法

C. 析构函数 __del__() 在引用时就会自动清除被删除对象的内存空间

D. __del__() 是一个析构函数，当使用 del 删除对象时，会调用它本身的析构函数。另外当对象在某个作用域中调用完毕时，在跳出其作用域的同时析构函数也会被调用一次，这样可以释放内存空间

解释：构造函数在该类被实例化的时候调用，用来初始化一些内容，A 选项正确。如果不提供构造函数，Python 会有默认的构造函数，但在定义类时仍然需要写出 __init__()，否则会报错，因此 B 选项正确。析构函数 __del__() 在引用时会自动清除被删除对象的内存空间，因此 C 选项正确。在使用 del 删除对象时，会调用自身的析构函数，但不会直接清除该对象的内存空间，除非引用计数为 0。一个对象在作用域中调用完毕，跳出其作用域时，析构函数也会被调用一次，因此 D 选项正确。

答案：ABCD

2. 如果要显式地调用析构函数，可以使用 del 关键字：del obj。（　　）

解释：显式调用析构函数可以用关键字 del，用于删除一个对象。

答案：正确

## 6.9.8 操作类的属性

Python 类的属性其实是普通方法的衍生，操作类的属性有三种方法：①使用装饰器 @property 操作类属性；②使用类或实例直接操作类属性；③使用 Python 内置函数操作类属性。本节将对以上内容做简要介绍。

1. 下列关于操作类属性的方法正确的有（　　）。

A. 可以使用装饰器 @property 操作类属性

B. 可以使用类或实例直接操作类属性

C. 可以使用 Python 内置函数操作类属性

D. 都不是

解释：A、B、C 选项提到的分别为操作类属性的三种方法，应该熟练掌握。

答案：ABC

2. 通过装饰器 @property 可以对属性的取值和赋值加以控制，提高代码的稳定性。(　　)

解释：用“类对象 . 属性”的方式定义属性实际上是欠妥的，因为这破坏了类的封装原则。@property 可以在不破坏封装原则的前提下，让开发者依旧使用“类对象 . 属性”的方式操作类的属性，通过对属性设置 getter、setter、deleter 等方法来操作属性，提高了代码的稳定性。

答案：正确

3. 使用类或实例直接操作类属性的缺点是对类的属性没有设置操作控制规则，容易被人修改。(　　)

解释：直接操作类的属性，而不对操作设限制，容易被人修改，破坏了类的封装性，是不安全的做法。

答案：正确

### 6.9.9 继承

Python 的类和其他语言一样，也是可以继承的。通过继承可以减少代码量，让程序更加简洁。

1. 关于 Python 类的继承正确的说法是(　　)。(2019，创新工场)

A. Python 类无法继承

B. 可以继承但是无法执行父类的构建函数

C. 可以有多个父类

D. 只能有一个父类

解释：Python 中类是可以继承的，而且可以有多个父类，如果子类没有重写构造函数，则会执行父类的构造函数；如果子类重写了构造函数，在执行子类的构造函数之前可以利用 super() 执行父类的构造函数。因此，C 选项正确。

答案：C

2. 下列关于 Python 的说法不正确的是(　　)。

A. Python 支持类和对象，且支持类的继承

B. Python 使用与类相同的函数作为构造方法

C. 在继承中基类的构造方法不会被自动调用，需要在派生类的构造方法中显式调用

D. 派生类可以继承多个基类

解释：Python 支持类和对象，且支持类的继承，这一点是面向对象语言的基本特征，A 选项正确。Python 中的构造函数为 __init__()，因此 B 选项错误。在派生类的构造方法中需要用 super() 方法来显式调用父类的构造函数，C 选项正确。派生类可以继承多个基类，即为多继承，因此 D 选项正确。

答案：B

3. 以下关于 Python 的继承中说法正确的是(　　)。

A. 子类继承自父类，可以直接使用父类中已经封装好的方法，不需要再次开发

B. 子类中应该根据职责封装子类特有的属性和方法

C. 继承具有传递性

D. 以上说法都正确

解释：在子类中，可以直接调用父类中已经封装好的方法，也可以重写父类的方法，A 选项正确。子类只有根据职责，即自己的特点，去封装子类特有的属性和方法，才是继承的目的，否则完全重复父类是无用的，B 选项正确。继承具有传递性，如 B 类继承 A 类，C 类继承 B 类，那么 C 类也可以

调用 A 类中公开的方法。

答案：D

## 6.9.10 多继承

Python 的继承不仅可以单继承，还可以多继承，极大地提高了继承的灵活性，也保证了代码的简洁性。

1. 下列继承的语法格式正确的是（　　）。

A. class 类名 : 父类名

B. class 类名 ( 父类名 )

C. class 类名 :( 父类名 )

D. class 类名 ( 父类名 ):

解释：Python 中类的继承语法格式如 D 选项所示，父类名要写在子类名后面的括号中，如果有多个父类，则用逗号隔开，括号后面跟冒号。

答案：D

2. 以下 C 类继承 A 类和 B 类的格式中，正确的是（　　）。

A. class C A,B:

B. class C(A:B)

C. class C(A,B):

D. class C A and B:

解释：Python 中类的多继承语法格式如 C 选项所示，父类名要写在子类名后面的括号中，多个父类之间用逗号隔开，括号后面跟冒号。

答案：C

3. 下列代码实现了多继承的使用。（　　）

```
class Father:
    def hobby(self):
        print("love to play video game.")
class Mother:
    def yoga(self):
        print(""love to yoga."")
class Son(Father, Mother):
    pass

son = Son()
son.hobby()
son.yoga()
```

解释：Son 类的继承符合多继承的语法格式，直接继承了两个父类的所有方法。

答案：正确

## 6.9.11 重写

在继承中，如果父类的方法和子类的方法有不符的地方，可以在子类中重写（overwrite）方法覆盖父类的方法。

1. 下列代码的输出结果是正确的。（　　）

```
class Parent:
    def myMethod(self):
        print '调用父类方法'

class Child(Parent):
    def myMethod(self):
        print '调用子类方法'

c = Child()
c.myMethod()
```

输出结果：

```
调用子类方法
```

解释：子类 Child 继承了父类 Parent，并重写了方法 myMethod(self)，覆盖了父类的方法，因此通过子类的实例调用该方法，应该是调用了子类中的方法。

答案：正确

2. 在子类中重写一个父类拥有的方法，调用

时使用子类中重写的方法。(　　)

解释：在子类中重写父类拥有的方法，可以覆盖继承的父类的方法，在使用时子类的实例调用的是子类重写之后的方法。

答案：正确

3. 以下对 __str__() 和 __repr__() 方法的对比，说法正确的有（　　）。

A. 两者的目的不同，__str__() 用于给最终用户提供实例对象的信息；__repr__() 用于给开发人员提供对象的信息

B. 两者触发调用的方式不同，__str__() 是在 print( 对象 )、str( 对象 ) 等情况下调用；__repr__() 是在查看对象、repr( 对象 ) 等情况下调用

C. 两者都是一种比较符合 Python 风格的内置方法，必须以显式调用方法触发

D. 当没有重写 __str__() 方法，但重写了 __repr__() 方法时，触发调用 __str__() 方法实际上就是调用 __repr__() 方法

解释：__str__() 的输出追求可读性，输出格式易于理解，但丢失了关于数据类型的信息；__repr__() 的输出追求明确性，适合开发人员调试使用，A 选项正确。print() 函数和 str() 函数调用的是对象的 __str__() 函数，查看对象和 repr() 函数调用的是对象的 __repr__() 函数，B 选项正确。两者可以用显式调用触发，也可以通过其他方式间接触发。例如，str(object) 可以触发对象的 __str__() 函数；repr(object) 可以调用对象的 __repr__() 函数，C 选项不正确。D 选项是正确的，在自定义类时，经常重写 __repr__() 方法，这样能保证类到字符串始终有一个有效的自定义转换方式，而在与用户交互的类中，重写 __str__() 方法，让输出更方便用户查看。

答案：ABD

### 6.9.12 重载

Python 中重载依赖于类中的一些特殊方法。例如，__add__ 表示加法，__eq__ 表示等于。

1. 在 Python 中定义类时，运算符重载是通过重写特殊方法实现的。(　　)

解释：定义类时的运算符重载是通过重写类中的一些特殊方法实现的。例如，重载加法需要重写 __add__()。

答案：正确

2. 以下对 Python 运算符重载的一些限制说法正确的有（　　）。

A. 不能重载内置类型的运算符

B. 不能新建运算符，只能重载现有的

C. 某些运算符不能重载：is、and、or、not

D. 以上都错

解释：Python 不允许重载内置类型的运算符，只能重载自定义的类的运算符，A 选项正确。Python 不能新建运算符，只能重载现有的，B 选项正确。is、or、and、not 等运算符不能重载，C 选项正确。

答案：ABC

3. Python 中函数的参数变量是没有类型的，在具体调用时才知道到底是什么类型的变量。故对参数类型不同的函数根本无须考虑重载。(　　)

解释：Python 的参数变量没有类型，在具体调用时才会确定，所以参数类型不同的函数不需要重载，这一点和 C++ 等其他强类型语言不同。

答案：正确

## 6.9.13 使用 type() 函数查看对象类型

type() 函数是 Python 的内置函数，可以查看一个对象的类型。

如果要复制列表 L，需要使用（　　）。

A. list(L)　　B. dict(L)

C. set(L)　　D. type(L)

解释：list() 可以把一个对象转换为 list 类型并返回一个新对象，因此可以用 list(L) 复制列表 L。dict() 和 set() 分别是转为字典和集合，与题意不符。type() 为查看变量类型，D 选项错误。

答案：A

## 6.9.14 使用 isinstance() 函数判断对象类型

isinstance() 函数是 Python 的内置函数，用于判断一个对象是不是已知类型。函数调用方法为 isinstance(object, classinfo)，其中 object 为一个实例；classinfo 为直接或间接类名、基本类型或者由它们组成的元组。这个函数会考虑子类和父类的继承关系，因此参数传递子类的实例和父类类型，函数也会返回为真。

1. isinstance() 函数用来判断一个对象是不是一个已知的类型，类似 type()。（　　）

解释：这是 isinstance() 函数的功能描述，应该掌握这个知识点。

答案：正确

2. isinstance() 与 type() 的区别是，type() 不会认为子类是一种父类类型，不考虑继承关系，而 isinstance() 会认为子类是一种父类类型，考虑继承关系。（　　）

解释：isinstance() 认为子类是一种父类类型，考虑继承关系，因此参数传递子类的实例和父类类型，函数也会返回为真。

答案：正确

3. 下列 Python 3 代码的运行结果正确的是（　　）。

```
a = 2
print(isinstance (a,int))
print(isinstance (a,str))
```

A. True
　False

B. False
　True

C. True
　True

D. False
　False

解释：本题考查 isinstance() 的基本功能和用法。显然，a=2，表明 a 是一个 int 类型的实例。用 isinstance() 判断 a 的类型时，若传递参数为 int 类型，则返回真；若传递参数为 str，则返回假。所以答案为 A 选项。

答案：A

# 第7章 Python 编程高级特性

内容导读

本章是 Python 部分的最后一章，会介绍一些高级的概念和用法。在第 6 章中，讲解了 Python 的各种进阶知识，在实践中初步掌握了 Python 的一些简单用法，但对于一些复杂的工作场景，只掌握第 6 章的知识还不够。希望读者可以认真学习本章内容，真正成为使用 Python 的高手。

## 7.1 面向对象编程进阶

面向对象编程是 Python 编程的一种重要方法，在第 6 章中做过简要的介绍，了解了类、实例、属性等基本概念。本节将继续介绍面向对象编程，并讲解一些复杂用法和高级概念。

### 7.1.1 动态添加属性和方法

Python 作为一门动态语言，类的属性和方法并不是在类定义好之后或实例生成后就固定不变的，而是可以在实例的使用中动态添加。

1. dir([obj])：调用这个方法将返回包含 obj 大多数属性名的列表（会有一些特殊的属性不包含在内）。obj 的默认值是当前的模块对象。(　　)

解释：dir() 方法是 Python 的内置方法，传入一个对象可以返回该对象的大多数属性名的列表。如果不传递参数，其默认值为当前的模块对象。

答案：正确

2. 以下使用函数的方式来访问属性函数的说法中正确的有（　　）。

A. getattr(obj, name[, default])：访问对象的属性

B. hasattr(obj,name)：检查是否存在一个属性

C. setattr(obj,name,value)：设置一个属性。如果属性不存在，会创建一个新属性

D. delattr(obj, name)：删除属性

解释：以上 4 个函数均为 Python 的内置函数，用来访问和操作对象的属性。这也是在 Python 中动态添加属性和方法的 4 个核心函数。

答案：ABCD

3. 以下代码的运行结果是（　　）。

```
class A:
    pass
a = A()
def foo(self):
    print('hello world!')
setattr(A, 'foo', foo)
a.foo()
```

A. 报错，foo() 函数不能有 self 参数

B. 输出 hello world!

C. 报错，因为类 A 没有 foo() 函数，所以无法通过 a.foo() 调用

D. 报错，使用 setattr() 只需要两个参数

解释：这是典型的各类动态添加方法的一个例子。注意，因为 foo() 函数要用在类（对象）中，所以它必须有一个 self 参数（名称可以是其他）。

答案：B

### 7.1.2 限制添加属性

Python 的对象可以动态添加属性，但也可以在定义类的时候限制添加属性。

1. 在 Python 中，可以通过 __slots__ 限制对象可添加的属性。(　　)

解释：__slots__ 的功能是定义一个属性名称集合，只有在这个集合中的名称才可以绑定。这样可以实现使用固定的属性，而不是任意绑定属性。

答案：正确

2. 下列 Python 3 代码中只能添加 a、b 属性，添加其他属性就报错。(　　)

```
class A:
    __slots__ = ['a', 'b']
    pass

a1 = A()
a1.a = 10
```

```
print(a1.a)
a1.c = 0
```

解释：由于使用了 __slots__ 方法来限制可以动态添加的属性，所以只能添加 a、b 属性，添加其他属性会报错。

答案：正确

3. 用 __slots__ 方法定义的属性对当前类实例起作用，对继承的子类也是同样起作用的。(　　)

解释：用 __slots__ 定义的属性对当前类实例起限制作用，对继承的子类不起作用。

答案：错误

### 7.1.3 方法作为属性的补充

类中可以定义属性和方法，方法一般为函数对象。

1. 在 class 中定义的实例方法其实也是属性，它实际上是一个函数对象。(　　)

解释：方法是函数对象，如果将它也看作对象，其实方法也是属性的一种。方法比属性更加灵活，可以传递不同的参数且包含复杂的逻辑。

答案：正确

2. Python 的(　　)是 Python 的一种装饰器，可以用来修饰方法，使方法变成只读属性。

解释：@property 装饰器可以将只有一个参数的类方法变成一个属性的 getter() 方法，调用时可以类似于属性去调用这个方法。

答案：@property

3. 使用 @property 装饰器可以创建只读属性，@property 装饰器会将方法转换为相同名称的只读属性，可以与所定义的属性配合使用，以防止属性被修改。(　　)

解释：@property 装饰器可以将只有一个参数的类方法变成一个属性的 getter() 方法，调用时可以类似于属性去调用这个方法。这样的好处是不直接暴露属性给外界，而是通过特殊的方法去获取属性值，创建了只读属性，防止了属性被修改。

答案：正确

### 7.1.4 将方法当作属性

通过 @property 装饰器可以将方法当作属性使用，这样避免直接暴露属性给外部，可以有效地保护对象内的数据。

1. 下列代码的输出结果正确的是（　　）。

```
class DataSet(object):
    @property
    def method_with_property(self):
        return 15
    def method_without_property(self):
        return 14

d = DataSet()
print(d.method_with_property)
print(d.method_without_property())
```

A. 15
   14

B. 15

C. 14

D. 报错

解释：用 @property 装饰器修饰时，可以像一个属性一样去调用，因此 d.method_with_property 实际上是调用了 method_with_property(self) 方法，返回值为 15。函数内公开的方法可以直接调用，一般为对象名 . 方法名 ( 参数列表 )，因此 d.method_without_property() 调用的是 method_without_property(self) 方法，返回值为 14。

答案：A

2. 如果使用 @property 进行修饰后，又在调用时在方法后面添加了 ()，就会显示错误信息。(　　)

解释：@property 相当于创建了只读属性，调用方法与属性相同，如果在后面加了 () 会报错。

答案：正确

3. 添加 @property 后，方法就变成了一个属性，如果后面加入了 ()，就是当作函数来调用，而它却不是 callable（可调用）的。(　　)

解释：@property 相当于创建了只读属性，调用方法与属性相同，不可以当作方法调用，如果在后面加了 () 会报错。

答案：正确

## 7.1.5 gc 引用计数

gc 模块是 Python 中垃圾回收的模块。Python 垃圾回收的基本原理是引用计数，如果引用计数为 0，那么可以自动回收释放空间。

1. Python 中主要依靠（　　）模块的引用计数技术进行垃圾回收。

解释：在 Python 中，内存释放与垃圾回收相关的功能被封装在 gc 模块中，并基于引用计数实现自动垃圾回收。

答案：gc

2. 下列关于 gc 引用计数的说法正确的有(　　)。

A. Python 采用"引用计数"和"垃圾回收"两种机制来管理内存

B. 引用计数通过记录对象被引用的次数来管理对象

C. 对对象的引用会使引用计数加 1，移除对对象的引用，引用计数则会减 1

D. 当引用计数减为 0 时，对象所占的内存就会被释放掉

解释：Python 采用"引用计数"方法，并基于"引用计数"实现"自动垃圾回收"，A 选项正确。Python 的"引用计数"即为通过记录对象被引用的次数管理对象，主要决定是否自动回收对象释放空间，B 选项正确。C 选项描述的是引用计数方法的具体实现，正确。当引用计数为 0 时，对象所占内存会被自动释放。

答案：ABCD

3. 引用计数可以高效地管理对象的分配和释放，但是有一个缺点，就是无法释放引用循环的对象。(　　)

解释：没有循环引用时，引用计数可以高效实现内存的管理，但如果有循环引用，对象就无法被释放。因此，对象的循环引用是导致内存泄漏的主因。

答案：正确

## 7.1.6 抽象类

抽象类是指只能被继承而不能创建实例的类，这一点和 C++ 等其他面向对象编程语言中的概念相同。

1. 抽象类只能被继承，不能被实例化。(　　)

解释：抽象类不能被实例化，但可以被继承，子类中必须实现抽象类中的抽象方法，继承的子类可以被实例化。

答案：正确

2. 在 Python 中利用（　　）模块可以实现抽象类。

解释：可以通过 abc 模块的装饰器对方法做装饰，使其不需要具体实现而成为抽象方法，这个类就称为抽象类。

答案：abc

3. 抽象类介于类和接口之间，同时具备类和接口的部分特性，可以用来实现归一化设计。(　　)

解释：抽象类是对类的抽象，可以声明某个子类兼容基类。抽象类本身是一种特殊类，但又规定了一个兼容接口，使得调用者可以不了解具体细节，而一视同仁地处理继承并且具体化特定接口方法的所有对象。

答案：正确

### 7.1.7 多态

多态是面向对象编程的一个重要概念，但由于 Python 语言的动态性等特点，多态在 Python 中的类型并没有 C++、Java 等其他语言那么丰富。

1. Python 也支持多态，但是是有限地支持多态性，主要是因为 Python 中变量的使用不用声明，所以不存在父类引用指向子类对象的多态体现，同时 Python 不支持重载。(　　)

解释：Python 变量不用声明，运行时才能确定类型，因此不存在父类引用指向子类对象的多态体现。而且 Python 中后面定义的函数会覆盖前面的函数，所以不支持重载。

答案：正确

2. 以下关于 Python 多态的特点说法正确的有(　　)。

A. 只关心对象的实例方法是否同名，不关心对象所属的类型

B. 对象所属的类之间，继承关系可有可无

C. 多态的好处是可以增加代码外部调用的灵活度，让代码更加通用，兼容性比较强

D. 多态是调用方法的技巧，不会影响类的内部设计

解释：Python 的类型是运行时才确定，所以 Python 多态只关心对象的实例方法是否同名。对象所属的类之间，继承关系可有可无，简单来讲，在不同的类中定义了同一个函数，可以给这个函数传入不同类的名称，就可以实现不同的功能。多态的主要好处就是让同一个函数可以调用不同功能的函数，在一些场合下更加符合语义，增加了灵活性和兼容性。多态只是调用方法的技巧，不影响类的内部设计，不使用多态也可以完成相应类的设计和功能，只是没有使用多态的代码简洁通用。

答案：ABCD

3. 多态是调用方法的技巧，不会影响到类的内部设计。(　　)

答案：正确

## 7.2 文件编码

文件可以用不同的编码方式，读取时需要用和文件保存时相同的编码方式打开，才可以正确读取文件中的内容。

### 7.2.1 文件强化数据查询 GBK 文件

1. Python 2 中默认的编码格式是(　　)格式，在没修改编码格式时无法正确打印汉字。

A. ASCII　　　　B. Unicode

C. UTF-8　　　　D. GB2312

解释：Python 2 中默认的编码格式为 ASCII，如果想要打印汉字，则需将编码格式改

为UTF-8。

答案：A

2. Python 3 程序默认使用（　　）编码格式来存储编码格式。

A. ASCII　　B. Unicode

C. UTF-8　　D. GB2312

解释：Python 3 中默认的编码格式为 Unicode，用字符串类型表示。

答案：B

3. Python 代码中的字符串在未被指定编码的情况下，默认编码与代码文件本身的编码一致。（　　）

解释：如果 Python 没有指定字符串的编码，默认编码和代码文件本身的编码保持一致，在 Python 3 中为 Unicode，在 Python 2 中为 ASCII。

答案：正确

### 7.2.2 处理复杂文件编码

1. 在 Python 2.7 中，下列属于 Unicode 编码的书写方式的是（　　）。

A. a = " 中文 "　　B. a = r" 中文 "

C. a = u" 中文 "　　D. a = b" 中文 "

解释：Unicode 编码的书写方式以字母 u 开头，然后用双引号把字符串内容括起来。使用 Unicode 对象而不是普通字符串的好处是 Unicode 编码便于跨平台。

答案：C

2. 在 Python 3 中，不管文件原来是什么编码类型，读入后都转换成 Unicode 编码。（　　）

解释：Python 3 中默认的编码格式为 Unicode，不管文件原来是什么编码类型，统一转换为默认编码类型。

答案：正确

## 7.3 异常处理

Python 语言提供了专门的关键字处理异常。虽然异常处理不影响核心逻辑，但它是系统运行中检测错误、保障健壮性非常重要的部分。

### 7.3.1 异常的概念

异常就是 Python 程序遇到一个错误时会停止执行，并提示一些错误信息。程序停止执行并提示错误信息这一过程称作抛出异常。

1. 关于程序的异常处理，以下描述错误的是（　　）。

A. 异常语句可以与 else 和 finally 保留字配合使用

B. 程序异常发生后经过妥善处理可以继续执行

C. 编程语言中的异常和错误是完全相同的概念

D. Python 通过 try、except 等保留字提供异常处理功能

解释：异常语句经常与 else 和 finally 保留字配合使用，用来控制异常处理的分支，A 选项正确。程序异常如果正确捕捉并触发提前写好的异常处理逻辑，是可以继续执行的，B 选项正确。编程语言中的错误可以是语法错误和逻辑错误，而异常分为两个部分，异常产生和异常处理，是因为程序出现错误而在正常控制流外采取的操作，所以是不同的概念，C 选项错误。Python 通过 try、except、else、finally 等关键字提供异常处理的功能，

D 选项正确。

答案：C

2. 下面说法正确的有（　　）。

A. 如果在运行时发生异常，解释器会查找相应的处理语句（称为 handler）

B. 如果在当前函数中没有找到，解释器会将异常传递给上层的调用函数，看看那里能不能处理

C. 如果在最外层（全局 main）还是没有找到，解释器就会退出，同时打印出 traceback，以便用户找到错误产生的原因

D. 虽然大多数错误会导致异常，但一个异常不一定代表错误，有时它只是一个警告，有时它可能是一个终止信号，如退出循环等

解释：当运行捕捉到异常时，解释器会查找相应的处理语句，如果没有找到，就把异常传递给上层的调用函数，A、B 选项正确。如果到最外层还是没有找到相应的 handler，就会打印 traceback 给用户提供错误原因，C 选项正确。大多数错误会导致异常，但异常不一定代表错误，可能只是开发人员提供的一些运行信息，D 选项正确。

答案：ABCD

3. Python 中用来抛出异常的关键字是（　　）。

A. try　　B. except

C. raise　　D. throw

解释：Python 中允许用 raise 关键字手动设置异常并抛出。每次执行 raise 语句，都只能引发一次执行的异常。

答案：C

### 7.3.2 finally

finally 是一个关于异常处理的重要的关键字，finally 对应的部分是无论错误是否发生，都必须要执行。

1. 下面说法中错误的是（　　）。

A. try except 可以提高代码的健壮性

B. try–finally 语句无论是否发生异常都将执行最后的代码

C. 不管 try except 是否出错，都会打印出 finally 文件中的内容

D. finally 文件中的内容不管 try except 是否出错，都不会打印

解释：try except 可以捕捉异常，并通过提前编写的处理语句处理和输出信息，有利于提高代码的健壮性，A 选项正确。finally 部分的语句无论异常是否发生最后都会执行，所以 B、C 选项正确，D 选项错误。

答案：D

2. 下列 Python 3 代码中，func1() 和 func2() 的返回值正确的是（　　）。

```
def func1():
    try:
        return 1
    finally:
        return 2

def func2():
    try:
        raise ValueError()
    except:
        return 1
    finally:
        return 3

print(func1())
print(func2())
```

A. 1

3

B. 1

2

C. 2

3

D. 3

2

解释：在 func1() 中，try 子句 return 1，finally 子句 return 2，不管前面是否抛出错误，finally 的子句都是要执行的。在 func2() 中，try 子句抛出了错误，except 子句 return 1，但同理，finally 的子句一定会被执行，因此返回 3。

答案：C

### 7.3.3 自定义异常

异常有一些 Python 的固定类型，此外也可以自定义异常的类型。自定义异常，可以定义一个类，让它直接或者间接继承 Exception。

1. 关于如何自定义异常，下面说法正确的有（　　）。

A. 继承 Exception 实现自定义异常

B. 给异常加上一些附加信息

C. 处理与一些业务相关的特定异常（raise MyException）

D. 无法自定义异常

解释：Python 自定义的异常应该继承自 Exception，可以直接继承，也可以通过继承 Python 内置的其他异常类来间接继承，A 选项正确。在自定义异常时，常常加上一些附加信息来使输出更加丰富可观，B 选项正确。自定义异常往往是为了处理与一些业务相关的特定异常，需要特殊的提示或逻辑，C 选项正确。D 选项明显错误。

答案：ABC

2. 下面属于可变对象的是（　　）。

A. list　　B. bool

C. frozenset　　D. int

解释：list、set 和 dict 是 Python 中的可变对象。可变对象是指在修改对象时内存位置不会修改的对象，不可变对象相反，每次修改或重新赋值，都是一个全新的对象。

答案：A

3. 下面属于不可变对象的是（　　）。

A. set　　B. float

C. dict　　D. list

解释：不可变对象是指每次赋值时都会在另一个内存位置重新生成对象，而不能在原来的内存上修改的对象。float 属于不可变对象，每次赋值都会改变其存储的内存位置，生成一个新的对象，类似的类型还有 int、str、tuple 等。

答案：B

### 7.3.4 编译检查判断 assert

assert 用于判断一个表达式，在表达式为 False 时触发一个异常，一般用于在不满足条件时提前返回错误，而不必等程序运行后出现崩溃的情况。

1. 断言描述：验证 arg1、arg2 是否相等，不相等则 fail。断言方法是（　　）。

A. assertNotEqual(arg1, arg2, msg=None)

B. assertEqual(arg1, arg2, msg=None)

C. assertIs(arg1, arg2, msg=None)

D. assertIsNot(arg1, arg2, msg=None)

解释：关于 assert 的使用，有以下几个常用方法。

（1）assertEqual(arg1,arg2,msg=msg)，用于判断 arg1 与 arg2 是否相等，msg 为提示信息，可以为空。

（2）assertNotEqual(arg1,arg2,msg=msg)，用于判断 arg1 与 arg2 是否不相等。

（3）assertTrue(arg1,msg=none)，用于判断 arg1 是否为 True。

（4）assertFalse(arg1,msg=none)，用于判断 arg1 是否为 False。

答案：B

2. 下列关于 unittest 常用的断言方法，正确的有（　　）。

A. assertEqual(self, first, second, msg=None)

B. assertNotEqual(self, first, second, msg = None)

C. assertIn(self, member, container, msg = None)

D. assertFalse(self, expr, msg=None)

解释：以上都是断言测试中常用的方法，除此以外，还有 assertTrue、assertNotIn、assertIs、assertIsNot、assertIsNone、assertIsInstance 等。

答案：ABCD

3. assert 的语法格式是（　　）。

A. assert expression

B. assert (expression)

C. assert [expression]

D. assert {expression}

解释：Python 中 assert 的语法格式为 assert expression，也可以在 expression 后面跟参数：assert expression, arguments，其中 arguments 为抛出异常要提示的信息。

答案：A

## 7.4 进程和线程

进程和线程都是操作系统中的重要概念。进程是系统进行资源分配和调度的基本单位，线程是操作系统能够进行运算调度的最小单位，它被包含在进程之中，是进程中的实际运作单位。这两个概念是 Python 并行并发编程的基础，本节将做简要介绍。

### 7.4.1 进程和线程简介

本节将对进程和线程的基础知识做一个简要介绍。

1. 关于 Python 多进程，以下说法不正确的是（　　）。

A. 有独立的内存空间

B. 可以发挥多 CPU 的优势，提高并发性

C. 由于使用独立的内存空间，因此很少使用“锁”

D. 一个进程最多拥有一个线程

解释：进程是系统进行资源分配和调度的基本单位，所以每个进程都有独立的内存空间，A 选项正确。多进程可以有效利用多 CPU（中央处理器）的计算资源，减少空闲时间，发挥多 CPU 的优势，提高并发性，B 选项正确。由于每个进程的资源是相互独立的，因此多进程很少使用锁，C 选项正确。每个进程可以拥有多个线程，所以 D 选项错误。

答案：D

2. 一个线程通过（　　）方法将处理器让给另一个优先级别相同的线程。

A. sleep　　B. join

C. wait　　D. stop

解释：join() 方法可以在当前位置阻塞主进程的执行，直到子进程完成后，再去执行主进程之后的部分。

答案：B

3. 下列关于进程和线程的说法正确的是(　　)。

A. 线程是进程的一部分
B. 进程是线程的一部分
C. 进程和线程是一样的东西
D. 线程和进程没有关系

解释：进程包含线程，一个线程只能属于一个进程，但一个进程可以包含多个线程，同一个进程中的线程共享该进程的所有资源，因此A选项正确。

答案：A

### 7.4.2 简单多线程

本节将开始简单多线程的编程实践。

1. 多线程类似于同时执行多个不同的程序，多线程的优点有（　　）。

A. 使用线程可以把占据长时间的程序中的任务放到前台去处理
B. 用户界面可以更加吸引人。例如，用户单击了一个按钮去触发某些事件的处理，可以弹出一个进度条来显示处理的进度
C. 程序的运行速度可以加快
D. 在一些等待的任务实现上，如用户输入、文件读写和网络收发数据等，线程就比较有用了。在这种情况下，可以释放一些珍贵的资源，如内存占用

解释：多线程可以把占据长时间的程序中的任务放到后台去处理，这样可以节约用户的时间，A选项中的前台错误。多线程可以同时执行多个任务，所以可以用来设计用户界面，弹出进度条来改进用户体验，B选项正确。多线程可以同时做一个任务，提高了计算资源的利用率，因此程序的运行速度可以加快，C选项正确。多线程可以执行多任务，因此在等待一些任务实现的同时还可以做其他任务，也可以释放内存占用等，D选项正确。

答案：BCD

2. 启动一个进程，在一个进程内启动多个线程，这样多个线程也可以一块执行多个任务。（　　）

解释：在一个进程内部要同时做多件事情，就需要同时运行多个子任务。在一个进程中启动多个线程，就可以一块执行多个任务。

答案：正确

## 7.5 编写 Hadoop wordcount

Hadoop 是一个成熟的大数据处理方面的开源框架，允许使用简单的编程模型在跨计算机集群的分布式环境中存储和处理大数据。wordcount 是学习 Hadoop 的简单的例子之一，本节将做简单介绍。更详细的内容请查看第8章。

1. 使用 Python 写 MapReduce，需要利用 Hadoop 流（Streaming）的 API（应用程序接口），通过 stdin（标准输入）、stdout（标准输出）在 Map 函数和 Reduce 函数之间传递数据。（　　）

解释：Hadoop 是用 Java 编写的，但可以用不限于 Java 的语言去使用。Python 写 MapReduce 是直接利用 Hadoop Streaming 的 API，通过 Python 的 sys.stdin 读取输入数据，并把输出传给 sys.stdout。

答案：正确

2. MapReduce 框架提供了一种序列化键 / 值对的方法，支持这种序列化的类能够在 Map 和 Reduce 过程中充当键或值，以下说法错误的是（　　）。

A. 实现 Writable 接口的类可以是值
B. 实现 WritableComparable<T> 接口的类可以是值或键

C. Hadoop 的基本类型 Text 并不实现 WritableComparable<T> 接口

D. 键和值的数据类型可以超出 Hadoop 自身支持的基本类型

解释：序列化指的是把一个结构化对象转换为字节流，MapReduce 定义了 Writable 接口，可以实现序列化键 / 值对。在 MapReduce 中实现 Writable 接口的类可以是值，而实现 WritableComparable<T> 接口的类既可以是键，又可以是值，因此 A 选项和 B 选项正确。WritableComparable 的实现类之间要相互比较，在 MapReduce 中，任何作为键来使用的类都应该实现 WritableComparable<T> 接口，所以基本类型 Text 也实现了 Writable Comparable<T> 接口，C 选项错误。键和值的数据类型可以是自定义的类型，超出 Hadoop 自身支持的基本类型，所以都必须经过序列化，D 选项正确。

答案：C

3. MapReduce 适用于（　　）。

A. 任意应用程序

B. 任意可以在 Windows Server 2008 上运行的程序

C. 可以串行处理的应用程序

D. 可以并行处理的应用程序

解释：MapReduce 是一种受限的分布式计算模型，适用于并行处理的应用程序。如果处理串行程序，则无法充分利用其计算性能。

答案：D

## 7.6 集合

这里的集合并不是指 Python 的基本数据结构 set，而是指 collections，是一些比较高级的数据结构，如具名元组（namedtuple）、有序字典（OrderedDict）等，这些数据结构大多数是 Python 的标准库 collections 中提供的，是在基本数据结构的基础上增加了新的功能，在一些合适的场合可以方便操作。

### 7.6.1 namedtuple

namedtuple（具名元组）如其名字，可以给元组中的每一个元素命名。

namedtuple 称为具名元组，是 Python 元组的升级版本。（　　）

解释：namedtuple 是具名元组，可以给元组中的每一个元素命名，是 Python 中为了改善原始元组 tuple 无法对内部数据进行命名的局限性而提供的一个工具包，所以是 Python 元组的升级版本。

答案：正确

### 7.6.2 deque

deque（双向队列）是一种特殊的数据结构，在其两端都可以进行插入和删除操作，比以往的队列限制更少。

1.（　　）模块是 Python 标准库 collections 中的一项，它提供了两端都可以操作的序列。

解释：deque 是 collections 中的一项，引入语句为 from collections import deque，提供了双向队列这一数据结构。

答案：deque

2. 下列 Python 3 代码的输出结果是错误的。（　　）

```
from collections import deque
d = deque()
d.append('1')
d.append('2')
```

```
d.append('3')
print(len(d))
print(d[0])
print(d[-1])
```

输出结果：

```
3
'1'
'3'
```

解释：deque 的 append() 方法默认是从右边插入队列，因此队列中列表应该为 ['1', '2', '3']。此时长度 len(d) 为 3，d[0] 为 '1'，d[-1] 为 d[2]，即为 '3'。

答案：错误

### 7.6.3 defaultdict

defaultdict（默认字典）是一个有默认值的字典结构。它和普通字典的区别在于，当字典中被查找的键不存在时，可以返回一个默认值。

1. Python 中通过 key 访问字典，当 key 不存在时，会引发 KeyError 异常。为了避免这种情况发生，可以使用 collections 类中的（　　）方法来为字典提供默认值。

解释：defaultdict 是 collections 库中提供的一个高级数据结构，是可以拥有默认值的字典，如果访问的键不存在，可以返回默认值，而不引发 KeyError 异常。

答案：defaultdict

2. defaultdict 是 Python 内置字典类（dict）的一个子类，它重写了方法 _missing_(key)，增加了一个可写的实例变量 default_factory。（　　）

解释：defaultdict 函数返回一个类似字典的对象，当 key 不存在时，可以返回默认值，原理是它继承了 Python 原生的 dict 类，并且重写了方法 _missing_(key)，增加了一个可写的实例变量 default_factory。如果该变量存在，则在构造字典时将其作为默认值；如果没有，则为 None。

答案：正确

### 7.6.4 OrderedDict

OrderedDict 是 collections 库中的一个数据结构，功能是创建一个对其中元素实现排序的字典。

1. Python 中的模块 collections 自带了一个子类 OrderedDict，实现了对字典对象中元素的排序。（　　）

解释：OrderedDict 类是一个可以对字典对象中的元素排序的字典，顺序默认为添加元素的顺序，属于 collections 模块。

答案：正确

2. OrderedDict 对象的字典对象，如果其顺序不同，Python 也会把其当作两个不同的对象。（　　）

解释：顺序不同的两个有序字典对象，也会被认为是不同的对象。

答案：正确

### 7.6.5 Counter

Counter（计数器）是 collections 库中的一个类，返回值为一个字典，字典中的元素为字符串或列表等中不同元素和其出现次数的键值对。

1. Python 3 的 Counter 类，用于追踪值的出现次数。（　　）

解释：Counter 类可以统计各元素出现的次

数并返回一个字典。

答案：正确

2. Counter 类继承 list 类，所以它能使用 list 类中的方法。(    )

解释：Counter 类是 dict 的一个子类，可以使用 dict 类中的方法。

答案：错误

3. 下列代码的输出结果是正确的。(    )

```
import collections
obj = collections.Counter('aabbccc')
print(obj)
```

输出结果：

```
Counter({'c': 3, 'a': 2, 'b': 2})
```

解释：根据 Counter 类的功能，可以对一个列表或字符串中的每个元素统计次数，返回一个元素和出现次数的键值对组成的字典，因此输出正确。

答案：正确

## 7.6.6 list

list（列表）作为 Python 中重要的基本数据类型，操作非常丰富，在实际运用中有很多技巧需要读者掌握。

1. 关于 list 去掉重复元素，下列选项正确的是（    ）。(2017 年，美团)

A. list 无法去重

B. 先把 list 转换为一个去重的集合，然后再转回 list

C. 先把 list 转换为一个去重的元组，然后再转回 list

D. list 不会有重复

解释：list 会有重复元素，但可以先将其转换为 set 类型，去掉重复元素之后再转回 list，这样可以得到无重复元素的 list，因此选 B 选项。

答案：B

2. 下列代码的运行结果是 [1,2,9]。(    )

```
list1=[1,2]
list1.append(9)
print(list1)
```

解释：append() 方法是在原有列表的基础上，在末尾添加一个元素，所以原本为 [1,2]，添加一个 9，列表为 [1,2,9]。

答案：正确

3. 下列代码的运行结果是（    ）。

```
list1=[1,2,2,3,4,2]
print(list1.count(2))
```

解释：列表的 count() 方法的功能是统计列表中某个元素的出现次数，在本题中，列表中出现了 3 次 2，因此答案为 3。

答案：3

4. 使用 Python 的内嵌函数（    ）返回列表的元素个数。

解释：len() 是 Python 的内嵌函数，功能是返回序列对象的长度，即元素个数。

答案：len

## 7.6.7 tuple

tuple（元组）是 Python 的基本数据类型之一，与 list 的区别在于，tuple 是不可变的。创建 tuple 可以用小括号或 tuple() 方法。

1. 下列 Python 2 代码的输出结果，正确的是（    ）。

```
tup1 = (12, 34.56)
```

```
tup2 = ('abc', 'xyz')
tup3 = tup1 + tup2
print tup3
```

A. 12, 34.56, 'abc', 'xyz'

B. (12, 34.56)

C. (12, 34.56, 'abc', 'xyz')

D. ('abc', 'xyz')

解释：两个 tuple 可以用加号来合并为一个新 tuple，但原本的两个 tuple 自身是不可以修改的。

答案：C

2. tuple 中的元素值是不允许修改的，但可以对 tuple 进行连接组合。(　　)

解释：对 tuple 的连接组合返回一个新的 tuple，但旧 tuple 的元素值不允许修改。

答案：正确

3. tuple 中的元素值是不允许删除的，但可以使用 del 语句删除整个 tuple。(　　)

解释：del 是 Python 中用来删除对象的指令，tuple 中的元素不允许添加、修改、删除，但可以用 del 指令删除整个 tuple 对象。

答案：正确

### 7.6.8 dict

dict（字典）是 dictionary 的缩写，在 Python 中表示字典这一数据结构，提供了根据键去除索引对应的值等操作。

1. 下列选项中，试图访问字典中不存在的键时，抛出的异常是(　　)。

A. NameError　　B. KeyNameError

C. KeyError　　D. ValueError

解释：在 Python 中，当使用 dict1[key] 这种方式从 dict1 中获取 key 对应的值时，如果 dict1 中不存在这个 key，就会抛出 KeyError 异常。NameError 是在找不到变量名时抛出的异常，ValueError 是值的类型转换出现错误时抛出的异常，KeyNameError 在 Python 自带的异常类型中不存在。因此本题选 C 选项。

答案：C

2. 下列属于 Python 中的字典的一项是(　　)。

A. ()　　B. ['a']

C. {2, 3}　　D. {1: 2}

解释：创建字典的方式之一为，外面是大括号，把中间用逗号分隔符分隔的键值对括起来，如 {1:2, 3:4, 5:6}。() 为一个空的元组，['a'] 是一个列表，{2, 3} 是集合，只有 D 中的 {1: 2} 满足字典的定义。因此本题选 D 选项。

答案：D

3. 下列不属于 Python 中字典的特点的是(　　)。

A. 异构　　B. 有序

C. 嵌套　　D. 可变

解释：字典中的键和值都允许使用不用的数据类型，因此是异构的。字典中的元素没有顺序，OrderedDict 类提供的字典才有顺序，因此字典是无序的。字典的值可以进一步嵌套字典对象，所以字典是嵌套的。字典可以添加、删除、修改键值对，所以是可变的。因此本题选 B 选项。

答案：B

## 7.7 线程进阶

单线程有很多复杂情形无法处理，因此在实际开发中多线程编程是很常用的。Python 提供了专门的函数和类用于创建多线程，本节将做简要介绍。

### 7.7.1　基于函数创建线程

1. Python提供了一个内置模块threading的Thread()方法，可以用于创建线程。(　　)

解释：threading模块对thread模块进行了一些包装，更方便用户使用。threading模块包含Thread()方法，可以用来创建进程，但只有该线程对象调用了start()方法才是真正启动线程。

答案：正确

2. 下列Python 3代码的输出结果是错误的。(　　)

```
import time
import threading

def main(name='python2'):
    for i in range(2):
        print('hello',name)
        time.sleep(1)
if __name__ == "__main__":
    t1 = threading.Thread(target = main)
    t1.start()
    t2 = threading.Thread(target =
        main,args = ("python3",))
    t2.start()
```

输出结果：

```
hello python2
hello python3
hello python2
hello python3
```

解释：t1线程调用main函数，并且没有传递参数，所以使用默认参数name='python2'，t2线程传递了参数name='python3'。在调用时，由于是通过创建新线程调用，所以不会发生阻塞，首先启动t1线程，输出hello python2，然后进入休眠1s的状态，接着启动t2线程，输出hello python3。接下来是t1线程结束休眠，输出hello python2并结束循环，t2线程休眠结束，输出hello python3并结束循环，最终主线程结束，程序运行完毕。

答案：错误

3. Python为多线程编程提供了两个简单明了的模块：thread和threading，Python 3中优先使用thread模块。(　　)

解释：Python为多线程编程提供了两个模块：thread和threading。thread提供了低级别的、原始的线程及一个简单的锁，threading对thread做了一些包装，更方便用户使用，所以优先使用threading模块。

答案：错误

### 7.7.2　基于类创建线程

除了使用函数的方式创建线程，Python还可以通过继承threading.Thread类来创建多线程。

1. Python创建线程有两种方法：一种是通过threading.Thread创建；另一种是通过继承Thread类，重写其run()方法。(　　)

解释：可以直接通过threading模块中的Thread函数创建线程，也可以继承Thread类并重写run()方法，在启动线程使用start()方法时，会调用类中的run()方法。

答案：正确

2. 启动线程是调用run()方法，而不调用start()方法。(　　)

解释：启动线程需要调用start()方法，而不是 run() 方法。Thread 类的实例会在 start() 方法中调用 run() 方法，因此继承 Thread 类时可以重写 run() 方法来订制自己的线程子类。

答案：错误

3. 以下线程的调度和启动的说法中正确的是（　　）。

A. 使用 threading 模块的 Thread 类的构造器创建线程

B. 继承 threading 模块的 Thread 类创建线程类

C. 线程被创建以后不是直接就进入执行状态，也不是一直处于执行状态，在线程的生命周期中，要经历新建、就绪、运行、阻塞和死亡五种状态

D. 以上都正确

解释：A 选项中，使用 threading 模块的 Thread 类的构造器创建线程，即为通过 Thread() 函数创建线程的方式，所以 A 选项正确。B 选项中，继承 threading 模块的 Thread 类，并重写 run() 方法，可以定义自己的子类，并且通过创建实例的方式来创建线程，B 选项正确。C 选项中，线程创建之后要经历新建、就绪、运行、阻塞和死亡五种状态，不是一创建就进入执行状态，也不是一直处于执行状态，C 选项正确。因此选 D 选项。

答案：D

## 7.7.3 线程同步

多个线程可以同时进行，但如果在任何场景都不加限制，多个线程同时读写可能导致意想不到的结果，所以需要线程同步操作。

1. 关于 Python 中锁的机制，说法正确的是（　　）。

A. 用 Lock.acquire() 锁住资源，访问之后，用 Lock.release() 释放资源

B. 获得锁的线程用完后一定要释放锁，否则那些等待锁的线程将永远等待下去，成为死线程

C. threading.Lock 是一个基本的锁对象，每次只能锁定一次，其余的锁请求需等待锁释放后才能获取

D. 以上都正确

解释：Lock.acquire() 可以获得锁，如果锁处于 unlocked 状态，acquire() 方法将其修改为 locked 状态并立即返回；如果已处于 locked 状态，则阻塞当前线程并等待其他线程释放锁，然后将其修改为 locked 并立即返回。Lock.release() 可以释放锁，如果锁处于 locked 状态，将其修改为 unlocked 状态并立即返回；如果锁已经处于 unlocked 状态，则抛出异常。如果一个线程只加锁而不释放，则等待这个锁的线程将一直等待下去。Lock 每次只能锁定一次，不能重复上锁，其他的锁请求需要等待该锁释放以后才能获取。因此，前三个选项都是正确的描述。

答案：D

2. 下面可以避免死锁的有（　　）。

A. 线程等待时（wait）给予一个默认的等待时间

B. 线程之间避免相互申请对方的资源，可以通过一些容器来控制并发，如 BlockQueue 等一些线程安全的容器

C. 尽量避免线程在等待的同时申请资源

D. 死锁检测，一个线程在等待一段时间后还没有获得资源就放弃申请

解释：死锁产生的条件如下。

（1）一个资源同一时刻只能允许一个线程进行访问。

（2）一个线程占有资源但没有释放资源。

（3）一个占有资源的线程无法抢占其他线程的资源。

（4）两个及以上的线程，本身占有资源，但同时尝试获取其他线程的资源。

因此，破坏以上任意一个条件即可避免死锁。在本题的四个选项中，A 选项和 D 选项都是通过实际结果来判断是否死锁，并通过放弃请求的方式来打破死锁，B 选项和 C 选项是通过破坏条件（2）来达成破坏死锁的目标。

答案：ABCD

3. 关于生产者—消费者模式的工作机制，说法正确的是（　　）。

A. 生产者—消费者模式是通过一个容器来解决生产者和消费者的强耦合问题

B. 阻塞队列就相当于一个缓冲区，平衡了生产者和消费者的处理能力，解耦了生产者和消费者

C. 生产者—消费者模式的核心是阻塞队列，也称消息队列

D. 以上都对

解释：生产者—消费者模式创建了一个容器作为缓冲区，如果没有这个缓冲区，直接让生产者调用消费者的某个方法，就会产生依赖（耦合），如果两者都依赖于缓冲区，而不直接依赖，就降低了耦合度，A 选项正确。常见的方法是用队列作为缓冲区，生产者从队头入队，消费者从队尾取出，如果队列为空，消费者就暂停，如果队列为满，生产者就暂停，平衡了生产者和消费者的处理能力，解耦了生产者和消费者，B 选项正确。生产者—消费者模式的核心就是建立一个缓冲区来解耦生产者和消费者，常用队列的方式，这个队列称为阻塞队列或者消息队列，C 选项正确。

答案：D

## 7.8 http 编程

http 是网络中一个重要的协议，Python 中的模块提供了支持 http 编程的功能。本节将介绍关于 http 编程的知识。

1. 关于 http 协议中的 GET 和 POST 方式的区别错误的有（　　）。（2017 年，美团）

A. 它们都可以被收藏及缓存

B. GET 的请求参数放在 URL 中

C. GET 只用于查询请求，不能用于请求数据

D. GET 不应该处理敏感数据的请求

解释：GET 可以被浏览器缓存，POST 不会被缓存，A 选项错误。GET 的请求参数放在 URL（统一资源定位符）中，POST 的请求参数放在 http 包的包体中，B 选项正确。GET 可以用于查询请求，也可以用于请求数据，但由于 GET 可以被缓存，且数据会以明文形式出现在 URL 中，所以是不安全的，敏感数据应该使用 POST 方式请求，因此 C 选项错误，D 选项正确。

答案：AC

2. 下列关于 http 状态码的描述正确的是（　　）。（2017 年，4399 游戏）

A. 404 读取浏览器缓存，502 错误网关

B. 404 找不到资源，403 服务器错误

C. 500 服务器错误，304 读取浏览器缓存

D. 304 服务器错误，200 请求成功

解释：常见的状态码及其含义如下。

（1）100：继续。

（2）200：请求成功。

（3）301：永久移动。

（4）302：临时移动。

（5）304：客户端有缓冲的文件并发出了一个条件性的请求，一般在按 F5 键刷新页面时触发。

（6）403：服务器拒绝。

（7）404：找不到网页。

（8）500：服务器遇到了一个未曾预料的状况，导致无法完成对请求的处理。

（9）502：尝试执行请求时，从上游服务器接收到无效的响应。

（10）504：未能及时从上游服务器或者辅助服务器接收到响应。

因此，本题答案为 C 选项。

答案：C

3. 在 Web 端编程中主要使用的库有两个：一个是和 url 请求与返回相关的 urllib 包；另外一个是 http 协议处理相关的 http 包。（　　）

解释：urllib 是和 url 请求相关的包，主要包括 request、error、parse 等多个子库，可以直接或间接地与一个 url 打交道。相对于 urllib 包来说，http 包是提供了直接和 http 协议打交道的机会，底层的很多实现都使用 http 包进行开发。

答案：正确

4. 下列不属于 urllib 使用代理 IP 的步骤的是（　　）。

A. 设置代理地址

B. 设置 IP 地址

C. 创建 Proxyhandler

D. 创建 Opener

解释：使用代理的步骤如下。

（1）创建 Proxyhandler，设置代理地址，调用 http 或 https 代理。

（2）创建 Opener，可以使用 Opener.open() 函数打开网页。

（3）将订制的 Opener 安装到系统中，只要使用普通的 urlopen() 函数，就是以订制的 opener 进行工作。

在 urllib 使用代理 IP（网际互连协议）时，只需要设置代理地址而不需要设置 IP 地址，因此 B 选项错误。

答案：B

5. http 请求方法（　　）的作用是向服务器请求某个资源，但仅要求服务器返回响应消息的头部，不需要返回响应消息的主体。

A. PUT　　B. GET

C. POST　　D. HEAD

解释：GET 用来向特定的资源发送请求，并返回响应消息的主体；POST 用来向指定资源提交数据进行处理请求；PUT 用来向指定资源位置上传其最新内容；HEAD 的请求与 GET 一致，只是不会返回响应消息的主体。除此以外，常用的请求方法还有：DELETE 用来请求服务器删除指定资源；OPTIONS 用来返回服务器针对指定资源所允许的 http 请求方法；TRACE 使服务器原样返回任何客户端请求的内容，主要用于测试和诊断；PATCH 是对 PUT 方法的补充，用来对已知资源进行局部更新，并可能会在资源不存在时创建它。

答案：D

## 7.9 网络通信编程

网络通信编程在实际应用中是非常重要的，绝大多数的应用都需要网络通信模块，因此了解网络通信编程的方法和技巧是很有必要的。

1. 在实现基于 TCP 的网络应用程序时，服务器端正确的处理流程是（　　）。

A. socket() → bind() → listen() → connect() → read()/write() → close()

B. socket() → bind() → listen() → read()/write() → close()

C. socket() → bind() → listen() → accept() → read()/write() → close()

D. socket() → connect() → read()/write() → close()

解释：在实现基于 TCP（传输控制协议）的网络应用程序时，服务端的流程如下。

（1）创建套接字（socket）。

（2）绑定到本地地址和端口（bind）。

（3）监听客户请求（listen）。

（4）接收客户请求，返回一个新的套接字（accept）。

（5）用返回的套接字进行通信（read/write）。

（6）关闭套接字（close）。

客户端的流程相对简单：

（1）创建套接字（socket）。

（2）向服务端发出连接请求（connect）。

（3）和服务器进行通信（read/write）。

（4）关闭套接字（close）。

因此本题选 C 选项。

答案：C

2. 以下关于 TCP 与 UDP 的描述正确的是(　　)。

A. TCP 是不可靠的协议

B. UDP 是面向连接的协议

C. UDP 不会针对乱序的消息进行重排

D. TCP 没有流量控制

解释：TCP 和 UDP（用户数据报协议）都是网络通信中常用的协议。TCP 面向连接，保证交付，是可靠协议，UDP 面向无连接，不保证交付，不保证消息的到达顺序，是不可靠协议，因此 A、B 选项错误，C 选项正确。TCP 基于滑动窗口协议进行流量控制，TCP 连接的每一方都有固定大小的缓冲空间；UDP 没有流量控制，在网络拥堵时不会使源主机发送速率降低，适用于实时通信，因此 D 选项错误。

答案：C

3. 以下不属于 UDP 的特性的是（　　）。

A. 提供可靠的服务

B. 提供无连接服务

C. 提供端到端服务

D. 提供全双工服务

解释：UDP 是不可靠协议，提供尽最大努力的交付，但不保证可靠交付，所以 A 选项不是 UDP 的特性。UDP 无须建立连接，不维护连接状态，也不跟踪确认号、序号等参数，B 选项是 UDP 的特性。UDP 基于服务端和客户端交换数据，提供端到端服务，C 选项是 UDP 的特性。全双工指可以瞬时进行信号的双向传输，UDP 可以提供全双工服务，D 选项是 UDP 的特性。

答案：A

# 第3篇 大数据开发

# 第8章 Hadoop

**内容导读**

在企业级应用开发和大数据开发中，Oracle 是存储数据最重要的数据库之一。Hadoop 被公认是大数据标准的开源软件，在分布式环境下提供海量数据的处理能力，擅长进行日志分析。本章主要围绕 Hadoop 的原理与实践，从环境的搭建到项目实践、从基础到提高、从当前技术到前沿技术，层层递进来讲解 Hadoop。

## 8.1 环境搭建

本节主要围绕搭建 Hadoop 环境相关的基础操作讲解，内容包括 Hadoop 体系及相关环境的安装与配置。

### 8.1.1 系统安装 +VMTools

本节主要内容包括系统安装及 VMTools 的安装与配置。

1. 以下属于 VMware 环境中共享存储的优势是（ ）。

A. 允许部署 HA 集群

B. 能够更有效地查看磁盘

C. 只能够更有效地备份数据

D. 允许通过一家供应商部署存储

解释：VM Tools 是一套可以提高虚拟机的客户机操作系统性能并改善虚拟机管理的实用工具。

答案：A

2. 我们常提到的“在 Windows 上安装个 VMware”，其中 VMware 使用的 Linux 虚拟机是（ ）。

A. 存储虚拟化　　B. 内存虚拟化

C. 系统虚拟化　　D. 网络虚拟化

解释：虚拟化的分类（根据要虚拟的对象）包括以下内容。

（1）系统虚拟化：KVM（基于内核的虚拟机）、Linux 等。

（2）存储虚拟化：Swift、Ceph、vSAN 等。

（3）网络虚拟化：OVS（开放虚拟交换机）。

（4）应用虚拟化：在服务器上安装应用，把用户加入服务器的认证中，然后让用户使用账户和密码登录，这样用户就能够看到服务器上的应用，并且在使用应用时只需单击图标即可，但是使用应用过程中产生的数据还是存储在服务器中。

（5）桌面虚拟化：桌面虚拟化是指将计算机的终端系统（也称作桌面）进行虚拟化，以达到桌面使用的安全性和灵活性。

答案：C

3. 在 Linux 系统下，安装 Hadoop 时需要临时关闭的服务是（ ）。

A. bluetooth　　B. avahi

C. fuse　　D. iptables

解释：安装 Hadoop 时需要临时关闭的服务是 iptables。iptables 是防火墙服务，在安装过程中，往往会因为防火墙原因导致安装失败。其他服务如 bluetooth（蓝牙）、avahi、fuse 等都不会影响 Hadoop 的安装。

答案：D

### 8.1.2 JDK+Eclipse

本节主要内容包括 Java 语言的安装及开发环境 IDE 的安装与配置。

1. 下列关于 JDK 的说法中，错误的是（ ）。

A. JDK 是 Java 开发工具包的简称

B. JDK 包括 Java 编译器、Java 文档生成工具、Java 打包工具等

C. 安装 JDK 后，还需要单独安装 JRE

D. JDK 是整个 Java 的核心

解释：安装 JDK 后，不需要单独安装 JRE（Java 运行环境），因为安装 JDK 时已安装了 JRE。

答案：C

2. 在 CentOS 上安装 Eclipse 需要将镜像文件上传解压，自动完成安装，但不能创建桌面快捷方式。（ ）

解释：Eclipse 只需解压后便可直接使用，在 Linux 下无法创建快捷方式。每次使用 Eclipse 前，要在目录下打开相应文件。

答案：正确

## 8.1.3 MySQL 的操作与使用

本节主要介绍 MySQL 的常用基础操作与使用方式。

1. 以下关于 MySQL 的叙述中，错误的是（　　）。

A. MySQL 是真正多线程、多用户的数据库系统

B. MySQL 是真正支持多平台的

C. MySQL 完全支持 ODBC

D. MySQL 可以在一次操作中从不同的数据库中混合表格

解释：A 选项，MySQL 是一个真正的多线程、多用户的 SQL（结构化查询语言）数据库，凭借其高可用性和易于使用的特性，成为服务器领域最受欢迎的开源数据库系统。B 选项，MySQL 支持 20 多个平台和操作系统。C 选项，MySQL 支持一个基于 ODBC（开放数据库互连）的应用程序，对数据库的操作不依赖任何 DBMS（数据库管理系统），不直接与 DBMS 打交道，所有的数据库操作由对应的 DBMS 的 ODBC 驱动程序完成，C 选项正确。D 选项，MySQL 支持多个库中不同表的关联查询，但不可以在一次操作中从不同的数据库中混合表格。

答案：C

2. 关于 CentOS 中使用 MySQL 的说法，正确的是（　　）。

A. 开启 MySQL 可以使用命令：service mysql start

B. 修改登录密码可以使用 mysql> set password for 用户名 @localhost = password ('新密码')

C. CentOS 中使用 MySQL 基本命令不变

D. 以上都正确

解释：A 选项，开启 MySQL——service mysql start；B 选项，修改登录密码——set password for 用户名 @localhost=password('在这里填入用户名密码');C 选项，CentOS 中使用 MySQL 基本命令不变。因此选 D 选项。

答案：D

## 8.1.4 Oracle 的安装准备

本节介绍安装 Oracle 相关的常用操作，主要内容是在安装 Oracle 之前需要对 Linux 操作系统进行的配置步骤与注意事项。

1. 在多个实例的服务器中，Oracle 通过以下哪个系统环境变量决定启动（　　）实例？

A. ORACLE_SID

B. ORACLE_HOME

C. ORACLE_BASE

D. instance_name

解释：ORACLE_BASE 是 oracle 的根目录，目录下有 admin 和 product。ORACLE_HOME 是 oracle 产品的目录，目录下则是 ORACLE 的命令、连接库、安装助手、listener 等。如果同一台服务器上装了 2 个版本的 Oracle，那么 ORACLE_BASE 可以是同一个，但 ORACLE_HOME 一定是 2 个。ORACLE_SID 和 instance_name 两个参数都可以用于描述数据库实例名，但 instance_name 是 Oracle 数据库的参数，此参数可以在参数文件中查询到，而 ORACLE_SID 则是操作系统的环境变量。如果在同一台服务器上创建了多个数据库，则必然同时存在多个数据库实例，Oracle 需要通过 ORACLE_SID 决定启动哪个实例。

答案：A

2. 在 Linux 中安装 Oracle 需要提前建立 Oracle 用户和用户组，因为安装 Oracle 不能使用 root 用户。(　　)

解释：因为安装 Oracle 不能使用 root 用户，因此需要先创建 Oracle 用户和用户组。

答案：正确

### 8.1.5 Oracle 的安装

本节介绍安装 Oracle 相关的常用操作，主要内容是 Oracle 12 在 Linux 操作系统环境下的配置步骤与注意事项。

1. Oracle 数据库的安装包括（　　）。

A. 数据库软件的安装

B. 创建数据库实例

C. 配置监听服务

D. 配置 NET 服务

解释：Oracle 数据库的安装包括数据库软件的安装、创建数据库实例、配置监听服务、配置 NET 服务。

答案：ABCD

2. 以下属于安装 Oracle 12 的要求的是（　　）。

A. 内存要求至少为 1 GB

B. 内核版本符合 Oracle 12 支持的范围

C. /tmp 空间至少为 1 GB

D. 以上都是

解释：① Oracle 数据库内存要求至少为 1 GB，建议 2 GB 以上；②系统内核版本匹配；③ /tmp 空间至少为 1 GB；④磁盘空间要求至少为 6.4 GB。

答案：D

3. 以下有关 Oracle 安装的说法中错误的是（　　）。

A. 设置全局数据库名和 SID 的值均为 TOMC

B. 原存在 Oracle 数据库中的组件在安装后会被覆盖，所以无须卸载

C. 数据库表空间文件所在分区至少预留 10 GB 空间

D. 操作系统要打补丁

解释：原存在 Oracle 数据库中的组件在安装后不会被覆盖。

答案：B

### 8.1.6 Hadoop 环境搭建

本节主要对 Hadoop 环境搭建进行介绍，主要包括 Hadoop 的安装步骤与安装方式。

1. 以下不属于 Hadoop 的安装模式的是（　　）。

A. 单机模式　　B. 多机模式

C. 伪分布式模式　　D. 完全分布式模式

解释：Hadoop 有三种安装模式：单机模式、伪分布式模式、完全分布式模式。

答案：B

2. 以下属于 Hadoop 安装方式的有（　　）。

A. 直接解压方式

B. 传统解压包方式

C. Linux 标准方式

D. Linux 非标准方式

解释：Hadoop 安装方式有解压包方式和 Linux 标准方式。

答案：BC

3. 下面不属于 Hadoop 的安装步骤的是(　　)。

A. 安装 JDK 和配置 Java 环境变量

B. 设置免密码登录

C. 下载 Eclipse 集成开发环境

D. 修改 Hadoop 配置文件并启动 Hadoop

解释：Hadoop 的安装步骤如下。

安装 Hadoop 之前需要确保 JDK（或者 JRE）已经安装。JDK 的安装与配置包括：安装包的下载、安装包的解压、解压文件的移动、环境变量的配置、检查是否配置成功。

Hadoop 安装和环境变量的配置：安装 Hadoop、创建符号链接、环境变量的配置、Source 生效、检查是否配置成功。

答案：C

## 8.1.7 WordCount 实例实现和分析

在 Hadoop 环境下利用 MapReduce 实现 WordCount 操作，通过简单程序厘清 MapReduce 程序的基本结构与 Hadoop 体系的基础使用。

1. 以下 Hadoop 实现 WordCount 的操作中正确的是（　　）。

A. 实现之前需要查看是否启动了 Hadoop，可以使用 jps 指令查询

B. 输入 Hadoop fs –mkdir/input，在 HDFS 上新建一个存放输入文件夹的目录

C. 输入 Hadoop fs –ls/output，查看目录下的文件

D. 以上都正确

解释：A 选项，Hadoop 环境启用，是 Hadoop 程序编写的前提。B、C 选项，创建文件夹并查看属于程序编写的常用操作，也是 WordCount 的操作。因此选 D 选项。

答案：D

2. 单词计数的主要功能是统计一系列文本文件中每个单词出现的次数，通过完成这个简单程序让读者掌握 MapReduce 程序的基本结构。（　　）

答案：正确

3. 在 Hadoop 中运行程序时，输出目录不能存在，否则会提示错误。（　　）

解释：在输出的时候，每运行一次需要将输出目录删除，否则就会抛出异常。如果不想每次删除输出目录，可以自定义 OutputFormat 重写 checkOutputSpecs 方法（在 FileOutputFormat 里），这个方法会检查输出目录是否存在，如果存在，就直接抛出异常。

答案：正确

## 8.1.8 在 CentOS 环境下 MySQL 的配置

本节主要介绍 MySQL 在 CentOS 环境下与安装相关的常用操作。

1. 下列关于在 CentOS 下安装及配置 MySQL 的说法正确的是（　　）。

A. 首先检测系统是否已安装其他 MySQL 数据库

B. 安装包要下载 Linux–Generic 版本

C. 上传 rpm 包时必须按照规定顺序，否则会报错

D. 以上都正确

答案：D

2. MySQL 安装文件的顺序是 common、libs、client、server，因为在 CentOS 下安装 MySQL 有依赖关系，此顺序不能改变。（　　）

解释：安装 MySQL，按照 common → libs → client → server 的顺序进行安装，因为它们之间存在依赖关系。

答案：正确

### 8.1.9 Hive 的安装与配置

本节的主要内容包括 Hive 的安装与配置。

1. 在命令行窗口中输入（　　）指令验证 Hive 是否安装成功。

答案：hive --version

2. Hive 在安装配置时需要复制 MySQL 的驱动程序到 hive/lib 目录。（　　）

解释：配置 Hive，需要使用 MySQL 存放 Hive 的元数据，复制 MySQL 驱动程序到 Hive 的 lib 目录。

答案：正确

3. 执行（　　）命令对 Hive 进行初始化。

解释：Hive 第一次启动时会自动进行初始化，只不过不会生成足够多的元数据库中的表，而是在使用过程中慢慢生成，到最后进行初始化。如果使用 2.x 版本以上的 Hive，就必须使用命令 schematool -dbType mysql -initSchema 进行初始化。

答案：schematool -dbType mysql -initSchema

### 8.1.10 HBase 的安装与配置

本节的主要内容包括 HBase 的安装与配置。

1. 以下属于 HBase 适用场景的有（　　）。

A. 负荷很大的场合，如高速插入、大量读取

B. 事务处理、关联分析

C. 数据分析查询模式已经确立，并且不会轻易改变

D. 海量的、简单的操作（如根据 key 查询 value）

解释：以下场景适用 HBase。

- 成熟的数据分析主题，查询模式已经确立，并且不会轻易改变。
- 传统的关系型数据库已经无法承受负荷，如高速插入，大量读取。
- 适合海量的，但同时也是简单的操作（如 key-value）。

答案：ABCD

2. 下列属于安装 HBase 前必须安装的有（　　）。

A. 操作系统　　B. JDK

C. Shell Script　　D. Python

解释：安装 HBase 前必须安装操作系统与 JDK。

答案：AB

### 8.1.11 Sqoop 的安装与配置

本节的主要内容包括 Sqoop 的安装与配置。

1. Sqoop 的安装前提是 Hadoop 服务可以正常启动。（　　）

解释：Sqoop 工具是 Hadoop 下连接关系型数据库和 Hadoop 的桥梁，支持关系型数据库和 Hive、HDFS、HBase 之间数据的相互导入，可以使用全表导入和增量导入。Sqoop 的安装前提是 Hadoop 安装与配置完毕，Hadoop 服务可以正常启动。

答案：正确

2. 以下关于安装 Sqoop 的说法中正确的是（　　）。

A. 安装 Sqoop 前，首先安装配置好 Hadoop

B. Sqoop 需要在安装完成后配置环境变量才能使用

C. Sqoop 连接 MySQL 需要修改 IP

D. 以上说法都正确

答案：D

3. 以下关于 Sqoop 的说法中错误的是(　　)。

A. Sqoop 是 Hadoop 和关系数据库服务器之间传送数据的工具

B. Sqoop 是将导入或导出命令翻译成 MapReduce 程序来实现

C. Sqoop 在 Linux 中安装时直接解压安装，不需要配置环境变量

D. Sqoop 使用时要确保 Hadoop 处于运行状态

答案：C

## 8.1.12 Spark 的安装与配置

本节的主要内容包括 Spark 的安装与配置。

以下关于 Spark 的说法中错误的是（　　）。

A. Spark 对小数据集可达到亚秒级的延迟，对大数据集的迭代机器学习、即席查询、图计算等应用，Spark 版本比基于 MR 的实现快 10 ~ 100 倍

B. Spark 支持内存计算、迭代批量处理、即席查询、流处理和图计算等多种范式

C. Spark 提供多种语言的 API 和客户端，包括 R、SQL、Python、Scala 和 Java 语言

D. 其计算原理为利用一个输入的“键－值”对集合来产生一个输出的“键－值”对集合

解释：Spark 的输入 / 输出和键－值对没有必然关系。

答案：D

## 8.1.13 Storm 的准备工作

本节主要内容是在 Storm 安装之前需要对 Linux 操作系统进行配置的步骤与注意事项。

1. 若要安装 Storm，必须要先安装 JDK，修改主机名。(　　)

解释：若要安装 Storm，必须先安装 JDK，修改主机名，ZooKeeper（安装 zkui）和 Kafka。

答案：正确

2. Storm 安装前需要搭建 ZooKeeper 集群，需要虚拟至少 3 台 CentOS 服务器。(　　)

解释：在 Linux 下搭建 ZooKeeper 集群至少需要 3 台主机（虚拟机），一台作为 leader，其他两台作为 follower。observer 角色是可选的。

答案：正确

## 8.1.14 Storm 的搭建

本节的主要内容是 Storm 在 Linux 操作系统环境下的配置步骤与注意事项。

1. 搭建一个 Storm 需要依次完成的安装步骤有（　　）。

A. 搭建 ZooKeeper 集群

B. 在主控结点和工作结点服务器上安装 Storm 依赖软件

C. 在主控结点和工作结点服务器上安装 Storm

D. 修改 storm.yaml 配置文件

解释：安装 Storm 集群的步骤如下。

（1）搭建 ZooKeeper 集群。

（2）安装 Storm 依赖库。

（3）下载并解压 Storm 发布版本。

（4）修改 storm.yaml 配置文件。

（5）启动 Storm 各个后台进程。

答案：ABCD

2. Storm 搭建时配置环境需指定 Storm 集群中的 Nimbus 结点所在的服务器。(　　)

解释：Storm 集群 Nimbus 机器地址，各个 Supervisor 工作结点需要知道哪个机器是 Nimbus，以便下载 Topologies 的 jars、confs 等文件。

答案：正确

## 8.2 Hadoop 入门

本节介绍 Hadoop 在使用过程中的基础操作，内容包括 Hadoop 体系中各种核心技术的介绍、IDE 相关环境配置及 Hadoop 技术的常见语法与简单实例。

### 8.2.1 Hadoop 简介

本节对 Hadoop 进行基本介绍，主要包括 Hadoop 的核心思想、运行方式、特点与优缺点等基础的概念性内容。

1. 下列属于 Hadoop 的运行模式的有（　　）。（2018 年，PayPal）

A. 单机版　　B. 伪分布式

C. 完全分布式　　D. 混合式

解释：Hadoop 的运行模式有单机版模式、伪分布式模式、完全分布式三种。

答案：ABC

2. 基于 Hadoop 开源大数据平台主要提供了针对数据的分布式计算和存储能力，以下属于分布式存储组件的有（　　）。（2020 年，哔哩哔哩）

A. MapReduce　　B. Spark

C. HDFS　　D. HBase

解释：A 选项，MapReduce 属于分布式计算框架。B 选项，Spark 属于分布式计算框架，提供一站式大数据计算服务。HDFS 和 HBase 都是分布式存储组件。

答案：CD

3. Hadoop 的 NameNode 用于存储文件系统的元数据。（　　）（2020 年，哔哩哔哩）

解释：NameNode 的主要功能如下。

（1）负责客户端请求的响应。

（2）负责元数据的管理（如内存元数据、磁盘元数据镜像文件、数据操作日志文件）。

答案：正确

4. Hadoop 是当前大数据平台的事实标准，下列对 Hadoop 的描述正确的有（　　）。

A. Hadoop 是一个由 Apache 基金会开发的分布式系统基础架构

B. Hadoop 的初始设计思路来源于 Google 发布的学术论文

C. Hadoop 在当前衍生出一系列优秀的开源项目，包括 HBase、Hive、Pig 等

D. Hadoop 的两个核心部分是 HDFS 和 MapReduce 计算框架

解释：Hadoop 是一个由 Apache 基金会开发的分布式系统基础架构。Hadoop 的框架最核心的设计就是 HDFS（Hadoop Distributed File System，Hadoop 分布式文件系统）和 MapReduce。HDFS 为海量的数据提供存储，而 MapReduce 为海量的数据提供计算。Hadoop 是原 Yahoo 的 Doug Cutting 根据 Google 发布的学术论文研究而来的。Hadoop 的衍生开源项目包括 HBase、Hive、Pig 等。

答案：ABCD

## 8.2.2 Hadoop 预览

本节主要对 Hadoop 预览进行基本介绍。

1. 以下关于 Hadoop 的 HDFS 描述中正确的有（　　）。

A. HDFS 由 NameNode、DataNode、Client 组成

B. HDFS 的辅助 NameNode 上的元数据是主 NameNode 同步过去的

C. HDFS 采用就近的机架结点进行数据第一副本的存储

D. HDFS 适合一次写入、多次读取的读写任务

解释：HDFS 是一个分布式文件系统，由多台服务器联合起来实现文件存储功能，通过目录树来定位文件，集群中的服务器都有各自的角色。

HDFS 的特点如下。

- 能够运行在廉价机器上，硬件出错是常态，需要具备高容错性。
- 流式数据访问，而不是随机读写。
- 面向大规模数据集，能够进行批处理、能够横向扩展。
- 简单一致性模型，假定文件是一次写入、多次读取（所以 D 选项正确）。

HDFS 集群有两类结点，以管理结点 - 工作结点的模式运行，即一个 NameNode（管理结点）和多个 DataNode（工作结点）。NameNode 用于管理文件系统的命名空间，它维护着文件系统树及整棵树内的所有文件和目录。客户端（Client）代表用户，通过与 NameNode 和 DataNode 交互来访问整个文件系统（所以 A 选项正确）。

Hadoop 提供两种容错机制：第一种机制是备份那些组成文件系统元数据持久状态的文件；第二种机制是运行一个辅助 NameNode，但它不能被用作 NameNode。在第二种机制下，因为在主结点全部失效时难免会丢失部分数据（辅助 NameNode 保存的状态总是滞后于主结点），所以一般把存储在 NFS（网络文件系统）上的 NameNode 元数据复制到辅助 NameNode，并作为新的主 NameNode 运行（所以 B 选项错误）。

HDFS 默认的副本系数是 3，这适用于大多数情况。副本存放策略是将第一个副本存放在本地机架的结点上，将第二个副本存放在同一机架的另一个结点上，将第三个副本存放在不同机架的结点上。简单来说，就是采用就近原则，所以 C 选项也正确。

答案：ACD

2. 关于 Hadoop 单机模式和伪分布式模式的说法，正确的是（　　）。

A. 两者都启动守护进程，且守护进程运行在一台机器上

B. 单机模式不使用 HDFS，但加载守护进程

C. 两者都不与守护进程交互，避免复杂性

D. 后者比前者增加了 HDFS 输入 / 输出以及可检查内存使用情况

解释：伪分布式模式在单机模式之上增加了代码调试功能，允许你检查内存使用情况、HDFS 输入 / 输出，以及其他的守护进程交互等。

答案：D

## 8.2.3 Hadoop Eclipse 配置

本节主要对 Hadoop Eclipse 的安装与配置进行基本介绍。

1. 以下对 Eclipse 安装 Hadoop 的过程的说法中正确的是（　　）。

A. 首先下载对应版本的 Hadoop 插件

B. 进入 Eclipse 的目录，找到 Plugins 文件

夹，将刚才下载的插件复制进去

C. 打开 Windows → Preferences，可以看到 Hadoop Map/Reduce 选项，然后添加 Hadoop

D. 以上都正确

答案：D

2. Eclipse 安装配置 Hadoop 时，不配置环境变量也能使用。(　　)

解释：在 Eclipse 的 Hadoop 插件的安装过程中，需要在本机配置 Windows 环境变量。HADOOP_HOME=[安装目录]是必须要配置的。同时，path 需要加入 %HADOOP_HOME%\bin; 配置。

答案：错误

### 8.2.4 HDFS Shell 操作

本节主要对 HDFS 技术中 Shell 的常见操作进行基本介绍。

1. HDFS 常用的 Shell 命令有（　　）。

A. cp　　B. mv

C. dir　　D. ls

解释：cp 表示复制一个文件；mv 表示移动文件；ls 表示显示目录信息。在 Shell 中没有 dir 这个命令。

答案：ABD

2. 在 HDFS 中显示新创建的目录内容的运行命令是（　　）。

A. HDFS dfs –ls test

B. HDFS dfs –mkdir test

C. HDFS dfs –cat test

D. HDFS dfs –put test

解释：-ls 表示显示目录信息。

答案：A

3. 在 HDFS 文件系统中，只启动 HDFS 进程的命令是（　　）。

A. stop–dfs.sh

B. start–Mapred.sh

C. stop–Mapred.sh

D. start–dfs.sh

解释：只启动 HDFS 进程的命令为 start-dfs.sh。

答案：D

### 8.2.5 HDFS 的运行原理

本节主要对 HDFS 的运行原理进行基本介绍。

1. 下列负责 HDFS 数据存储的组件是(　　)。（2018 年，PayPal）

A. NameNode

B. Jobtracker

C. DataNode

D. SecondaryNameNode

解释：DataNode 有以下作用。

（1）存储具体的块 (block) 信息、块的校验文件。

（2）真正执行读写的位置。

（3）定期汇报结点的块状态。

答案：C

2. 负责 HDFS 数据存储的模块是（　　）。（2020 年，哔哩哔哩）

A. NameNode　　B. DataNode

C. ZooKeeper　　D. JobTracker

答案：B

3. 以下关于 HDFS 的文件写入，正确的是（　　）。

A. 支持多用户对同一文件的写操作
B. 用户可以在文件的任意位置进行修改
C. 默认将文件块复制成三份存放
D. 复制的文件块默认都存在同一机架上

解释：HDFS 集群的文件默认存储三份。副本存放策略是将第一个副本存放在本地机架的结点上，将第二个副本存放在同一机架的另一个结点上，将第三个副本存放在不同机架的结点上。简单来说，就是采用就近原则的，所以 C 选项正确。

答案：C

4. 以下关于 HDFS 运行原理的说法中正确的是（　　）。

A. NameNode 和 DataNode 结点初始化完成后，采用 RPC 进行信息交换，采用的是心跳机制
B. NameNode 会将子结点的相关元数据信息缓存在内存中，对文件与块 (block) 的信息会通过 fsImage 和 edits 文件方式持久化保存在磁盘上，以确保 NameNode 知晓文件各个块的相关信息
C. NameNode 负责存储 fsImage 和 edits 元数据信息，但 fsImage 和 edits 元数据文件需要由 SecondNameNode 进程对 fsImage 和 edits 文件定期进行合并，并将合并好的文件再交给 NameNode 存储
D. 以上说法都正确

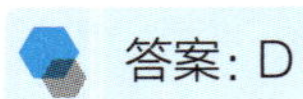

答案：D

## 8.2.6 HDFS 访问云端

本节介绍 HDFS 的访问云端功能，通过 HDFS 的简单调用来熟悉 HDFS 的基础使用。

1. HDFS 访问云端可以使用 Configuration 方法，该方法可以不加参数。（　　）

答案：正确

2. 在 HDFS 的应用开发中，下列属于 HDFS 服务支持的接口的有（　　）。

A. BufferedOutputStream.rite
B. BufferedOutputStream.flush
C. FileSystem.create
D. FileSystem.append

解释：以上 A、B、C、D 选项皆是 HDFS 技术中常用的 I/O（input 和 output）流接口。

答案：ABCD

## 8.2.7 HDFS 创建文件

本节介绍创建文件这一 HDFS 的应用实例，以熟悉 Hadoop 程序的基本结构与 HDFS 的基础使用。

1. 在 HDFS 系统中，HDFS 创建文件的命令是（　　）。

A. HDFS afs –touchz /aaa/aa.txt
B. HDFS dfs –touchz /aaa/aa.txt
C. HDFS df–touchz /aaa/aa.txt
D. HDFS –touchz /aaa/aa.txt

答案：B

2. 以下属于 HDFS 创建文件的内部流程的是（　　）。

A. 发送创建文件的请求（CreateFile）
B. 申请文件租用权（beginFileLease）
C. 启动数据流管控线程
D. 以上都属于

解释：在 HDFS 系统中，创建文件的内部流

程如下。

（1）发送创建文件的请求（CreateFile）：客户端向 NameNode 发起请求，获取文件信息，NameNode 会在缓存中查找是否存在请求创建的文件项，如果没找到，就在 NameSystem 中创建一个新的文件项。

（2）申请文件租用权（beginFileLease）：客户端取得文件状态后，对文件申请租用（lease），如果租用过期，客户端将无法再继续对文件进行访问，要继续访问，需要续租。

（3）启动数据流管控线程（DataStreamer & ResponseProcessor）：ResponseProcessor 负责接收和处理 Pipeline 下游传回的数据接收确认信息 pipelineACK。

（4）发送添加块申请，并建立数据管道（Add Block & Setup Pipeline）：当有新的数据需要发送，并且块创建阶段处于 PIPELINE_SETUP_CREATE，DataStreamer 会和 NameNode 通信，调用 AddBlock 方法，通知 NameNode 创建、分配新的块及位置，NameNode 返回后，初始化 Pipeline 和发送流。

（5）DataNode 数据接收服务线程启动（DataXceiverServer & DataXceiver）：当 DataNode 启动后，其内部的 DataXceiverServer 组件启动，此线程管理向其所属的 DataNode 发送数据的连接建立工作，接收到新连接时，DataXceiverServer 会启动一个 DataXceiver 线程，此线程负责流向 DataNode 的数据接收工作。

（6）处理在 Pipeline 中的数据发送和接收：客户端在获取了 NameNode 分配的文件块的网络位置之后，就可以和存放在此块的 DataNode 交互。客户端通过 SASL（简单验证和安全层）加密方式和 DN 建立连接，并通过 Pipeline 发送数据。

（7）发送文件操作完成请求（completeFile）：客户端向 NameNode 发送 completeFile 请求，NameNode 收到请求后，验证块的 BlockPoolId 是否正确，接着对操作权限、文件写锁（write lock）、安全模式、租约、INode 是否存在、INode 类型等进行验证，最后记录操作日志并返回给客户端。

（8）停止文件租约（endFileLease）：客户端在完成文件的写操作后，调用 leaseRenewer（LR）实例，从 leaseRenewer 管理的续约文件表中删除此文件，表明不再更新租约，一段时间后，租约在 NameNode 端自然失效。

答案：D

## 8.2.8 HDFS 保存文本到云端

本节介绍使用 HDFS 实现保存文本到云端这一功能，以熟悉 Hadoop 程序的基本结构与 HDFS 的基础使用。

1. HDFS 存储文件的特点有（　　）。

A. HDFS 是对数据进行分块存储的

B. 每个块 (block) 会在多个 DataNode 上存储多份副本

C. HDFS 采用流式数据访问

D. HDFS 文件系统会给客户端提供一个统一的抽象目录树

答案：ABCD

2. FSDataOutputStream 方法用于将写入的数据存入云端。（　　）

解释：DFSDataOutputStream 会将数据通过网络发送给 DataNode。

答案：错误

3. HDFS 适合的读写任务是（　　）。

A. 一次写入，少次读取

B. 多次写入，多次读取

C. 多次写入，少次读取

D. 一次写入，多次读取

解释：对 HDFS 来说，请求读取整个数据集要比读取一条记录更加高效。HDFS 是基于流数据模式访问和处理超大文件的需求而开发的，具有高容错性、高可靠性、高可扩展性、高吞吐率等特点，适合的读写任务是一次写入，多次读取。

答案：D

## 8.2.9 HDFS 删除文件

本节介绍 HDFS 的使用，实现 HDFS 删除文件的功能，以熟悉 Hadoop 程序的基本结构与 HDFS 的基础使用。

1. HDFS 可以使用 Delete 命令删除云端上的文件，但不建议使用。(　　)

解释：HDFS 删除大量文件后会导致很多问题，这与 HDFS 原理相关。在 HDFS 中删除文件时，NameNode 只是把目录入口删除，然后把需要删除的数据块记录到 pending deletion blocks 列表。当下一次 DataNode 向 NameNode 发送心跳的时候，NameNode 再把删除命令和这个列表发送到 DataNode 端。

答案：正确

2. HDFS 删除文件的命令是（　　）。

A. /usr/local/Hadoop$bin/Hadoop dfs –rmr out

B. /usr/local/Hadoop$bin/Hadoop dbs –rmr out

C. /usr/local/Hadoop$bin/Hadoop dfs –rmr

D. /usr/local/Hadoop$bin/Hadoop dfs –out

答案：A

## 8.2.10 HDFS 判断文件是否存在

本节介绍使用 HDFS 实现判断文件是否存在这一功能，以熟悉 Hadoop 程序的基本结构与 HDFS 的基础使用。

1. 若使用 HDFS 的 Java 接口类判断磁盘上是否存在某文件，下面的代码是否正确？（　　）

```
boolean isexsit=HDFS.exists(new path
(" 路径 "))
```

解释：可以调用 exists() 函数判断文件是否存在，exists() 函数定义为：public boolean exists(Path f) throws IOException{}。

答案：正确

2. HDFS 判断文件或目录是否存在有两种解决方案，下面说法正确的是（　　）。

A. Shell 命令实现：HDFS dfs –test –e 文件或目录名

B. Java 代码实现：boolean isexsit=HDFS.exists(new path(" 路径 "))

C. Shell 实现时，echo $? 命令若输出结果为 0，则说明文件或目录存在；若为 1，则说明文件或目录不存在

D. 以上都正确

答案：D

## 8.2.11 HDFS 遍历结点

本节介绍使用 HDFS 实现遍历结点这一功能，以熟悉 Hadoop 程序的基本结构与 HDFS 的基础使用。

1. 在大数据部署模式中，伪分布式模式只有一个结点（　　）。

解释：伪分布式模式是指在单台计算机上以多个进程的模式运行。

本质上来说，伪分布式模式运行在单个结点上，通过多个独立的 Java 进程来模拟多结点的情

况。刚开始的时候，为节约资源，伪分布式往往会部署一个结点。

答案：错误

2. 以下关于 HDFS 遍历文件的说法正确的是（　　）。

A. 遍历文件前先用 listStatus 方法获取文件目录

B. 遍历结点前需要先进行数据的转换

C. 遍历完成后，要设置接收路径和参数

D. 以上都正确

解释：在文件遍历的过程中，通过 fs 的 listStatus() 方法获取一个指定 path 的所有文件信息（status），因此需要传入一个 HDFS 的路径，返回的是一个 FileStatus 数组。然后依次读取文件，得到数据流后转换为字符缓冲流 BufferedReader，接着调用字符缓冲流中的 readline 对象读取每个文件的内容，并通过分隔符分隔每个单词，逐一对比遍历单词和查找子串的内容，出现过则输出该文件名。在遍历完成后要设置接收路径参数和接收查找字符串参数。

答案：D

3. HDFS 系统包括的结点有（　　）。

A. 元数据结点　　B. 数据结点

C. 元结点　　D. 子结点

解释：HDFS 的架构包括一个元数据结点、多个数据结点及客户端 。

NameNode 是 HDFS 的主结点，负责元数据的管理及客户端对文件的访问。管理数据块的复制，它周期性地从集群的每个 DataNode 接收心跳信号和块状态报告（Blockreport）。DataNode 是 HDFS 的从结点，负责具体数据的读写和数据的存储等。

答案：AB

## 8.2.12 HDFS 搜索文件所在的主机位置

本节介绍使用 HDFS 实现搜索文件所在的主机位置这一功能，以熟悉 Hadoop 程序的基本结构与 HDFS 的基础使用。

1. 在 HDFS 中，通过“FileSystem.getFileBlockLocation(FileStatus file，long start，long len)”可以查找指定文件在 HDFS 集群上的位置，其中 file 为文件的完整路径，start 和 len 用来标识查找文件的路径。（　　）

答案：正确

2. Hadoop 中查看 HDFS 中文件的位置信息的指令是（　　）。

A. Hadoop /user/Hadoop/filename –files –blocks –locations –racks

B. Hadoop fsck /user/Hadoop/filename –files –blocks –locations –racks

C. Hadoop fsck /user/Hadoop/filename –files –blocks –locations

D. Hadoop fsck /user/Hadoop/filename –files –locations –racks

解释：Hadoop 中查看 HDFS 中文件的位置信息的命令是：Hadoop fsck /user/Hadoop/filename -files -blocks -locations -racks，其中各参数的作用如下。

- -files：文件分块信息。
- -blocks：在带 -files 参数后才显示 block 信息。
- -locations：在带 -blocks 参数后才显示 block 所在 DataNode 的具体 IP 位置。
- -racks：在带 -files 参数后显示机架位置。

答案：B

3. 在 HDFS 中，查看 HDFS 文件系统数据的

方法有（　　）。

A. 使用插件 Hadoop–Eclipse–Plugin

B. HDFS Web 界面

C. Shell 命令

D. Java 代码

解释：查看 HDFS 文件系统数据的四种方法如下。

- 使用插件 Hadoop-Eclipse-Plugin：此方法需要借助 Eclipse。
- HDFS Web 界面：HDFS Web 界面上只能查看文件系统数据。
- Shell 命令：最基本的，能进行所有文件操作。
- 通过 Java 程序。

答案：ABCD

## 8.2.13 HDFS 文件重命名与上传

本节介绍使用 HDFS 实现文件重命名与上传这一功能，以熟悉 Hadoop 程序的基本结构与 HDFS 的基础使用。

1. HDFS 上传文件的指令是（　　）。

A. HDFS dfs –put / 本地路径 /HDFS 路径

B. HDFS bfs –put / 本地路径 /HDFS 路径

C. HDFS –put / 本地路径 /HDFS 路径

D. HDFS dfs –put / 本地路径

答案：A

2. 把 Linux 上的文件复制到 HDFS 中的命令是（　　）。

A. –rm　　B. –put

C. –qw　　D. –cp

解释：把 Linux 上的文件复制到 HDFS 中的命令是 put，以下是 put 操作的具体实例。

（1）bin/HDFS dfs -put < local file > < HDFS file >（HDFS file 的父目录一定要存在，否则命令不会执行）。

（2）bin/HDFS dfs -put < local file or dir > ...< HDFS dir >（HDFS dir 一定要存在，否则命令不会执行）。

（3）bin/HDFS dfs -put < hdsf file>[ 从键盘读取输入到 HDFS file 中，按 Ctrl+D 组合键结束输入，HDFS file 不能存在，否则命令不会执行。默认上传到 HDFS 文件系统的家目录 (/user/Hadoop)]。

答案：B

# 第9章 Hive/HBase

内容导读

Apache Hive 是基于 Hadoop 构建的开源数据仓库系统，用于查询和分析存储在 Hadoop 文件中的大型数据集。它可以将结构化的数据文件映射为一张数据库表，并提供简单的 SQL 查询功能，可以将 SQL 语句转换为 MapReduce 任务进行运行。

HBase 位于 Hadoop 生态系统的结构化存储层，是建立在 Hadoop 文件系统之上的分布式面向列的 NoSQL 数据库。它的数据模型，类似于 Google 的 BigTable 设计，可以快速随机访问海量半结构化数据，并利用了 Hadoop 的文件系统 HDFS 提供的容错能力。在大数据架构中，Hive 和 HBase 是协作关系。如果两者结合，可以利用 MapReduce 的优势针对 HBase 存储的大量内容进行离线的计算和分析。

# 9.1 Scala编程

Scala是一门“类Java”的多范式语言，它兼具面向对象编程和函数式编程的特性。Scala运行于Java虚拟机（JVM）之上，并且兼容现有的Java程序。

## 9.1.1 Scala环境的安装

Scala基于Java之上，大量使用Java的类库和变量，使用Scala之前必须先安装Java运行时环境。Scala可以运行在Windows、Linux、UNIX、Mac OS X等系统上，不同的操作系统有不同的安装包。

1. 在Scala命令行中，输入println("Hello World! I love scala")即可输出文字“Hello World! I love scala”。(　　)

解释：在Scala命令行（通过scala进入，和Python环境通过python进入交互编程环境类似）中，可以直接执行Scala语句。

答案：正确

2. 以下关于Scala的安装说明中错误的是(　　)。

A. 安装Scala没有依赖关系，不用提前准备安装环境

B. 在用户变量下新增SCALA_HOME环境变量Scala

C. 安装自动配置环境变量，但有可能会失败

D. 在命令行窗口中输入scala可以检测是否配置好环境变量

解释：Scala需要提前安装Java开发环境，因为它运行在JVM上，所以需要Java运行时环境。

答案：A

## 9.1.2 Scala常量与变量

在Scala中，使用关键词var声明变量，使用关键词val声明常量。定义变量和常量的方式如下：

```
var 变量名 : 数据类型 = 初始值
val 常量名 : 数据类型 = 初始值
```

1. 以下关于Scala变量的定义、赋值，错误的是(　　)。

A. val a = 3

B. val a:String = 3

C. var b:Int = 3 ; b = 6

D. var b = "Hello World!" ; b = "123"

解释：在Scala中，使用val定义常量，使用var定义变量。格式如下：

```
val/var 变量名 : 变量类型 = 值
```

答案：B

2. 以下对Scala变量以及常量的说明错误的是(　　)。

A. 变量是一种使用方便的占位符，用于引用计算机的内存地址，变量创建后会占用一定的内存空间

B. 基于变量的数据类型，操作系统会进行内存分配并决定什么将被存储在保留内存中

C. val定义的是变量

D. 在程序运行过程中其值不会发生变化的量叫作常量

解释：val定义的是常量。变量用var定义。

答案：C

### 9.1.3 Scala 数据类型

Scala 的数据类型和 Java 相同，但和 Java 不一样的是，在 Scala 中，所有的数据类型都是对象类型，没有 Java 中的简单类型（如 int、long、char、boolean 等）。除了和 Java 对应的数据类型外，Scala 还包含以下特有的类型。

- Unit：表示无值，和其他语言中的 void 等同。用作不返回任何结果的方法的结果类型。Unit 只有一个实例值，写成 ()。
- Null：null 或空引用。
- Nothing：Nothing 类型在 Scala 的类层级的最底端，它是任何其他类型的子类型。
- Any：Any 是所有其他类的超类。
- AnyRef：AnyRef 类是 Scala 中所有引用类（reference class）的基类。

1. 以下不属于 Scala 的七种数据类型的是(　　)。

A. Char　　B. Int

C. Float　　D. LongLong

解释：Scala 没有 LongLong 类型，只有 Long 类型。

答案：D

2. Scala 数据类型的说法中正确的有（　　）。

A. Scala 只包含数值类型（如 Int 和 Double）和非数值类型（如 String）

B. Scala 支持根据类型等级自动将数字从一种类型转换到另一种类型

C. Scala 不允许从较高等级类型自动转换到较低等级类型

D. 除了使用显式类型，还有一种方法是使用 Scala 的字面量类型记法，直接指定字面量数据的类型

答案：ABCD

### 9.1.4 Scala 运算符

Scala 含有丰富的内置运算符，包括以下几种类型：

- 算术运算符。
- 关系运算符。
- 逻辑运算符。
- 位运算符。
- 赋值运算符。

Scala 中的运算符和 Java 中的类似。

1. 在 Scala 中，已知 var y=10，则（　　）情况下赋值语句 x=y=1 是合法的。

A. var x={}　　B. var x=1

C. var x="test"　　D. var x=(1,1)

解释：因为 y 已经赋值了，只有当 x 为 Unit 类型时，x=y=1 才是合法的，所以 A 选项正确。或者 var x = () 也可以，因为 () 是 Unit 的唯一实例值。

答案：A

2. 以下不属于 Scala 运算符的是（　　）。

A. &=　　B. >=

C. >>　　D. ^&

解释：>> 是右移运算符，&= 是按位与运算后赋值运算，>= 是大于等于判断。没有 ^& 运算符。

答案：D

### 9.1.5 Scala 条件选择

Scala 支持 if…else if…else…的条件选择语句。

1. 表达式 for(i <– 1 to 3) for(j <– 1 to 3) if (i != j ) print((10 * i + j) + " ")，输出结果正确的是（　　）。

A. 11 12 13 21 22 23 31 32 33

B. 11 13 21 23 31 33

C. 12 13 21 23 31 32

D. 11 12 21 22 31 32

解释：这是两个 for 循环嵌套。

答案：C

2. 对于表达式 "New York".partition(_.isUpper)，返回结果正确的是（　　）。

A. ("New", "York")

B. ("NY", "ew ork")

C. ("ew ork", "NY")

D. ("New York", "NY")

解释：partiton() 会把集合的所有元素遍历一遍，满足条件 p 的元素进二元组的第一个集合，不满足条件 p 的元素进二元组的第二个集合。这里的条件是元素是否为大写字母（isUpper）。

答案：B

## 9.1.6 Scala 循环

Scala 中包括 while 循环、do⋯while 循环和 for 循环三种循环方式。另外，对于集合类型的数据，可以用 foreach 对其进行遍历操作。

1. Scala 中循环类型有（　　）。

A. while 循环

B. do⋯while 循环

C. for each 循环

D. for 循环

解释：Scala 没有 for each 循环，但有 foreach 用于遍历数组。

答案：ABD

2. 编写一个过程 countdown(n:Int)，打印从 n 到 0 的数字，以下正确的是（　　）。

A.

```
def countdown(n:Int) = {
    0 to n foreach print
}
```

B.

```
def countdown(n:Int) = {
    (0 until n).reverse foreach print
}
```

C.

```
def countdown(n:Int) = {
    (0 until n).reverse foreach print
}
```

D.

```
def countdown(n:Int) = {
    (0 to n-1).reverse foreach print
}
```

解释：A 选项，打印的结果是 0 ~ n；B 选项，打印的结果不包含 n；D 选项，打印的结果不包含 n。只有 C 选项能打印出 n ~ 0 的数字。

答案：C

## 9.1.7 Scala 匿名函数

Scala 中可以定义匿名函数，语法格式如下：

```
var 变量 = ( 参数列表 ) => 函数体
```

箭头左边是参数列表，右边是函数体。使用匿名函数后可以让代码更简洁。匿名函数可以转换成普通函数，如：

```
def 函数名(参数列表):返回数据类型 = {...}
```

和匿名函数经常放在一起讨论的另一个概念是闭包。闭包是一个函数，返回值依赖于声明在函数外部的一个或多个变量，通常可以简单地理解为，闭包是可以访问一个函数中局部变量的另外一个函数。

1. 下列程序的输出结果是（　　）。

```
object Test {
    def main(args:Array[String]) {
        var inc = (x:Int) => x+1
        println(inc(1))
        var mul = (x: Int, y: Int) => x*y
    println(mul(3, 4))
    }
}
```

A.
　3
　4

B.
　3
　20

C.
　2
　12

D.
　4
　20

答案：C

2. 以下关于 Scala 匿名函数的说法中正确的是（　　）。

A. Scala 中定义匿名函数的语法很简单，箭头左边是参数列表，右边是函数体

B. 匿名函数的功能之一是使代码简洁规范

C. 右侧定义了一个接受一个 Int 类型输入参数的匿名函数：var inc = (x:Int) => x+1

D. 以上都正确

答案：D

## 9.1.8 Scala 可变参数

如果函数可能需要接收多个参数，可以将函数的最后一个参数定义为可变参数，通过在参数的类型之后放一个星号（*）来设置可变参数（可重复的参数）。

1. 以下和函数 def sum(args:Int*) = {var r = 0 ; for(arg <- args) r += arg ; r} 的输出结果不一致的是（　　）。

A. sum(1,2,3)　　B. sum(6)

C. sum(2,4)　　D. sum(1,1,1,2)

解释：D 选项的结果是 5，其他选项的结果都是 6。

答案：D

2. 关于 Scala 可变参数的说法中错误的是（　　）。

A. Scala 指明函数的最后一个参数可以是重复的

B. Scala 向函数传入可变长度的参数列表

C. 想要标注一个重复参数，在参数的类型之后放一个“^”

D. 在函数内部，重复参数的类型是声明参数类型的数组

解释：标注重复参数，是通过在参数的类型之后放一个星号（*）来设置，而不是“^”。

答案：C

## 9.1.9 Scala 默认参数

如果某个函数的某个参数变化比较小，且经常会用某个固定的值，可以给这个参数设置一个默认值。如果使用了默认参数，在调用函数的过程中可以不传递参数，函数会调用它的默认参数值。如果传递了参数，则传递值会取代默认值。

1. 执行以下代码的输出结果是（　　）。

```
object Test {
    def main(args: Array[String]) {
        println( "返回值 : " + addInt() );
    }
    def addInt( a:Int=5, b:Int=7 ) : Int = {
        var sum:Int = 0
        sum = a + b
        return sum
    }
}
```

A. 返回值 : 12

B. 12

C. 5

　7

D. 编译错误

解释：函数 addInt() 有两个参数，都有默认值，当不带参数调用时，将以默认值作为实际参数调用，因此返回的结果是 12。

答案：A

2. Scala 可以为函数的参数指定默认参数值，使用了默认参数，在调用函数的过程中可以不传递参数，函数会调用它的默认参数值，如果传递了参数，则传递值会取代默认值。（　　）

答案：正确

## 9.1.10 Scala 高阶函数

Scala 中允许使用高阶函数，高阶函数可以使用其他函数作为参数，或者使用函数作为输出结果。

1. Scala 高阶函数是指（　　）。

A. 在程序中应该首先被定义的函数

B. 将函数作为参数，并返回结果为函数的函数

C. 函数的参数为函数或返回结果为函数的函数

D. 执行时间长的函数

答案：C

2. Scala 高阶函数可以理解为操作其他函数的函数。（　　）

答案：正确

## 9.1.11 Scala 递归与参数赋值

递归的意思是在函数中调用自己。注意递归要有退出递归的条件，否则可能会成为无穷递归。

Scala 支持程序“递归”，“递归”的基本思想是（　　）。

A. 让别人反复调用自己

B. 自己反复调用别人

C. 自己反复调用自己

D. 以上说法都不对

解释：所谓递归，就是函数（方法）自己调用自己。

答案：C

## 9.1.12 Scala 函数

Scala 中可以定义函数。Scala 中的函数是一个完整的对象，其实就是继承了 Trait 中类的对象。Scala 中使用 val 语句可以定义函数，使用 def 语句定义方法。在实际中，函数和方法经常会被当作一类。

1. 对于函数：

```
def getGoodsPrice(goods:String) = {
    val prices = Map("book" -> 5, "pen"
    -> 2, "sticker" -> 1)
    prices.getOrElse(goods, 0)
}
```

结果的说法中错误的是（ ）。

A. getGoodsPrice("book") // 等于 5

B. getGoodsPrice("pen") // 等于 2

C. getGoodsPrice("sticker") // 等于 1

D. getGoodsPrice("sock") // 等于 “sock”

解释：因为在 prices 的 Map 数据中没有 sock 这个商品，所以在 getOrElse() 中返回的是 0。

答案：D

2. 以下函数定义中，错误的是（ ）。

A. def functionName(x:Int,y:Int):Int=x+y

B. def functionName(x:Int,y:Int):Int={return x+y}

C. def functionName(x:Int,y:Int):Int{x+y} ()

D. def functionName(x:Int,y:Int)={x+y}

解释：C 选项中，最后的括号是不需要的，并且需要在 {x+y} 前加入 =。

答案：C

3. 编写一个函数，返回 Int 数组中最大、最小的数字，以下符合要求的是（ ）。

A.

```
def maxmin(nums:Array[Int]){
    val max = nums.max
    val min = nums.min
    (max, min)
}
```

B.

```
def maxmin(nums:Array[Int]) = {
    nums.max -> nums.min
}
```

C.

```
def maxmin(nums:Array[Int]) = {
    val max = nums.max
    val min = nums.min
    max,min
}
```

D.

```
def maxmin(nums:Array[Int]) = {
    val max = nums.sorted.head
    val min = nums.sorted.last
    (max,min)
}
```

解释：A 选项，返回的结果是一个空数组；C 选项，会报错，返回值只能有一个，所以只能返回数组或其他集合；D 选项，返回的是最小、最大值，因为数组通过 sorted 排序之后是小的数字在前，大的数字在后，所以 head 得到的是最小值而不是最大值，而题干要求的是最大值在前。

答案：B

### 9.1.13 Scala 数组

数组用来存储固定大小的同类型元素。数组的第一个元素的索引为 0，最后一个元素的索引为数组的总长度减 1。

在 Scala 中数组的定义方式如下：

```
var 数组名称 :Array[ 数据类型 ] = new Array
[ 数据类型 ]( 长度 )
```

或

```
var 数组名称 = new Array[ 数据类型 ]( 长度 )
```

也可以直接使用下面的方式定义数组：

```
var 数组名称 = Array( 值 1, 值 2,...)
```

1. 下列 Scala 数组的定义与其他不一致的是（ ）。

A. val a = Array[Int](0, 0)

B. val a = Array(0, 0)

C. val a = new Array[Int](2)

D. val a = Array[Int](1, 1)

解释：A、B、C 选项都是定义了一个数组，数组长度都为 2，值分别为 0，0。D 选项，初始化数组的结果是长度为 2，值分别为 1，1。

答案：D

2. 下列关于 Scala 数组缓冲（ArrayBuffer）val b = ArrayBuffer[Int]()，操作结果的注释说明错误的是（ ）。

A. b += 1 // b 等于 ArrayBuffer(1)

B. b += (1,2,3) // b 等于 ArrayBuffer(1,2,3)

C. b += Array(1,2) // b 等于 ArrayBuffer(1,2)

D. b += (1,2,3,4,5);b.trimEnd(3) // b 等于 ArrayBuffer(1,2)

解释：添加其他数组元素，需要使用“++”，所以 C 选项错误。应该改成：

```
b ++= Array(1,2)
```

答案：C

## 9.1.14 Scala 字符串

在 Scala 中，字符串的类型实际上是 Java String，它本身没有 String 类。在 Java 中，String 是一个不可变对象，所以该对象不可被修改，如果修改字符串，就会产生一个新的字符串对象。Java 中的字符串操作方法，也可以用在 Scala 中。

1. 在 Scala 中如何获取字符串 "Hello" 的首字符和尾字符？（ ）

A. "Hello"(0),"Hello"(5)

B. "Hello".take(1),"Hello".reverse(0)

C. "Hello"(1),"Hello"(5)

D. "Hello".take(0), "Hello".takeRight(1)

解释：A 选项，方法是对的，但尾字符的索引是 4，而不是 5；C 选项，方法也是对的，但首字符的索引是 0，不是 1；D 选项，如果取首字符使用 take() 方法的话，应该使用 1，而不是 0。B 选项是对的，take(1) 取得首字符，reverse() 先反转字符串，再通过索引 0 取得反转后的首字符，即原来字符串的尾字符。

答案：B

2. Scala 可以用数字乘以字符串。例如，在 REPL 中，执行 "crazy"*3，操作结果返回（ ）。

A. "crazy"*3　　B. ccrraazzyy

C. crazycrazycrazy　　D. crazy

解释：字符串乘以数字，表示整个字符串复制数字指定的份数，生成新的字符串。所以答案是 C 选项。

答案：C

## 9.1.15 Scala 类与对象

Scala 中用 class 声明一个类，基本格式如下：

```
class 类名（参数列表）{
    属性和方法定义
}
```

Scala 中的类不声明为 public，一个 Scala 源文件中可以有多个类。和 Java 一样，Scala 中使用 new 来创建一个对象。

1. 在 Scala 中，下面的类定义不正确的是（ ）。

A. class Counter{def counter = "counter"}

B. class Counter{val counter = "counter"}

C. class Counter{var counter:String}

D. class Counter{def counter () {}}

解释：如果类中的变量没有初始化，则类必须声明为 abstract，所以 C 选项错误。

答案：C

2. Scala 中的类在实现属性时，下面说法中错误的是（　　）。

A. var foo: Scala 自动合成一个 getter 和一个 setter

B. val foo: Scala 自动合成一个 getter 和一个 setter

C. 可以单独定义 foo 方法

D. 可以单独定义 foo_= 方法

解释：val 属性只会自动合成 getter 方法，不会自动合成 setter 方法，因为它表示的是常量，不能改变。

答案：B

3. 以下关于 case class 的描述有误的是(　　)。

A. 默认情况下可以对其属性进行修改

B. 在模式匹配时会进行解构操作

C. 两个 case class 会进行全等比较，而非按是否引用同一个对象进行比较

D. 相对于 class 而言，有更简洁的实例化过程（不需要使用 new 操作符）及其他操作语法

解释：样例类（case class）适用于不可变的数据。它是一种特殊的类，能够被优化以用于模式匹配。case class 的属性都是可以直接访问的 val（不能被修改）。

答案：A

### 9.1.16 Scala 类的继承

在 Scala 中，使用 extends 继承类。Scala 中类的继承也是单继承的，即 Scala 中的类只能有一个父类。

1. 以下关于 Scala 类的继承说法中正确的是（　　）。

A. Scala 扩展类的方式和 Java 一样，使用 extends 关键字

B. 与 Java 一样，Scala 可以在定义的子类中重写超类的方法，定义父类不存在的属性和方法

C. 在 Scala 中调用的超类的方法和 Java 完全一致，使用 super 关键字

D. 以上都正确

答案：D

2. 对于下述代码说法正确的是（　　）。

```
class Cat extends Animal{}
```

A. Cat 是 Animal 的子类

B. Animal 是 Cat 的子类

C. Cat 是 Animal 的超类

D. Animal 一定是抽象类

解释：Cat 是 Animal 的子类，Animal 是 Cat 的超类（父类），Animal 不一定是抽象类，也可以是普通类，普通类也是可以被继承的。

答案：A

3. 关于 Scala 中的类，下面说法正确的是（　　）。

A. 使用 extends 进行类的扩展

B. 声明为 final 的类可以被继承

C. 超类必须是抽象类

D. 抽象类可以被实例化

答案：A

## 9.1.17 Scala 的特征

Scala 中没有接口这个概念，它使用 Trait（特征）来代替接口，实际上它比接口功能强大。另外，与接口不同的是，它还可以定义实现的方法，从这个角度说，它更接近 Java 中的抽象类。

在 Java 中，可以使用接口来实现多继承，而在 Scala 中，也可以继承（实现）多个 Trait，从结果来看就是实现了多重继承，所以从这个角度说，它更像是 Java 中的接口。

Trait 定义的方式与类类似，但它使用的关键字是 trait。

1. 下列关于 Scala 的 Trait 的说法中正确的是（　　）。

A. Scala Trait 相当于 Java 中的接口，实际比接口功能强大

B. Scala Trait 可以定义属性和方法的实现

C. Scala 类只能继承单一父类，但是 Scala Trait 可实现多重继承

D. 以上说法都正确

解释：A、B、C 选项都对，都是 Trait 的特点。

答案：D

2. 如果多个特征共有一个父特征，父特征不会被重复构造。（　　）

答案：正确

## 9.1.18 Scala 的 List

Scala 提供一套完善的集合实现，并且提供一些集合类型的抽象。常见的集合包括 List（列表）、Set（集合）、Tuple（元组）和 Map（映射）等。

Scala 的 List 类似于数组，它们所有元素的类型都相同，但是和数组不一样的是，List 是不可变的，值一旦被定义了就不能再改变。

1. Scala 语言中，关于 List 的定义，不正确的是（　　）。

A. val list = List(1,2,3)

B. val list = List[Int](1,2,3)

C. val list = List[String]('a','b','c')

D. val list = List[String]()

解释：字符串类型的值，应该用双引号而不是单引号括起来。单引号用在字符类型的值中。

答案：C

2. 在 Scala 中，下面的代码执行正确的是（　　）。

A. val list = 1 :: 2 :: 3

B. val list = 1.::(2).:: (3).::(Nil)

C. val list = 1 :: "s" :: "b" :: Nil

D. var list = 1 ::: 2 ::: 3 ::: Nil

解释：A 选项，数字列表的初始化方式应该改成类似 val list = 1 :: (2 :: (3 :: Nil)) 的形式；B 选项，数字后不需要加“.”；D 选项，写法应该是 val list = 1 :: (2 :: (3 :: Nil))。另外一种定义列表的方式是使用 List：

```
val list = List(1, 2, 3)
```

答案：C

## 9.1.19 Scala 的 Set

Set 是没有重复的对象集合，所有的元素都是唯一的。

Scala 中分为可变集合和不可变集合。默认情况下，Scala 使用的是不可变集合，如果要使用可变集合，则需要显式引用 scala.collection.mutable.Set。

1. Scala 集合可以分为三大类，以下描述中不属于这三大类的是（　　）。

A. List　　B. Seq
C. Set　　D. Map

解释：Scala 集合分成以下三大类。
（1）Seq：一组有序的元素。
（2）Set：一组没有重复元素的集合。
（3）Map：一组 key-value 对。
List 是 Seq 的子类型。
答案：A

2. 以下对 Scala 集合的描述中有误的是（　　）。

A. Set 是一组没有先后次序的值
B. Map 是一组键值对
C. 每个 Scala 集合特质或类都有一个带有 apply 方法的伴生对象，可以用此方法构建该集合中的实例
D. 为了顾及安全性问题，Scala 仅支持不可变集合，而不支持可变集合

解释：Scala 包含 scala.collection.immutable 和 scala.collection.mutable 两个集合类的包，分别表示不可变集合和可变集合。
答案：D

## 9.1.20 Scala 的 Map

Map 是一种可迭代（iterable）的键值对（key-value）数据结构。Map 中的键都是唯一的，所有的值都可以通过键来获取。

和 Set 类似，Map 有两种类型，即可变与不可变，区别在于可变对象可以修改，而不可变对象不可以修改。默认情况下 Scala 使用不可变 Map。如果需要使用可变集合，需要显式地使用 import scala.collection.mutable.Map 语句。

1. 以下代码的描述有误的是（　　）。

```
val data = Map(1 -> "One", 2 -> "Two")
val res = for((k, v) <- data if(k > 1)) yield v
```

A. 运行后 res 的结果为 List("Two")
B. 运行后 res 的结果为 List("One", "Two")
C. 对映射 data 中的每一个键值对，k 被绑定到键，而 v 被绑定到值
D. 其中的 if(k > 1) 是一个守卫表达式

解释：for 循环中的 yield 会把当前的元素记下来，保存在集合中，循环结束后将返回该集合。

上面程序中，第一条语句是初始化一个 Map，变量为 data；第二条语句是将 data 中的值逐个赋给 res，但它后面跟着条件，即只有 k>1 的项目才会赋给 res，所以 res 的值只有 Two。

答案：B

2. 下列对 Scala 中 Map 的说法错误的是（　　）。

A. Map 是一种可迭代的键值对（key-value）结构
B. Map 中的键都是多样的
C. Map 有两种类型，即可变与不可变，区别在于可变对象可以修改，而不可变对象不可以
D. 默认情况下，Scala 使用不可变 Map。如果需要使用可变集合，则需要显式地引用 import scala.collection.mutable.Map 类

解释：Map 中的键是唯一的，不可重复。
答案：B

## 9.1.21 类的重载

和 Java 的类继承比较起来，Scala 中类的继承有自己的一些特点。

- 重写一个非抽象方法必须使用 override 修饰符。
- 只有主构造函数才可以往基类的构造函数中写参数。

- 在子类中重写超类的抽象方法时，不需要使用 override 关键字。

1. 下面关于 Scala 中 override 修饰符的描述错误的是（　　）。

A. Scala 中所有重载了父类具体成员的成员都需要这样的修饰符

B. Scala 中如果子类成员实现的是同名的抽象成员，则这个修饰符是可选的

C. Scala 中如果子类中并未重载或实现基类里的成员，则禁用这个修饰符

D. Scala 中如果子类是抽象类，则子类的同名成员不可以使用这个修饰符

答案：D

2. 以下关于 Scala 中类的重载的说法中错误的是（　　）。

A. 在 Scala 中，字段可以重载无参数方法

B. 类的声明上添加 final 修饰符确保成员不被子类重载

C. 类的声明上添加 final 修饰符确保成员只能被子类重载一次

D. Scala 提供了方法重载功能，该功能可以定义名称相同但参数或数据类型不同的方法，有助于优化代码

解释：类加上 final 修饰符，则这个类不可继承，所以也谈不上子类对父类成员的重载。

答案：B

## 9.1.22 Scala 的 Tuple

与 List 一样，Tuple 也是不可变的，但与 List 不同的是 Tuple 可以包含不同类型的元素。

1. 以下关于 Scala 中 Tuple 的说法错误的是（　　）。

A. Tuple 可以包含不同类型的元素

B. Tuple 是不可变的

C. 访问元组 pair 第一个元素的方式为 pair._1

D. Tuple 最多只有 2 个元素

解释：Tuple 可以包含多个元素，所以 D 选项错误。

答案：D

2. 以下对于 Scala 元组 val t = (1, 3.14, "Fred") 的说法错误的是（　　）。

A. t._1 等于 1

B. t 的类型为 Tuple3[Int, Double, java.lang.String]

C. val (first, second, _) = t // second 等于 3.14

D. t._0 无法访问，会抛出异常

解释：如果使用 t._1 访问元组的第 1 个元素，它的下标是从 1 开始的，它不是索引，所以 D 选项的描述正确。

答案：A

## 9.1.23 Scala 的 Option

Option（选项）类型用来表示一个值是可选的（有值或无值）。

Option[ 数据类型 ] 是一个指定数据类型的可选值的容器：如果值存在，Option[ 数据类型 ] 就是一个 Some[ 数据类型 ]；如果不存在，Option[ 数据类型 ] 就是对象 None。

下列关于 Scala 类的 Option 的说法正确的是（　　）。

A. Scala Option 类型用来表示一个值是可选的（有值或无值）

B. Option[T] 是一个类型为 T 的可选值的容器

C. 如果值存在，Option[T] 就是一个 Some[T]；如果值不存在，Option[T] 就是对象 None

D. 以上说法都正确

答案：D

## 9.1.24 Scala 的迭代器

Iterator（迭代器）是一种用于访问集合的方法。迭代器有两个基本操作。

- it.hasNext()：用于检测集合中是否还有元素。
- it.next()：用于返回迭代器的下一个元素，并且更新迭代器的状态。

1. Scala 中 Iterator 的常用方法有（　　）。

A. def hasNext: Boolean——如果还有可返回的元素，则返回 True

B. def next(): A——返回迭代器的下一个元素，并且更新迭代器的状态

C. def contains(elem: Any): Boolean——检测迭代器中是否包含指定元素

D. def duplicate: (Iterator[A], Iterator[A])——生成两个能分别返回迭代器所有元素的迭代器

答案：ABCD

2. 以下对 Scala 中 Iterator 的有关说法中错误的是（　　）。

A. Scala Iterator 是一个集合

B. 迭代器 it 的两个基本操作是 next 和 hasNext

C. 调用 it.next() 会返回迭代器的下一个元素，并且更新迭代器的状态

D. 调用 it.hasNext() 可以检测集合中是否还有元素

解释：Iterator 不是一个集合，它是一种用于访问集合的方法。

答案：A

## 9.1.25 Scala 的访问权限

Scala 的访问修饰符基本和 Java 的一样，分别为 private、protected、public。如果没有指定访问修饰符，默认情况下，Scala 对象的访问级别都是 public，这一点和 Java 中不同。

1. 以下关于 Scala 的访问权限控制的说法正确的是（　　）。

A. private/protected [包名 / 类名 /this] 可以指定变量的作用域

B. 方法内不能访问其他对象的私有字段

C. 在 Scala 中，方法也可以访问该类的所有对象的私有字段，成为类的私有字段

D. 以上都正确

答案：D

2. Scala 类中的公有字段自带 getter 和 setter，类 class Person{var age=0}，age 字段默认定义的方法是（　　）。

A. getter, setter

B. getAge, setAge

C. age, age_

D. age, age_=

解释：Scala 的 setter 方法对应的名称为“字段名 _=”；Scala 的 getter 方法对应的名称为“字段名”。

答案：D

## 9.1.26 Scala 正则表达式

Scala 中支持正则表达式。在各种语言中，正则表达式最核心的模式定义都差不多，一般考试也集中在模式定义中。Scala 通过 scala.util.matching 包中的 Regex 类支持正则表达式。

1. 在 Scala 正则表达式中，(　　) 符号用于匹配单个字符。

A. .　　B. ?　　C. *　　D. +

解释：正则表达式的模式定义在各种语言中大同小异。"?"表示匹配 0 次或者 1 次；"."表示匹配非空格外的单个字符；"*"表示 0 个或者多个匹配，而"+"表示一个或多个匹配。

答案：A

2. 可以正确匹配 " 12340 " 的 Scala 正则表达式是 (　　)。

A. "\s+[0–9]+\s+".r

B. ""\s+[0–4]+\s+".r

C. """\s+\d+\s+""".r

D. 以上均不正确

解释：3 个双引号括起来的字符串，一般用在正则表达式中，可以包含特殊字符，不用转义。".r"表示将任意字符串变成一个正则表达式。

答案：C

## 9.1.27 Scala 的异常处理

Scala 的异常处理和其他语言（如 Java）类似，可以捕获，也可以抛出异常给调用者处理。和 Java 不一样的是，Scala 中捕获异常为 catch+case 方式：

```
try{...}
catch{
    case ex1:Exception1=>{...}
    case ex2:Exception2=>{...}
    …
}
```

1. Scala 中越宽泛的异常越靠后，如果抛出的异常不在 catch 子句中，该异常则无法处理，会被升级到调用者处。(　　)

答案：正确

2. 以下关于 Scala 的异常处理的说法中正确的是 (　　)。

A. Scala 的异常处理和其他语言（如 Java）类似

B. Scala 可以通过抛出异常的方式来终止相关代码的运行，不必通过返回值

C. Scala 捕获异常的 catch 子句，语法与 Java 语言中不太一样

D. 以上都正确

解释：Scala 捕获异常的格式是一系列 case 语句，这是和 Java 等语言不一样的地方。

答案：D

## 9.1.28 Scala 文件操作

Scala 可以直接使用 Java 中的 I/O 类（java.io.File）进行文件操作。也可以使用 Scala 的 Source 类来读取文件。

1. 对于 scala.io.Source 对象的 fromFile 来说，以下描述错误的是 (　　)。

A. 可以使用指定文件名（String）来创建一个 Source

B. 可以使用一个文件的 URI（java.net.URI）来创建一个 Source

C. 可以使用一个文件的 URL（java.net.URL）来创建一个 Source

D. 可以使用一个 File 对象（java.io.File）来创建一个 Source

解释：fromFile() 可以接收 File、String 和 URI 参数，但不能接收 URL 参数。Scala 中通过 URL 创建 Source 对象，可以使用 Source 的 fromURL()。

答案：C

2. scala.io.Source.fromFile(filepath).getLines() 得到包含所有行的迭代器，调用 foreach 对每行进行操作。(　　)

答案：正确

## 9.2 Hive 实战

Hive 是基于 Hadoop 的一个数据仓库工具，可以将结构化的数据文件映射为一张数据库表，并通过 HiveQL 提供的查询功能将 SQL 语句转换为 MapReduce 任务运行。

### 9.2.1 Hive 简介

Hive 可以通过类 SQL 的 HiveQL 语句快速实现简单的 MapReduce 统计，不必开发专门的 MapReduce 应用，十分适合数据仓库的统计分析，但 Hive 构建在基于静态批处理的 Hadoop 之上，Hadoop 通常都有较高的延迟，并且在作业提交和调度时需要大量的开销，因此，Hive 并不适合那些需要低延迟的应用。

1. Hive 默认使用(　　)作为计算引擎。

A. Spark　　B. Dryad

C. MapReduce　　D. Pregel

解释：Hive 默认使用 MapReduce 作为计算引擎，也可以将它切换到 Spark 或者其他计算引擎。

答案：C

2. 下面关于 Hive 的说法正确的有(　　)。

A. Hive 是基于 Hadoop 的一个数据仓库工具，可以将结构化的数据文本映射为一张数据库表，并提供简单的 SQL 查询功能

B. Hive 可以直接使用 SQL 语句进行相关操作

C. Hive 能够在大规模数据集上实现低延迟快速的查询

D. Hive 在加载数据过程中不会对数据进行任何修改，只是将数据移动到 HDFS 中 Hive 设定的目录下

解释：Hive 使用 HiveQL 进行查询，和 SQL 不太一样，所以 B 选项错误。Hive 构建在基于静态批处理的 Hadoop 之上，Hadoop 通常都有较高的延迟并且在作业提交和调度时需要大量的开销，因此，Hive 并不能够在大规模数据集上实现低延迟和快速查询，C 选项错误。

答案：AD

### 9.2.2 Hive 数据操作

本节主要需要掌握 create、show、locate、desc、drop、alter 等和数据库相关的操作，以及各结构和数据的存放目录。

1. 以下(　　)操作是 Hive 不直接支持的。

A. 表增加列　　B. 表删除列

C. 表修改列　　D. 表修改名

解释：Hive 不能直接删除表的列，但可以用 REPLACE 方式将所有列替换，并使需要删掉的列不出现在列的列表中。例如，

01 02 03 04 05 06 07 08 09 10 11 12 13 14
第9章 Hive/HBase

```
ALTER TABLE 表名 REPLACE COLUMNS（需要保留的列名）;
```
答案：B

2. 在 Hive 中使用 ALTER DATABASE 指令可以修改（　　）。

A. 数据库名

B. 数据库的创建时间

C. dbproperties

D. 数据库的存储路径

解释：ALTER DATABASE 为数据库的 dbproperties 设置键—值对属性值，来描述数据库的属性信息。需要注意，在 Hive 中，数据库的其他元数据都是不可更改的，包括数据库名和数据库所在目录的位置。

答案：C

3. Hive 中创建的表以（　　）存储。

A. 数据库目录下的子目录

B. 数据库目录下的文件

C. 包含数据库目录的 HDFS 块

D. 数据库目录中存在一个 .java 文件

答案：A

4. 按粒度大小的顺序，Hive 数据分为数据库、表、（　　）和桶。

A. 元数据　　B. 行

C. 块　　D. 分区

解释：数据库可以分成多个表，表可以分成多个分区，而分区（也可以是表）可以进一步分为桶（Bucket），桶是粒度更细的数据范围划分。

答案：D

5. 以下对 Hive 操作的描述不正确的是（　　）。

A. Hive 是在数据查询时进行模式验证，而不是加载时验证

B. 数据加载时，overwrite 关键字不是必需的

C. Hive 的内表和外表都可以修改 location 属性

D. 删除表时，表中的数据可以同时删除

解释：删除表时，只有内部表中的数据才可以同时删除。

答案：D

### 9.2.3 Hive 数据导入

建立 Hive 数据库后，可以将其他格式的数据导入 Hive 中。一般来说，导入数据有以下几种可能：

- 将本地文件导入 Hive 表。
- 将 Hive 表导入 Hive 表。
- 将 HDFS 文件导入 Hive 表。
- 创建表的过程中从其他表导入。

1. Hive 数据的导入方式有（　　）。

A. 从本地导入数据到 Hive

B. 直接从其他数据库中导入

C. 从 HDFS 直接导入数据到 Hive

D. 从其他表导入数据到 Hive 表

解释：从其他数据库如 MySQL 导入数据需要借助 Sqoop 等工具，不能直接导入。

答案：ACD

2. 以下不属于加载数据到 Hive 表的方式是（　　）。

A. 直接将本地路径的文件 load 到 Hive 表中

B. 将 HDFS 上的文件 load 到 Hive 表中

C. Hive 支持 insert into 单条记录的方法，所以可以直接在命令行插入单条记录

D. 将其他表的结果集 insert into 到 Hive 表

解释：Hive 不支持单条记录插入的方式，必

须批量插入。

答案：C

3. Hive 加载数据文件到数据表中的关键语法是（　　）。

A. LOAD DATA [LOCAL] INPATH 'filepath' [OVERWRITE] INTO TABLE tablename

B. INSERT DATA [LOCAL] INPATH 'filepath' [OVERWRITE] INTO TABLE tablename

C. LOAD DATA INFILE 'd:\car.csv' APPEND INTO TABLE t_car_temp FIELDS TERMINATED BY ","

D. LOAD DATA [LOCAL] INPATH 'filepath' INTO TABLE tablename

解释：加载数据文件使用 LOAD，所以 B 选项错误。C 选项，可以根据需要选择是否加 [LOCAL]；D 选项，缺失可选的 [OVERWRITE] 设置。

答案：A

4. Hive 导入数据时，要注意不能轻易使用 overwrite 插入数据，因为会覆盖原来已经存储的 Hive 数据。（　　）

答案：正确

5. 下列选项正确的是（　　）。

A. MySQL 中的数据不可以直接导入 Hive 中

B. 通过 Sqoop 可以将 SQL Server 表数据导入 Hive 中

C. 将 MySQL 表同步到 Hive 时，不可以不建表直接同步

D. Hive 建表后表名是区分大小写的

解释：MySQL 中的数据可以直接导入 Hive 中，所以 A 选项错误；将 MySQL 表同步到 Hive 时，可以不建表直接同步，但是没有字段说明，所以一般情况下，写好建表语句建表后再进行同步会比较好，所以 C 选项错误；Hive 建表后表名( 及列名 )不区分大小写，所以 D 选项错误。B 选项正确，通过 Sqoop 可以将 SQL Server 表数据导入 Hive 中。

答案：B

## 9.2.4 Hive 数据查询

使用 HiveQL 进行 Hive 中的数据查询，它和 SQL 语句很像。

1. 以下属于 Hive 中查询语句的是（　　）。

A. load data local inpath "/opt/soft/files/movies.txt" into table movie_info;

B. select movie,category_name from movie_info lateral view explode(category) table_tmp as category_name;

C. load data local inpath '/opt/soft/files/visit.txt' into table action;

D. load data local inpath '/opt/soft/files/jd.txt' into table visit;

解释：查询语句使用 SELECT。

答案：B

2. 在 Hive 中，如果执行一个查询语句后显示的结果为

20180812 50;

20180813 32;

20180814 NULL

则最有可能的查询语句是（　　）。

A. SELECT inc_day, count(task_no) FROM 任务表 WHERE inc_day<=20180814

B. SELECT inc_day, count(task_no) FROM 任务表 WHERE inc_day<=20180814 GROUP BY inc_day

C. SELECT inc_day, count(task_no) FROM

任务表 WHERE inc_day<=20180814 order by inc_day

D. SELECT inc_day, count(task_no) FROM 任务表 HAVING inc_day<=20180814 GROUP BY inc_day

解释：从结果看，这 3 个数据需要分组，所以需要 GROUP BY，而在 B 选项、D 选项使用的两个 GROUP BY 语句中，D 选项的 HAVING 应该写在 GROUP BY 之后。所以答案是 B 选项。

答案：B

3. 在 Hive 中，为了优化三个表的 join 操作，应将最大容量的表放在（　　）。

A. join 子句中的第一个表

B. join 子句中的第二个表

C. 连接子句中的第三个表

D. 和顺序无关

解释：Hive 假定查询中最后一个表是最大的表，在对每行记录进行连接操作时，它会尝试将其他表缓存起来，然后扫描最后一个表进行计算。因此，为了优化 join 操作，需要保证连续查询中表的大小从左往右是依次增加的。

答案：C

4. 出现在 Where 从句中的 RLIKE '.*Chicago | Ontario.*';，将会返回（　　）。

A. 同时包含 Chicago 和 Ontario 的单词

B. 包含 Chicago 或者 Ontario 的单词

C. 以 Chicago 或者 Ontario 结尾的单词

D. 以 Chicago 或 Ontario 开头的单词

解释：RLIKE 是正则表达式匹配，“|”表示或者，“.*”表示任何字符。这里的正则表达式的含义是包含 Chicago 或者 Ontario 的单词。

答案：B

5. 通过将以下（　　）属性设置为 true，可以提高聚合查询的性能。

A. hive.map.group　　B. hive.map.aggr

C. hive.map.sort　　D. hive.map.sum

解释：hive.map.aggr 属性用来控制 map 阶段的聚合，默认是 false。如果将其设置为 true，则将在 map 任务时进行 first-level 聚合，这将使得 map 有更好的性能，但会消耗更多内存。

答案：B

### 9.2.5 Hive 创建分区

所谓分区，就是将整个表的数据在存储时划分成多个子目录（子目录以分区名来命名），使用分区的目的是避免全表查询，加快查询速度。常见的分区方式有时间分区和业务分区等。

Hive 的分区大致可以分为以下三种。

- 静态分区：加载数据的时候指定分区的值。
- 动态分区：数据未知，根据分区的值确定建立分区。
- 混合分区：静态分区 + 动态分区。

1. 对于 Hive 中的分区，以下说法错误的是（　　）。

A. 分区字段要在创建表时定义

B. 分区字段只能有一个，不能创建多级分区

C. 使用分区可以减小某些查询的数据扫描范围，进而提高查询效率

D. 分区字段可以作为 where 子句的条件

解释：在 Hive 中可以创建多级分区。

答案：B

2. 关于 Hive 的 Partition 的使用，下列选项中错误的是（　　）。

A. 删除分区语法：ALTER TABLE table_name DROP

B. 必须在表定义时创建 partition

C. 查看分区语句：create table day_table (id int, content string) partitioned by (dt string);

D. 双分区建表语句：create table day_hour_table (id int, content string) partitioned by (dt string, hour string);

解释：显示分区的语法是 show partitions 表名。

答案：C

3. 在 Hive 表中使用太多分区的缺点是（　　）。

A. 减慢了 NameNode 的速度

B. 浪费存储空间

C. join 查询会变慢

D. 上述都是

解释：如果分区数量过多，将导致 NameNode（及 YARN）的资源出现瓶颈。

答案：D

4. 要查看 Hive 表中存在的分区，使用的命令是（　　）。

A. describe　　B. describe extended

C. show　　D. show extended

答案：B

## 9.2.6 Hive 命令行

在 Hive 提供的几种用户交互接口中，最常用的就是命令行接口。可以使用 hive 进入 Hive 命令行。在 Hive 命令行中，可以执行 Hive 的各种操作。

1. 在 Hive 命令行中，执行一次查询的命令参数是（　　）。

A. –e　　B. –f

C. –S　　D. –V

解释：执行查询的命令参数是 -e。这里不要被“一次”给迷惑了。

答案：A

2. 如果在环境变量中配置了 Hive，进入 Hive Shell 的命令是（　　）。

A. hive

B. ./hive

C. 在任意目录下执行：hive shell

D. 必须在指定目录下执行：hive shell 命令

解释：进入 Hive Shell 的命令是 hive shell。这里默认已经设置好了相关的路径。

答案：C

## 9.2.7 Hive 内置函数与内置运算符

Hive 内部提供了很多函数给开发者使用，包括数学函数、类型转换函数、条件函数、字符函数、聚合函数、表生成函数等，这些函数统称为内置函数。

Hive 有四种类型的内置运算符：关系运算符、算术运算符、逻辑运算符、复杂运算符。

1. Hive 中的 concat_set(col) 函数只接收基本数据类型，主要功能是将某字段的值进行去重、汇总，产生数组类型字段。（　　）

答案：正确

2. 在 Hive 中调用 bash 的指令，使用的是（　　）。

A. Hive Pipeline　　B. Hive Caching

C. Hive Forking　　D. Hive Streaming

解释：在 Hive 中，需要实现 Hive 中的函数无法实现的功能时，就可以用 Streaming 实现，可以用它调用 Python、Shell 等指令或程序。

答案：D

3. 在以下数据类型中，Hive 支持的是（　　）。

A. map　　B. record

C. string　　D. enum

答案：A

4. Hive 中的 CONCAT 字符串函数可以连接（　　）。

A. 仅 2 个字符串

B. 任意数量的成对字符串

C. 任意数量的字符串

D. 仅等长的字符串

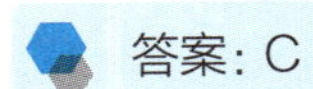

答案：C

### 9.2.8 Hive 自定义函数

在 Hive 中，可以使用自定义函数弥补内置函数的不足。另外，很多函数也可以对其进行定制，这也是一种自定义函数。

自定义函数大致分为以下几种。

- UDF：用户自定义函数（User Defined Function），一个输入，一个输出，类似 upper()、lower() 等，也可以把这种类型的函数叫作标准 UDF，简称 UDF。
- UDTF：用户自定义表生成函数（User Defined Table-Generate Function），一个输入，多个输出，如 collect_set()、collect_list() 等。
- UDAF：用户自定义聚合函数（User Defined Aggregate Function），多个输入，一个输出，如 count()、sum()、max() 等。

1. reverse() 函数会反转在 Hive 查询中传递给它的字符串，它是（　　）类型的函数。

A. 标准 UDF　　B. UDAF

C. UDTF　　D. 以上都不是

解释：reverse() 接收一个输入，产生一个输出，所以它可以归类到标准 UDF。

答案：A

2. Hive 使用 UDF 函数操作单个数据行，产生单个数据行是（　　）类型。

解释：输入单个数据、输出单个数据的用户自定义函数，是 UDF 类型的函数。

答案：UDF

3. Hive 可以实现在任何客户端中使用的 UDF 类型的自定义函数，步骤可分为（　　）。

A. 继承 org.apache.hadoop.hive.ql.exec.UDF

B. 重写 evaluate() 方法

C. 将自定义的 Java 类打包成 jar 文件

D. 添加 jar 包

E. 将 jar 包上载到 HDFS 中

解释：A、B、C、D 选项是实现标准 UDF 自定义函数的标准步骤。如果要实现 UDTF 和 UDAF，步骤稍有不同，主要在前两步上。

实现 UDTF：

（1）继承 org.apache.hadoop.hive.ql.udf.generic.GenericUDTF。

（2）实现 initialize()、process()、close() 三个方法。

实现 UDAF：

（1）继承 org.apache.hadoop.hive.ql.udf.generic.AbstractGenericUDAFResolver。

（2）实现 evaluate() 方法。

（3）编写静态内部类（函数的计算逻辑），继承 GenericUDAFEvaluator，实现

init()、iterate()、terminatePartial()、merge()、terminate() 和 reset() 等方法。

答案：ABCD

### 9.2.9 Hive 访问 JDBC

Hive 提供了 JDBC（Java 数据库连接）驱动，这样就可以用 Java 代码连接 Hive，并进行一些类似关系型数据库的 SQL 语句查询等操作。

1. Hive 通过 JDBC 远程连接 Hive 数据仓库支持并发访问。（　　）

答案：正确

2. 要使用 JDBC 连接 Hive，需要启动（　　）。

A. HiveServer

B. HiveServer1

C. HiveServer2

D. HiveServer3

解释：HiveServer2 是改进 HiveServer 不支持并发客户端功能的新版本，这是目前使用的 HiveServer，HiveServer 在 Hive 中已经被移除，不再支持。没有 HiveServer1 和 HiveServer3 这两个版本。

答案：C

3. Hive 的 JDBC driver 接口是（　　）。

A. org.apache.hive.jdbc.HiveDriver

B. org.apache.hive.jdbc.HiveDriver2

C. org.apache.hadoop.hive.jdbc.HiveDriver

D. org.apache.hadoop.hive.jdbc.HiveDriver2

解释：HiveServer 的驱动是 org.apache.hadoop.hive.jdbc.HiveDriver，而 HiveServer2 的驱动是 org.apache.hive.jdbc.HiveDriver。

答案：A

4. 以下属于 HiveServer2 的 hive-site.xml 配置项的有（　　）。

A. hive.server2.thrift.min.worker.threads

B. hive.server2.thrift.max.worker.threads

C. hive.server2.thrift.port

D. hive.serer2.thrift.driver

E. hive.server2.thrift.bind.host

解释：HiveServer2 在 hive-site.xml 中有以下四个设置项。

- hive.server2.thrift.min.worker.threads：设置最小工作线程数，默认为 5。
- hive.server2.thrift.max.worker.threads：设置最大工作线程数，默认为 500。
- hive.server2.thrift.port：设置 TCP 的监听端口，默认为 10000。
- hive.server2.thrift.bind.host：设置 TCP 绑定的主机，默认为 localhost。

答案：ABCE

5. HiveServer2 目前只支持 TCP。（　　）

解释：从 Hive-0.13.0 开始，HiveServer2 支持通过 HTTP（超文本传输协议）传输消息。

答案：错误

## 9.3 HBase 数据库处理

HBase 是基于 Hadoop 构建的一个分布式的、可伸缩的海量数据存储系统。它是一种基于 NoSQL 思想的数据存储方式，常用来存放一些结构简单、数据量非常大的数据（通常在 TB 级别以上），如历史订单记录、日志数据、监控 Metris 数据等，HBase 提供简单的、基于 key 值的快速查询能力。

### 9.3.1 Hadoop 多语言支持

Hadoop 可以通过 Hadoop Streaming 支持非 Java 编程语言。

1. Hadoop 支持的开发语言有（　　）。

A. Java　　B. C++

C. Python　　D. Go

答案：ABCD

2. 以下关于 Hadoop 开发语言的说法正确的是（　　）。

A. Java 编程是 Hadoop 最原始的开发语言，支持所有功能，是其他编程方式的基础

B. Streaming 编程仅用于开发 Mapper 和 Reducer，其他组件需采用 Java 实现

C. 内部执行引擎是一样的，不同编程方式的效率不同

D. 以上都正确

答案：D

### 9.3.2 Hadoop PageRank 算法简介

PageRank 算法是 Google 搜索引擎的一个重要算法。本节使用 Hadoop 模拟实现这个算法。请读者观看配套视频进行学习。

1. 一个网页的 PageRank 就是随机访问者在任意给定时刻访问该网页的概率。（　　）

答案：正确

2. 以下关于 PageRank 算法的说明中正确的是（　　）。

A. PageRank 算法就是给每个网页附加权值

B. PageRank 权值大的就靠前显示，权值小的就靠后显示

C. PageRank 算法不单单是按照“被索引数”给网页附加权值，还有用 PR 值表示每个网页被 PageRank 算法附加的权值

D. 以上都正确

答案：D

3. PageRank 算法的核心思想有（　　）。

A. 如果一个网页被很多其他网页链接到，说明这个网页比较重要，也就是 PageRank 值会相对较高

B. 如果一个 PageRank 值很高的网页链接到一个其他的网页，那么链接到的网页的 PageRank 值会因此相应地提高

C. PageRank 认为，一个结点对系统施加影响的结果，就是与它相连的结点也具有一定的影响力

D. 以上都是

答案：AB

### 9.3.3 Hadoop PageRank 实现

1. 用 Hadoop 实现简单的 PageRank 中，Mapper 将默认数据格式转换成自定义格式 <key,value> 对。（　　）

解释：在 Hadoop 中，所有的数据应该都转换成键—值对。

答案：正确

2. 以下关于用 Hadoop 实现简单 PageRank 的说法中正确的是（　　）。

A. map 接受的数据格式默认是 < 偏移量，文本行 >

B. Hadoop 框架在 Map 阶段时会自动实现排序过程，就是将相同 key 的所有

value 保存到 list

C. Reducer 阶段的工作是读取 map 的输出 <key,value>，并解析出来

D. 以上都正确

答案：D

3. 按照公式算出最终的 PageRank 并和 list 一起写入文件中，下列代码是否正确？（　　）

```
pr=pr*d+(1-d);
String v="";
v=String.valueOf(pr);
context.write(key, new Text(list+"\t"+v));
```

答案：正确

### 9.3.4 HBase 简介

HBase 是一个分布式的、面向列的开源数据库，它是 Apache 的 Hadoop 项目的子项目。该技术来源于 Google 的一篇论文《Bigtable：一个结构化数据的分布式存储系统》。就像 Bigtable 利用了 Google 文件系统（File System）所提供的分布式数据存储一样，HBase 在 Hadoop 之上提供了类似 Bigtable 的能力。HBase 不同于一般的关系数据库，它是一个基于 NoSQL 思想的、适合于非结构化数据存储的数据库，另外，和结构化数据库不同的是，HBase 采用基于列而不是基于行的模式。

1. 下面对 HBase 的描述正确的有（　　）。

A. 不是开源的

B. 是面向列的

C. 是分布式的

D. 是一种 NoSQL 数据库

解释：HBase 是开源的系统。

答案：BCD

2. HBase 不适合（　　）类型的应用。

A. 处理少量数据

B. 处理海量数据

C. 处理高吞吐率的数据

D. 同时处理结构化和非结构化数据

解释：如果是少量的数据，就没必要用 HBase，用结构化数据库就可以了。

答案：A

3. HBase 依赖（　　）提供消息通信机制。

A. ZooKeeper　　B. Chubby

C. RPC　　D. Socket

解释：ZooKeeper 是一个分布式的、开放源码的分布式应用程序协调服务，是 Google Chubby 一个开源的实现，是 Hadoop 和 HBase 的重要组件。

答案：A

4. 以下属于 HBase 的特点的有（　　）。

A. HBase 是一个分布式的基于列式存储的数据库，基于 Hadoop 的 HDFS 存储，用 ZooKeeper 进行管理

B. HBase 适合存储半结构化或非结构化数据，包括数据结构字段不够确定或者杂乱无章很难按一个概念去抽取的数据

C. 为 null 的记录不会被存储

D. 基于的表包含 row key、时间戳和列族。新写入数据时，时间戳更新，同时可以查询到以前的版本

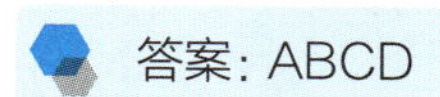

答案：ABCD

### 9.3.5 HBase Shell 示范

HBase 提供了一个 Shell 的终端用于交互操作，使用命令 hbase shell 即可进入命令界面，

在 HBase Shell 中使用 help 可以看到命令的帮助信息。

1. 以下关于 HBase 的 Shell 命令的说法错误的是（　　）。

A. alter：修改列族

B. describe：显示表相关的详细信息

C. enable：是否启用

D. disable：使表无效

解释：enable 的作用和 disable 相反，是启用表。C 选项的说法语意不详。

答案：C

2. 为 HBase 启用完全分布式模式的属性是（　　）。

A. hbase–cluster.distributed–all

B. hbase–cluster.distributed–enable

C. hbase–cluster.fully–distributed

D. hbase–cluster.distributed

解释：将 hbase.cluster.distributed 的属性值设置成 true 即可：

```
<property>
    <name>hbase.cluster.distributed</name>
    <value>true</value>
</property>
```

答案：D

3. 使用 HBase 导入数据的操作是（　　）。

A. 使用 ImportTsv 功能将 CSV 文件导入 HBase

B. 使用 import 功能将数据导入 HBase

C. 使用 BulkLoad 功能将数据导入 HBase

D. 以上都是

解释：ImportTsv 可以将 TSV 或者 CSV 文件导入 HBase，BulkLoad 方式可以批量导入数据，而 import 可以将数据导入 HBase。

答案：D

4. HBase 中 put 命令只能插入一个单元格的数据。（　　）

解释：题目中说的是 HBase 中的 put 命令，不是指 HBase Java API 中的 put() 方法，所以这道题的说法是对的。如果是 Java API 的 put() 方法，这道题就不对了，因为它也可以接收一个 List<Put> 参数，一次插入多个数据。

答案：正确

### 9.3.6 HBase Shell 操作数据表

在 HBase Shell 中，可以通过以下指令操作数据表。

- create：创建表。
- put：插入数据。
- scan：扫描表，得到表的信息和数据。
- get：获得单条数据。
- delete：删除记录。
- describe：查看表的详细信息。
- alter：修改表。
- drop：删除表。注意，需要先使用 disable 将表禁用之后才可以删除。
- list：列出 HBase 中的所有表。
- list_namespace：列出所有 namespace。

1. 以下关于 HBase Shell 操作数据表的说法中正确的是（　　）。

A. HBase 的表只动态加入列

B. 在向 HBase 的表中添加数据时，只能一列一列地添加，不能同时添加多列

C. 设置分区表，限定分区字段，查表更快

D. 以上都正确

答案：D

2. HBase Shell 建表后查看表的命令是（　　）。

A. list　　B. describe
C. show　　D. exists

解释：使用 describe 'table name' 返回表的详情。

答案：B

3. HBase Shell 中可用于删除列族的命令是（　　）。

A. alter　　B. delete
C. drop　　D. 以上全不是

解释：alter 'table name', 'delete' => 'column family'，用于删除一个列族。注意 alter 和 delete 之间用逗号隔开。

答案：A

4. 以下对 HBase Shell 数据操作的说明错误的是（　　）。

A. 清空表：truncate '<table name>'
B. 删除表：drop '<table name>'
C. 列出所有表空间：list_namespace
D. 删除一行中所有单元格：deleteall '<table name>', '<row>'

解释：删除表需要两个指令：首先使用 disable '<table name>'，然后使用 drop '<table name>'。

答案：B

5. 以下指令的作用是（　　）。

```
hbase> alter 't1', NAME => 'f1', MIN_
VERSIONS => 2
```

A. 表 t1 的列族 f1 中的所有列都可以具有至少 2 个版本
B. 表 t1 的列族 f1 中的所有列最多可以有 2 个版本
C. 在表 t1 中创建名为 f1 的列族的 2 个版本
D. 创建了表 t1 的 2 个版本

解释：该命令在列族 f1 中保留所有列的至少 2 个版本。

答案：A

6. 要查看 HBase 用户空间中存在的所有表，使用的命令是（　　）。

A. show　　B. list
C. select　　D. describe

解释：list 可以查看用户空间中存在的所有表。list_namespace 可以查看所有的 namespace。

答案：B

### 9.3.7 Java 访问 HBase

通过 HBase 的 Java API，可以方便地对 HBase 进行操作，并将它集成到应用系统中。Java API 和 HBase 数据模型之间的对应关系如表 9-1 所示。

表 9-1　Java API 和 HBase 数据模型之间的对应关系

| Java API | HBase 数据模型 |
|---|---|
| HBaseAdmin | Database（数据库） |
| HBaseConfiguration | |
| HTable | Table（表格） |
| HTableDescriptor | ColumnFamily（列族） |
| Put | Column Qualifier（列修饰符） |
| Get | |
| Scanner | |

1. 以下关于 Java 在 HBase 数据库创建表的相关过程中的说明，正确的有（　　）。

A. 要通过 Java 在 HBase 中创建一个数据表，首先需要导入 hbase-client.jar 驱动包

B. 创建 Configuration 对象，并指定 core-site.xml 和 hbase-site.xml 作为资源文件

C. 需要在 Configuration 对象中设置 hbase.zookeeper.quorum 参数和 hbase.zookeeper.property.clientPort 参数的值

D. Configuration 对象创建完成后，接着创建连接到 HBase 数据库的 Connection 对象，并通过此对象获取 Admin 对象，它负责实现创建数据表的操作

解释：这是一个在 Java 中调用 HBase API 的典型方法。

答案：ABCD

2. Java 客户端连接 HBase 并创建表，相关描述正确的是（　　）。

A. 首先初始化 HBase 连接

B. 设置 HBase 的相关配置文件

C. HBaseAdmin 是操作表的类，具有创建功能

D. 以上都正确

答案：D

3. HBaseAdmin 和（　　）是 HBase Java API 中进行 DDL 操作的两个核心类。

A. HTableDescriptor

B. HDescriptor

C. HTable

D. HTabDescriptor

解释：DDL（数据定义语言）指的是用于定义数据库、表等的语句。HBaseAdmin 的 createTable() 方法用于创建表格，它接收一个 HTableDescriptor 参数。HTableDescriptor 代表的是表的 schema。在 HBaseAdmin 中，除 createTable() 方法外，还有 disableTable() 方法和 deleteTable() 方法，分别用来 disable 和 delete 表，addFamily() 方法用于增加列族等方法。

答案：A

## 9.3.8 Java 访问所有表与删除表

在 Java API 中，通过 HBaseAdmin 的 deleteTable() 方法可以删除指定表，注意删除之前需要调用 disableTable() 方法将表 disable。listTables() 方法可以列出所有表。

1. Java 访问 HBase 并删除表，请补充代码（忽略连接过程，只考虑删除操作）。（　　）

```
public static void dropTable(String tableName) {
    try {
        HBaseAdmin admin = new HBaseAdmin(configuration);
        admin.______(tableName);
        admin.deleteTable(tableName);
    } catch (Exception e) {
        e.printStackTrace();
    }
}
```

解释：删除表格前需要先禁用它，使用 disableTable() 即可。

答案：disableTable

2. HBaseAdmin 的 listTables() 方法可以实现获取所有表名。（　　）

解释：listTables() 方法可以获取所有表名。

答案：正确

## 9.3.9 使用 Java API 在 HBase 中插入数据

在 Java API 中，通过 put(Put) 方法或者 put(List<Put>) 方法可以往数据库表中插入数据，前者插入单条数据，后者插入多条数据。

需要插入的数据封装成 Put 对象。

1. Java 访问 HBase 并插入数据的有关说明正确的有（　　）。

A. HTablePool 类可以设置 configuration 参数实现并发多数据插入，但这个类已经 Deprecated 了

B. put(Put) 方法实现了数据的单条插入

C. put(List<Put>) 方法实现了数据的多条批量插入

D. 插入数据不需要引入异常处理机制控制错误

解释：特别要注意 HTablePool 已经 Deprecated 了，不要再使用。注意 HTable 中的 put() 方法，它接收一个 Put 对象或 List<Put> 作为参数。

答案：ABC

2. 使用 Java 插入数据到 HBase 中，请在下画线处补充代码。（　　）

```
public static void insert(Connection
connection, TableName tableName, String
rowKey, String columnFamily, String
column, String data) throws IOException {

    Table table = null;
    try {
        table = connection.________
                (tableName);
        Put put = new Put(Bytes.
                toBytes(rowKey));
            put.addColumn(Bytes.
toBytes(columnFamily), Bytes.
toBytes(column), Bytes.toBytes(data));
        table.put(put);
    } finally {
        if (table != null) {
            table.close();
        }
    }
}
```

解释：对数据库表的增、删、改、查操作，都是在 Table 对象上进行的，所以这里需要先通过 Connection 对象的 getTable() 方法获得指定表名的 Table 对象。

答案：getTable

### 9.3.10 HBase 数据查询

在 Java API 中，通过 get(Get) 方法从数据库表获取数据，它接收一个 Get 类型的对象作为参数。如果要一次性获得表中的所有数据，可以通过 ResultScanner 对象，Table 的 getScanner() 方法可以返回这个对象。

1. Get 对象中判断数据是否存在的方法是（　　）。

A. hasData()

B. isCheckExistenceOnly()

C. checkExistence()

D. exists()

解释：用 isCheckExistenceOnly() 方法可以检查数据是否存在。和它对应的方法是 setCheckExistenceOnly(true/false)，用于设置数据是否存在。

答案：B

2. 如果要通过 RowKey 查询数据，以下步骤是必要的有（　　）。

A. 使用 RowKey 创建一个 Get 对象

B. 通过 Get 对象的 isCheckExistenceOnly() 方法判断数据是否存在

C. 通过 Table 的 get() 方法，以 RowKey 作为参数获取数据

D. 通过 Table 的 get() 方法，以 RowKey 转换的 Byte 数组作为参数获取数据

E. 通过 Table 的 get() 方法，以 Get 对象为参数获取数据

解释：get() 方法的参数是 Get 对象。

答案：ABE

3. 可以从数据库表中获得多条数据的类（接口）是（　　）。

A. ResultScanner　　B. Scanner

C. Results　　D. Gets

解释：Table 的 getScanner() 方法接收一个 Scan 对象，它会返回一个 ResultScanner 对象，通过它可以获得表中的所有数据。

答案：A

4. HBase 的查询只提供（　　）种方式。

A. 1　　B. 2　　C. 3　　D. 4

解释：HBase 的查询只提供两种方式：get() 方法和 getScanner() 方法。

答案：B

## 9.3.11 HBase 的删除操作

HBase Java API 删除数据的方法是 Table 对象中的 delete()，它接收一个 Delete 对象作为参数，将删除条件封装到 Delete 对象中。

删除表格的方法是在 HBaseAdmin 上调用 deleteTable() 方法，注意在调用 deleteTable() 方法之前需要先调用 disableTable() 方法使表不可用。

1. 删除表格可以使用（　　）。

A. HBaseAdmin 上的 delete() 方法

B. HBaseAdmin 上的 deleteTable() 方法

C. HBaseAdmin 上的 drop() 方法

D. HBaseAdmin 上的 dropTable() 方法

解释：在 HBase Java API 中，删除表格是 deleteTable()。

答案：B

2 删除表格中指定 RowKey 的数据，可以通过（　　）。

A. 将 RowKey 转换成 byte 数组，作为 delete() 方法的参数，即可删除数据

B. 通过 RowKey 转换成的 byte 数组，作为 Delete 的构造器参数，创建 Delete 对象

C. 在 Table 对象上调用 delete() 方法，将 Delete 对象作为参数传进去，删除数据

D. 在 HBaseAdmin 上调用 delete() 方法，将 Delete 对象作为参数传进去，删除数据

E. 在删除数据之前，需要先调用 HBaseAdmin 的 disableTable() 方法

解释：删除数据表中的数据，是通过 Table 对象的 delete() 方法完成的，它接收一个 Delete 对象作为参数。删除数据不需要将表设为不可用。

答案：BC

## 9.3.12 数据筛选

如果想从表中取出特定列的数据，可以在创建 Scan 对象后，通过 Scan 的 addColumn() 方法加上需要筛选出来的列的列名，这样，ResultScanner 中将只会把符合要求的列的数据取出来。

另外，HBase Java API 还提供了过滤器以更灵活的方式进行数据的筛选。HBase 中的 get、scan 都支持过滤器，过滤器在服务器端生效，这样可以保证过滤掉的数据不会被传送到客户端，从而提高了代码运行的效率。

HBase Java API 提供了比较过滤器（RowFilter、FamilyFilter、QualifierFilter、ValueFilter、

TimestampsFilter 等）及专用过滤器（SingleColumnValueFilter、PrefixFilter、SingleColumnValueExcludeFilter、ColumnPrefixFilter、PageFilter）等各种过滤器。

要完成一个过滤的操作，至少需要两个参数：一个是抽象的操作符；另一个是具体的比较器（Comparator），代表具体的比较逻辑，可以提高字节级的比较、字符串级的比较等。有了这两个参数，就可以清晰地定义筛选条件来过滤数据。

以下对 HBase 内置过滤器的说法中，错误的是（　　）。

A. RowFilter：筛选出匹配的所有行

B. PrefixFilter：筛选出具有特定前缀的行键的数据

C. KeyOnlyFilter：这个过滤器唯一的功能就是只返回每行的行键，值全部为空

D. InclusiveStopFilter：如果想要返回的结果集中只包含第一列的数据，这个过滤器能够满足要求

解释：扫描时，可以设置一个开始行键和一个终止行键，默认情况下，这个行键的返回值包含起始行，但不包含终止行，如果想要同时包含起始行和终止行，可以使用 InclusiveStopFilter；如果只想返回的结果集中包含第一列的数据，这个过滤器应该使用 FirstKeyOnlyFilter 过滤器。

答案：D

# 第10章 Python 大数据开发

内容导读

大数据是信息通信技术发展积累至今，按照自身技术发展逻辑，从提高生产效率向更高级智能阶段的自然生长。大数据技术让我们以一种前所未有的方式对海量数据进行分析，终成变革之力。本章以 Python 为基础语言，介绍大数据时代应运而生的两个主流大数据技术：分布式系统基础架构 Hadoop 和数据处理与分析利器 Spark。

## 10.1 Hadoop 原理与 Python 编程

Hadoop 在大数据技术体系中处于核心地位，是大数据技术的基础。

### 10.1.1 Hadoop 原理

Hadoop 是一个分布式计算和存储的框架，其中最核心的是 HDFS 和 MapReduce，HDFS 是架构在 Hadoop 之上的分布式文件系统；MapReduce 是架构在 Hadoop 之上用来做计算的框架。

1. 与关系型数据库相比，Hadoop（　　）。

A. 具有更高的数据完整性

B. 支持 ACID 事务

C. 适合多次读写

D. 在非结构化和半结构化数据上效果更好

解释：在数据完整性上，限制更严格、格式更规范的关系型数据库会更胜一筹；ACID（原子性、一致性、隔离性、持久性）事务是两者都支持的，而且关系型数据库支持得更好；对于数据的读写，尤其是写数据，关系型数据库也更胜一筹。相比而言，Hadoop 对于非结构化和半结构化数据更能体现出优势，因为它的设计目的就是处理这种类型的数据。

答案：D

2. 以下属于 Hadoop 守护进程的是（　　）。

A. NameNode　　B. DataNode

C. NodeManager　　D. 以上都是

解释：Hadoop 的主要守护进程包括 NameNode、Secondary NameNode、DataNode、ResourceManager、NodeManager 等。

答案：D

3. 在 Hadoop 中创建的归档文件的扩展名为（　　）。

A. .hrh　　B. .har

C. .hrc　　D. .hrar

解释：Hadoop 归档文件（Hadoop Archive）是一个高效地将小文件放入 HDFS 块中的归档文件格式，它能够将多个小文件打包成一个后缀为 .har 的文件，这样可以在减少 NameNode 内存使用的同时，仍然允许对文件进行透明的访问。可以使用如下指令进行文件归档操作：

```
hadoop archive
```

答案：B

4. Hadoop 是当前大数据平台的事实标准，下列对 Hadoop 的描述中正确的有（　　）。

A. Hadoop 是一个由 Apache 基金会开发的分布式系统开源架构

B. Hadoop 的初始设计思路来源于 Google 发布的学术论文

C. Hadoop 在当前衍生出一系列优秀的开源项目，包括 HBase、Hive、Pig 等

D. Hadoop 的两个核心部分是 HDFS 和 MapReduce 计算框架

答案：ABCD

### 10.1.2 Hadoop 配置

Hadoop 配置主要是围绕 core-site.xml、mapred-site.xml、yarn-site.xml 和 hdfs-site.xml 四个配置文件进行。有些常用的配置项和默认值需要熟悉。

1. Hadoop 的两大核心组件有（　　）。

A. GFS

B. HDFS

C. 虚拟化和自服务管理

D. MapReduce

E. BigTable

解释：MapReduce 的作用是"任务的分解与结果的汇总"，HDFS 是 Hadoop 分布式文件系统的缩写，它为分布式计算存储提供底层支持。BigTable 是为 Hadoop 提供设计思想的基础，但它本身不是 Hadoop 的核心。

答案：BD

2. 以下属性在 mapred-site.xml 上配置的是（　　）。

A. 复制因子

B. Java 环境变量

C. 存储 HDFS 文件的目录名称

D. 运行 MapReduce 任务的主机和端口

解释：在各选项中，只有 D 选项是在 mapred-site.xml 中配置的。mapred-site.xml 是 Hadoop 的主要配置文件之一，其中有很多配置项，需要了解。

答案：D

3. 以下属于 Hadoop 中的主要配置文件的有（　　）。

A. core-site.xml　　B. mapred-site.xml

C. hdfs-site.xml　　D. hadoop-site.xml

E. map-site.xml

解释：Hadoop 的配置文件主要是四个：core-site.xml、mapred-site.xml、yarn-site.xml 和 hdfs-site.xml。core-site.xml 主要用于配置 Hadoop 集群的全局参数；hdfs-site.xml 主要用于配置 HDFS 相关的参数，如 NameNode 和 DataNode 的存放位置、文件副本的个数和文件读取权限等；mapred-site.xml 主要用于配置 MapReduce 参数；yarn-site.xml 用于配置集群的资源管理系统参数，如 ResourceManager、NodeManager 的通信端口等。

答案：ABC

### 10.1.3 HDFS

HDFS 是 Hadoop 应用的一个最主要的分布式存储系统。一个 HDFS 集群主要由一个 NameNode 和若干个 DataNode 组成，NameNode 用于管理文件系统的元数据，DataNode 用于存储实际的数据。

1. Hadoop 2.6.5 集群中 HDFS 默认的数据块的大小是（　　）。

A. 32 MB　　B. 64 MB

C. 128 MB　　D. 256 MB

解释：Hadoop 1.x 的 HDFS 默认块大小为 64 MB；Hadoop 2.x 的 HDFS 默认块大小为 128 MB。修改 hdfs-site.xml 文件可以自定义数据块的大小。

答案：C

2. Hadoop 2.6.5 集群中 HDFS 默认的副本块的个数是（　　）。

A. 1　　B. 2

C. 3　　D. 4

解释：HDFS 默认的副本块的个数是 3。

答案：C

3. 列出组成文件系统中每个文件的块的 HDFS 指令是（　　）。

A. hdfs fsck / –files –blocks

B. hdfs fsck / –blocks –files

C. hdfs fchk / –blocks –files

D. hdfs fchk / –files –blocks

解释：hdfs fsck 命令可以查看 HDFS 文件对应的文件块信息（Block）和位置信息（Locations）。它有不同的参数，用来实现不同的功能。-files 参数用于检查并列出所有文件信息，而 -blocks 参数用于输出文件的 block 信息，它需要和 -files 参数结合使用，可以输出组成文件系统的每个文件的块的信息。还包括打印文件块的位置信息的 -locations 参数，检查并打印正在被打开执行写操作的文件的 -openforwrite 参数，删除损坏的文件的 -delete 参数，查看文件中损坏的块的 -list-corruptfileblocks 参数等。

答案：A

4. 可以将关系型数据库中的数据转移到 HDFS 中的工具是（　　）。

A. Sqoop　　B. Flume
C. 两个都可以　　D. 两个都不可以

解释：Sqoop 主要用于在 HDFS 与传统的关系型数据库间进行数据的迁移，它是一个双向迁移工具，既可以将数据从关系型数据库迁移到 HDFS 中，也可以将 HDFS 中的数据迁移到关系型数据库中。Flume 是一个高可用性、高可靠性、分布式的海量日志采集、聚合和传输系统。

答案：A

### 10.1.4 MapReduce

MapReduce 是 Hadoop 中的一个分布式计算框架，在整个数据处理过程中，一般包括数据的输入、数据的处理、数据的输出等环节，其中，数据的处理部分需要 map、reduce、combine 等操作。

1. MapReduce 框架提供一种序列化键—值对的方法，支持这种序列化的类能够在 Map 和 Reduce 过程中充当键或值，以下说法错误的是（　　）。

A. 实现 Writable 接口的类可以是值
B. 实现 WritableComparable<T> 接口的类可以是值或键
C. Hadoop 的基本类型 Text 并不实现 WritableComparable<T> 接口
D. 键和值的数据类型可以超出 Hadoop 自身支持的基本类型

解释：Hadoop 中的键和值必须是实现了 Writable 接口的对象，以方便它们在网络中传递。并且，键还必须实现 WritableComparable 接口，以便进行排序。Text 类型实现了 WritableComparable 接口。例如，reduce(Text key,…) 方法中的 key 就是 Text 类型的，也从侧面说明 Text 是实现了 WritableComparable 接口的。键和值的类型不局限于 Hadoop 自身支持的基本类型，也可以是自定义的类型，只要按照要求实现 Writable 或 WritableComparable 接口即可。

答案：C

2. 下列关于 HDFS 为存储 MapReduce 并行切分和处理的数据做的设计，错误的是（　　）。

A. FSDataInputStream 扩展了 DataInputStream，以支持随机读
B. 为实现细粒度并行，输入分片（Input Split）应该越小越好
C. 一台机器可能被指派从输入文件的任意位置开始处理一个分片
D. 输入分片是一种记录的逻辑划分，而 HDFS 数据块是对输入数据的物理分割

解释：Hadoop 的优势在于处理大文件，而不是很多的小文件，每个分片不能太小，否则启动与停止各分片处理所需的开销将占很大一部分执行时间。

答案：B

3. 有关 MapReduce 的输入输出，以下说法错

误的是（　　）。

A. 链接多个 MapReduce 作业时，序列文件（SequenceFile）是首选格式

B. FileInputFormat 中实现的 getSplits() 可以把输入数据划分为分片，分片数目和大小任意定义

C. 想完全禁止输出，可以使用NullOutputFormat

D. 每个 reduce 需将它的输出写入自己的文件中，输出无须分片

解释：分片数目在 numSplits 中限定，分片大小必须大于 mapred.min.size 字节，但小于文件系统的块，并且有些数据格式的文件对切片大小的最小值是有要求的，如 SequenceFile，大小不能随意定义，所以 B 选项错误。使用 NullOutputFormat 将输出发送到 /dev/null 中，即不输出任何数据，所以 C 选项正确。序列文件的主要作用之一就是链接多个 MapReduce 作业。

答案：B

4. Hadoop Streaming 支持脚本语言编写简单的 MapReduce 程序，下面是一个例子：

```
bin/hadoop jar contrib/streaming/
hadoop-streaming.jar
    -input input/filename
    -output output
    -mapper 'dosth.py 5'
    -file dosth.py
    -D mapred.reduce.tasks=1
```

以下说法不正确的是（　　）。

A. Hadoop Streaming 使用 UNIX 中的流与程序交互

B. Hadoop Streaming 使用任何可执行脚本语言处理数据流

C. 采用脚本语言时必须遵从 UNIX 的标准输入 stdin，并输出到 stdout

D. 因为没有设定 reducer，上述命令运行时会出现问题

解释：如果没有设定 reducer，一般默认使用 IdentityReducer（把输入直接转向输出）。

答案：D

5. 在高阶数据处理中，往往无法把整个流程写在单个 MapReduce 作业中，此时需要将多个作业进行链接，下列关于链接 MapReduce 作业的说法，不正确的是（　　）。

A. Job 和 JobControl 类可以管理非线性作业之间的依赖

B. ChainMapper 和 ChainReducer 类可以简化数据预处理和后处理的构成

C. 使用 ChainReducer 时，每个 mapper 和 reducer 对象都有一个本地 JobConf 对象

D. 在 ChainReducer.addMapper() 方法中，一般将键—值对发送设置成值传递，性能好且安全性高

解释：在 ChainReducer.addMapper() 方法中，值传递的安全性高，引用传递的性能高。根据 Hadoop 文档，引用传递可以避免系列化和反系列化操作，所以引用传递的性能高；而值传递时，键—值对不被 collector 修改，所以值传递的安全性高。

答案：D

6. 用户通过（　　）方法设置 reduce 的个数。

A. JobConf.setNumTasks(int)

B. JobConf.setNumReduceTasks(int)

C. JobConf.setNumMapTasks(int)

D. 以上都可以

答案：B

### 10.1.5 Hadoop Combiner

Combiner（组合器）是一个仅对 Mapper 生成的数据起作用的 mini-reduce 进程。它在

Mapper 之后、Reducer 之前运行。Combiner 从特定结点上的 Mapper 接收输入，并将输出发送到 Reducer，Combiner 通过减少需要发送到 reducer 的数据量来帮助提高 MapReduce 的效率。Combiner 的使用是可选的。

1. 对于以下阶段：

a. InputFormat　　b. Mapper
c. Combiner　　d. Reducer
e. Partitioner　　f. OutputFormat

MapReduce 中正确的数据流顺序是（　　）。

A. abcdfe　　B. abcedf
C. acdefb　　D. abcdef

解释：以下是 MapReduce 中不同组件的执行顺序：InputFormat → Split → RecordReader → Mapper → Combiner (Optional) → Partitioner → Sort and shuffle → Reducer→RecordWriter→OutputFormat→Written to HDFS。

答案：B

2. 将 MapReduce 程序的以下阶段按执行顺序放置，正确的是（　　）。

Partitioner、Mapper、Combiner、Shuffle/Sort

A. Mapper → Partitioner → Shuffle/Sort → Combiner
B. Mapper → Partitioner → Combiner → Shuffle/Sort
C. Mapper → Shuffle/Sort → Combiner → Partitioner
D. Mapper → Combiner → Partitioner → Shuffle/Sort

解释：见第 1 题的解释。

答案：D

3. Combiner 背后的想法是减少需要通过网络传送的数据，并在将数据传递给 Reducer 之前对其进行预处理。通常 Combiner 和 Reducer 具有相似的逻辑。（　　）

解释：见本节简介。

答案：正确

4. 每个 Map 都可能会产生大量的本地输出，Combiner 的作用就是对 Map 端的输出先做一次合并，以减少在 Map 和 Reduce 结点之间的数据传输量，提高网络 I/O 性能，是（　　）的一种优化手段之一。

A. HBase　　B. MapReduce
C. HDFS　　D. Hive

答案：B

5. 在下列业务场景中，不能直接将 Reducer 充当 Combiner 使用的是（　　）。

A. sum（求和）　　B. max（求最大值）
C. count（求个数）　　D. avg（求平均值）

解释：要计算平均值，需要为每个组提供两个值：平均值的总和（sum）及求和的值的个数（count）。通过迭代集合中的每个值并在保持计数的同时加到一个总和上，可以非常简单地在 reduce 端计算这两个值。迭代后，只需将总和除以计数并输出平均值。但是，如果以这种方式进行操作，就不能将这种 Reducer 用作 Combiner，因为计算平均值不是关联操作。

答案：D

6. 关于 Combiner 组件，下面说法错误的是（　　）。

A. Combiner 组件的引入可以减少 MapTask 输出数据量（磁盘 I/O）

B. Combiner 组件的引入可以减少 Reduce-Map 网络传输的数据量（网络 I/O）

C. Combiner 组件可以看作 local reducer

D. 任何数据处理应用都可以用 Combiner 组件

解释：见第 5 题解释，非关联操作不适合使用 Combiner 组件。

答案：D

### 10.1.6 余弦相似度

余弦相似度，又称为余弦相似性，通过计算夹角的余弦值来衡量两个向量的相似度，余弦值的取值范围是 [-1，1]，夹角越小，余弦值越接近于 1，说明两个向量的方向趋向一致，相似度也越高。

如图 10-1 所示，两个向量 $(x_1, y_1)$ 和 $(x_2, y_2)$，假设夹角为 $\theta$，则其余弦计算公式为：

$$\cos\theta = \frac{x_1x_2 + y_1y_2}{\sqrt{x_1^2 - y_1^2} \times \sqrt{x_2^2 + y_2^2}}$$

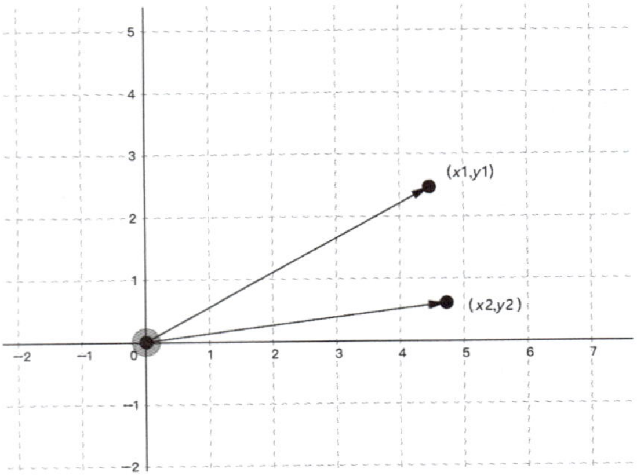

图 10-1　两个向量的相似度

对于 $n$ 维向量，也适用上面的公式，即对于 2 个 $n$ 维向量，可以使用以下公式计算余弦：

$$\cos\theta = \frac{\sum_{i=1}^{n}(A_i \times B_i)}{\sqrt{\sum_{i=1}^{n}(A_i)^2} \times \sqrt{\sum_{i=1}^{n}(B_i)^2}} = \frac{\boldsymbol{A}\bullet\boldsymbol{B}}{|\boldsymbol{A}|\times|\boldsymbol{B}|}$$

其中，$\boldsymbol{A}(A_1,A_2,\cdots,A_n)$ 和 $\boldsymbol{B}(B_1,B_2,\cdots,B_n)$ 分别为两个 $n$ 维向量系列。

余弦相似的度理论本身不算太难，一般不会当作单独的命题方向来考试。

1. 如果有两个向量，分别为 $m$ 维和 $n$ 维（$m$ 不等于 $n$），则这两个向量不适用余弦相似度。（　　）

解释：对于长度不一样的向量，以及两个维度中内容有不同的向量，可以先求并集，再将两个向量中不存在的元素用 0 表示。

答案：错误

2. 余弦相似度，只适用于两个可以形成夹角的向量之间。（　　）

答案：错误

## 10.2 Spark

Spark 是用于大规模数据处理的统一分析引擎，它也是 Apache 基金会下的一个开源项目。它通过将大量数据集的计算任务分配到多台计算机上，来提供高效的内存计算。它的核心组件包括 Spark Core、Spark SQL、Spark Streaming、Spark MLlib、Spark GraphX 等。

### 10.2.1 Spark 简介

Spark 不单是一个技术或框架，也可以把它视为一个完整的生态，在这个 Spark 生态中，以 HDFS（或 S3、Techyon）为底层存储引擎，以 Yarn、Mesos 和 Standlone 作为资源调度引擎。在 Spark 中，Spark SQL 可以实现查询；Spark Streaming 可以处理实时应用；Spark MLlib 可以实现机器学习算法；Spark GraphX 可以实现图计算。

1. 在 Spark 中，一个 application 实质上就是一个 Spark 程序。（　　）

解释：每个 Spark 的 application（应用）由一个驱动程序（driver program）构成，它运行用户的 main 函数，在一个集群上执行各种各样的并行操作。

答案：正确

2. 大数据中 Spark 生态支持的组件是（　　）和 Spark Streaming。

A. eMBB　　B. Spark SQL

C. ETC　　D. Spark application

解释：除了 B 选项，其他都不是 Spark 核心组件。

答案：B

3. 以下关于 Spark 的说法错误的是（　　）。

A. Spark 对小数据集可达到亚秒级的延迟，对大数据集的迭代机器学习、即席查询、图计算等应用，Spark 版本比基于 MapReduce 的实现快 10~100 倍

B. Spark 支持内存计算、迭代批量处理、即席查询、流处理和图计算等多种范式

C. Spark 提供多种语言的 API 和客户端，包括 R、SQL、Python、Scala 和 Java

D. 其计算原理为利用一个输入键—值对集合来产 生一个输出的键—值对集合

答案：D

4. Spark 任务的执行流程为（　　）。

A. Driver 端提交任务，向 Master 申请资源

B. Master 与 Worker 进行 RPC 通信，让 Worker 启动 Executor

C. Executor 启动会主动连接 Driver，通过 Drive → Master → Worker → Executor，从而得到 Driver 在哪里

D. Driver 会产生 Task，提交给 Executor，启动 Task 去做真正的计算

解释：Spark 应用架构如图 10-2 所示，其执行流程如 A、B、C、D 选项所示。（图片来自 Spark 官网）

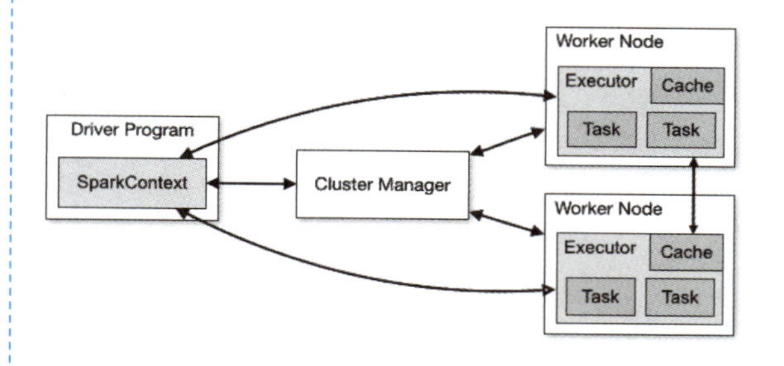


图 10-2　Spark 应用架构

答案：ABCD

5. Spark 支持的集群管理器是（　　）。

A. Standalone（独立）集群管理器

B. Mesos

C. YARN

D. 以上都是

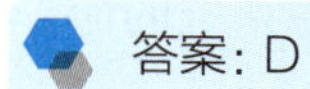

答案：D

### 10.2.2　Spark 编程

本节主要涉及 Spark 编程的基本概念。

1. cache() 的默认存储级别是（　　）。

A. MEMORY_ONLY

B. MEMORY_AND_DISK

C. DISK_ONLY

D. MEMORY_ONLY_SER

解释：cache() 调用 persist() 方法，而 persist() 方法的默认存储级别是 MEMORY_ONLY，所以 cache() 的默认存储级别也是 MEMORY_ONLY。

答案：A

2. 每个 JVM 中可以有（ ）个活跃的 Spark Context。

A. 1　　B. 多于 1

C. 不确定　　D. 以上都不对

解释：JVM 中可以有多个 Spark Context，但只能有 1 个活跃的 Spark Context。

答案：A

3. Spark 中在每个分区上可以运行（ ）个任务。

A. 1　　B. 多于 1 少于 5

C. 任何个数　　D. 2

解释：Spark 为每个分区分配 1 个任务，每个 Worker 一次可以处理 1 个任务。

答案：A

4. 关于 Spark Shell，以下说法正确的是（ ）。

A. 它可以让 Spark 应用程序在系统的命令行上运行

B. 它以交互方式运行 / 测试应用程序代码

C. 它允许从多种类型的数据源中读取数据

D. 以上都对

答案：D

5. Spark 应用的入口点是（ ）。

A. SparkSession　　B. SparkContext

C. Spark RDD　　D. Spark Executor

解释：SparkContext 是编写 Spark 程序用到的第一个类，为 Spark 的主要入口点。可以参考本节的图 10-2 中的 Spark 的框架图。SparkSession 是 Spark SQL 的入口点。

答案：B

6. SparkContext 是负责访问 Spark 集群的向导。（ ）

解释：参考图 10-2，SparkContext 负责访问 Spark 集群的方法。

答案：正确。

### 10.2.3 Spark RDD

Spark 的一个重要概念是 RDD，它是 Spark 的最基本的数据（也是计算）抽象。它在代码中是一个抽象类，代表一个不可变、可分区、其中的元素可并行计算的数据集合。

1. RDD 中的数据可以修改。（ ）

解释：RDD（Resilient Distributed Dataset，弹性分布式数据集）中的数据是不可更改（immutable）的。

答案：错误

2. 以下关于 Spark RDD 的说法正确的是（ ）。

A. 可以与低级 API 并行操作 Spark RDD

B. RDD 与关系数据库中的表相似

C. 它允许处理大量结构化数据

D. 它具有内置的优化引擎

解释：RDD 代表一个不可变、只读的、被分区的数据集，它和关系数据库是不一样的；RDD 没有内置的优化引擎，这也是它的短板之一，另一个短板是它不适合处理结构化数据（这两个短板，也是在 Spark 中引入 DataFrame 的重要原因）。

答案：A

3. RDD 具有容错能力，且不可变。（ ）

解释：RDD 是为了开发人员能在大规模的集群中以一种容错的方式进行内存计算而提出的，它是一个不可变、只读的、被分区的数据集。

答案：正确

4. 在 RDD 上的读取操作（ ）。

A. 是细粒度的

B. 是粗粒度的

C. 是细粒度或粗粒度的

D. 既不是细粒度的，也不是粗粒度的

解释：在 Spark RDD 中，读取操作可以是粗粒度的，也可以是细粒度的，而写操作是粗粒度的。

答案：C

5. Spark RDD 中的 transformation 是（ ）。

A. 将 RDD 作为输入并产生一个或多个 RDD 作为输出

B. 返回 RDD 计算的最终结果

C. 将结果从 Executor 发送到 Driver 的方法

D. 以上都不是

解释：transformation 就是将 RDD 作为输入并产生一个或多个输出的操作。

答案：A

6. Spark RDD 中的 action 是（ ）。

A. 将结果从 Executor 发送到 Driver 的方法

B. 将 RDD 作为输入并产生一个或多个 RDD 作为输出

C. 创建一个或多个新的 RDD

D. 上述所有的

解释：action 就是将结果从 Executors 发送到 Driver 的方法。

答案：A

7. Spark RDD 中的容错机制是通过（ ）实现的。

A. 懒计算（lazy evaluation）

B. DAG（有向无环图）

C. RDD 的不可变特性

D. 以上都是

解释：Spark RDD 通过 DAG 重算结点失败导致的丢失数据来实现容错机制。

答案：B

8. 以下不属于 action 算子的是（ ）。

A. collect() B. take(n)

C. top() D. map()

解释：Spark 中主要的 action 算子如下。

- count：返回数据集中的元素数。
- take(n)：返回一个包含数据集前 n 个元素的集合。
- foreach：循环遍历数据集中的每个元素，运行相应的逻辑。
- collect：将计算结果回收到 Driver 端。
- countByKey：作用到 key-value 格式的 RDD 上，根据 key 计数相同 key 的数据集元素。
- countByValue：根据数据集中每个元素相同的内容来计数，返回相同内容的元素对应的条数。
- reduce：根据聚合逻辑聚合数据集中的每个元素。

答案：D

9. 以下不属于 transformation 算子（operation）的是（　　）。

A. flatMap　　B. map
C. reduce　　D. filter

解释：transformation 中主要的算子如下。

- map(func)：将函数应用于 RDD 中的每个元素，将返回值构成新的 RDD。
- flatMap(func)：比 map 多一步合并操作，首先将数组元素进行映射，然后合并压平所有的数组。
- mapPartitions(func)：函数中传入的参数是迭代器，迭代器中保存的是一个分区中的数据。
- distinct：对 RDD 中的元素进行去重操作。
- reduceByKey(func，[numTask])：找到相同的 key，对其进行聚合，聚合的规则由 func 指定。
- groupByKey()：对相同的 key 进行分组。
- aggregateByKey()：根据 key 进行的聚合操作。
- sortBy()：排序操作。

答案：C

10. 以下不适用于 map() 操作的描述是（　　）。

A. map 将长度为 N 的 RDD 转换为长度为 N 的另一个 RDD
B. 在 map 操作中，开发人员可以自定义业务逻辑
C. 它适用于 RDD 的每个元素，并将结果作为新的 RDD 返回
D. map 允许从 map 函数返回 0、1 或多个元素

解释：map(func) 算子将函数应用于 RDD 中的每个元素，将返回值构成新的 RDD，它只会从函数返回一个元素。map 操作是一对一的。

答案：D

11. flatMap 将长度为 N 的 RDD 转换为长度为 M 的另一个 RDD。对于 N 和 M 的关系，以下成立的是（　　）。

① N>M　　② N<M
③ N<=M　　④ N>=M

A. ①或②　　B. ②或③
C. ①或③　　D. ①或④

解释：flatMap(func) 比 map(func) 多一步合并操作，首先将数组元素进行映射，然后合并压平所有的数组，而 map() 操作是一对一操作，所以 flatMap() 输出数据的个数有可能会比输入多。

答案：B

12. 在以下算子中，结果不会返回给 driver 的是（　　）。

A. collect()　　B. top()
C. countByValue()　　D. foreach()

解释：foreach() 对 RDD 中的每个元素都应用 foreach 函数操作，不返回 RDD 和 Array，而是返回 Unit。例如：

```
val array = sc.parallelize(List(1, 2, 3, 4))
array.foreach(x => println(x))
```

这里不会输出真正的数字，因为 foreach 方法在集群上运行，因此包含这些记录的每个工作程序都在 foreach 中运行操作，上面的 println() 会在 Spark workers stdout 中输出，而不是在 driver/ shell 会话中输出。

答案：D

13. 以下对无状态转换（stateless transformation）的描述中正确的是（　　）。

A. 使用先前批次的数据或中间结果，并计算当前批次的结果
B. window() 操作和 updateStateByKey() 是无状态转换的两种类型

C. 每个批次的处理均不依赖于先前批次的数据

D. 以上都不是

解释：所谓无状态转换，是指每个批次的处理都不依赖于先前批次的数据，如 map()、filter()、reduceByKey() 等转换均属于无状态转换。B 选项的两种操作是有状态转换。

答案：C

14. 以下对有状态转换（stateful transformation）的描述正确的是（　　）。

A. 每个批次的处理均不依赖于先前批次的数据

B. 使用先前批次的数据或中间结果，并计算当前批次的结果

C. 有状态转换是简单的 RDD 转换

D. 以上都不是

解释：所谓有状态转换，是指依赖之前的批次数据或者中间结果来计算当前批次的数据的转换，包括 updateStateByKey() 和 window() 等。

答案：B

15. Spark 中弹性分布式数据集指的是（　　）。

A. RDD　　B. Driver

C. Master　　D. Map

解释：弹性分布式数据集的英文为 Resilient Distributed Dataset，即 RDD 的全称。

答案：A

16. 以下算子属于窄依赖的是（　　）。

A. join　　B. filter

C. group　　D. sort

解释：窄依赖就是指父 RDD 的每个分区只被一个子 RDD 分区使用，子 RDD 分区通常只对应常数个父 RDD 分区。窄依赖又可以分为以下两种情况。

- 一个子 RDD 的分区对应一个父 RDD 的分区，如 map、filter、union 等算子。
- 一个子 RDD 的分区对应 N 个父 RDD 的分区，如 co-partitioned 输入的 join。

窄依赖的函数有 map、filter、union、join（父 RDD 是 hash-partitioned）、mapPartitions、mapValues。

宽依赖就是指父 RDD 的每个分区都有可能被多个子 RDD 分区使用，子 RDD 分区通常对应父 RDD 的所有分区。宽依赖的函数有 groupByKey、join（父 RDD 不是 hash-partitioned）、partitionBy。

答案：B

### 10.2.4　Spark SQL

本节主要涉及 Spark SQL 的相关知识。

1. 对于 Spark SQL，以下说法正确的是（　　）。

A. 它是 Spark 的核心

B. 为所有 Spark 应用程序提供执行平台

C. 它使用户可以在 Spark 之上运行 SQL / HQL 查询

D. 支持跨流数据的、强大的交互式和数据分析应用程序

解释：Spark 的核心是 Spark Core，它为所有 Spark 应用程序提供执行平台；支持跨流数据的强大的交互式和数据分析应用程序的是 Spark Streaming。

答案：C

2. Spark SQL 的入口点是（　　）。

A. SparkSession　　B. SparkContext

C. Spark RDD　　D. Spark Executor

解释：SparkSession 为使用 Dataset 和 DataFrame API 编程 Spark 的入口点，它代替

了原有的 SQLContext 和 HiveContext，成为 Spark SQL 的入口。

答案：A

3. 以下不属于 Spark SQL 查询的执行阶段的是（　　）。

A. 分析　　B. 逻辑优化
C. 执行　　D. 物理规划

解释：Spark SQL 查询分为四个阶段：分析、逻辑优化、物理规划和代码生成。

答案：C

4. 在 Spark SQL 优化中，逻辑计划中不包括（　　）。

A. 常量折叠　　B. 抽象语法树
C. 投影修剪　　D. 谓词下推

解释：在 SparkSQL 的优化阶段，标准的基于规则（rule-based）的优化将会被应用于逻辑规划阶段。它包含常量折叠（constant folding）、谓词下推（predicate pushdown）、投影修剪（projection pruning）、空值传递（null propagation）、布尔表达式简化（Boolean expression simplification）等其他规则。抽象语法树（AST）不属于这个阶段。

答案：B

5. 在 Spark SQL 的分析阶段，以下组成未解决的逻辑计划后的正确执行顺序的是（　　）。

a. 在目录中根据名字搜索关系
b. 确定那些有相同值的属性，并给它们赋予唯一的 ID
c. 映射名字属性
d. 通过表达式传播和推送类型

A. abcd　　B. acbd
C. adbc　　D. dcab

解释：Spark SQL 从要计算的关系开始，该关系可以使用 SQL 解析器返回的抽象语法树或 API 构造的 DataFrame 对象进行计算。Spark SQL 使用 Catalyst 规则和一个 Catalog 对象，该对象跟踪所有数据源中的表以解析这些属性。首先从构建具有未绑定属性和数据类型的“未解决的逻辑计划”树开始，然后应用顺序执行以下操作规则。

（1）在目录中根据名字搜索关系。

（2）映射名字属性。

（3）确定那些有相同值的属性，并给它们赋予唯一的 ID。

（4）通过表达式传播和推送类型。

答案：B

## 10.2.5 Spark Dataset 和 DataFrame

Dataset 是一个分布式数据集，它结合了 RDD（强类型，可以使用强大的 lambda 表达式函数）和 Spark SQL 的优化执行引擎的优点。Dataset 可以从 JVM 对象构造得到，随后可以使用函数式的变换（map、flatMap、filter 等）进行操作。

DataFrame 是按命名列（named column）方式组织的一个 Dataset。从概念上来讲，它等同于关系型数据库中的一张表或者 R 和 Python 中的一个 DataFrame，只不过在底层进行了更多的优化。DataFrame 可以从很多数据源构造得到，如结构化的数据文件、Hive 表、外部数据库或现有的 RDD 等。

1. Apache Spark 中的 DataFrame 优于 RDD，并且不包含 RDD 的任何功能。（　　）

解释：DataFrame 优于 RDD，但它是基于 RDD 的，所以错误。

答案：错误

2. 以下属于 RDD 和 DataFrame 的共同特征的是（ ）。

A. 不可变　　B. 都在内存中运行
C. 弹性的　　D. 以上都对

解释：除了 A、B、C 选项外，RDD 和 DataFrame 还有一个共性是分布式计算能力。

答案：D

3. 以下关于 DataFrame 的说法中错误的是（ ）。

A. Spark 中的 DataFrame 在 RDD 之下
B. 可以从不同的数据源构建 DataFrame，例如结构化数据文件，Hive 中的表
C. DataFrame 的应用程序编程接口（API）提供多种语言的接口
D. 在 Scala 和 Java 中，将 DataFrame 表示为行的数据集（Dataset）

解释：DataFrame 是基于 RDD 的，是在 RDD 之上而不是之下。

答案：A

4. DataFrame API 提供编译时类型安全性的实现。（ ）

解释：DataFrame 提供运行时类型安全性的实现，不是编译时。

答案：错误

5. 以下方法可以创建 DataFrame 的是(　　)。

A. Hive 中的表　　B. 结构化数据文件
C. 外部数据库　　D. 以上都可以

答案：D

6. 以下属于 Spark 的基本数据结构的是(　　)。

A. RDD　　B. DataFrame
C. Dataset　　D. 以上都不是

解释：RDD 是 Spark 中的基本数据结构，Dataset 和 DataFrame 都基于 RDD。

答案：A

7. 以下将数据组织到命名列中的是（ ）。

A. RDD 和 DataFrame
B. RDD 和 Dataset
C. DataFrame 和 Dataset
D. 以上都不对

解释：DataFrame 是按命名列（named column）方式组织的一个 Dataset。

答案：C

8. 以下提供了面向对象的编程接口的是（ ）。

A. RDD　　B. DataFrame
C. Dataset　　D. 以上都是

解释：Dataset 提供了 RDD API 的类型安全、面向对象编程接口的功能。其他两个没有此功能。

答案：C

9. 以下使用编码器进行序列化的是（ ）。

A. RDD　　B. DataFrame
C. Dataset　　D. 以上都是

解释：Dataset 没有使用 Java 序列化或者 Kryo 序列化，而是使用一种专门的编码器序列化对象，然后在网络上传输。使用编码器的好处在于，因为编码器是动态生成的代码，使用的格式允许 Spark 执行许多操作，如过滤、排序和哈希，而无须将字节反序列化回对象，这样可以提高处理的效率。

答案：C

10. 以下适用于低级转换（transformation）和

操作（action）的是（　　）。

A. RDD　　B. DataFrame

C. Dataset　　D. 以上都不是

解释：RDD 可以与低级 API 并行操作，从而可以轻松地进行转换和操作。RDD 适用于低级转换和操作。

答案：A

11. 在 Spark 中，当 SQL 在其他编程语言中运行时，结果的类型是（　　）。

A. DataFrame

B. Dataset

C. DataFrame 或 Dataset

D. 既不是 DataFrame 也不是 Dataset

解释：在 Spark 中，可以使用基础 SQL 语法或 HiveQL 语法在 Spark SQL 上执行查询，Spark SQL 可以从已安装的 Hive 中读取数据。当使用其他编程语言时，结果集以 DataFrame 或 Dataset 类型返回。

答案：C

# 第 4 篇

# 数据分析与可视化

# 第11章 Tushare

内容导读

Tushare 是一个免费、开源的 Python 财经数据接口包，主要实现对股票等金融数据从数据采集、清洗加工到数据存储的过程，能够快速地为金融分析人员提供整洁多样的、便于分析的数据，在数据获取方面极大地减轻了工作量，使得金融分析人员可以更加专注于策略和模型的研究与实现。

## 11.1 Tushare 环境部署

Tushare 是一个免费、开源的 Python 财经数据接口包。从 0.2.5 版本开始，Tushare 同时兼容 Python 2.× 和 Python 3.×，对部分代码进行了重构，并优化了一些算法，确保数据获取的高效和稳定。

Tushare 是一个著名的免费、开源的 Python 财经数据接口包。(　　)

解释：Tushare 是一个免费、开源的 Python 财经数据接口包，主要实现对股票等金融数据从数据采集、清洗加工到数据存储的过程，能够快速地为金融分析人员提供整洁多样的、便于分析的数据，在数据获取方面极大地减轻了工作量，使他们更加专注于策略和模型的研究与实现。

答案：正确

## 11.2 Tushare 简单使用

本节主要对 Tushare 的安装及获取数据进行介绍。

1. Tushare 的安装命令是（　　）。

解释：Python 下安装包的指令都为“pip/pip3 install 包名”。

答案：pip/pip3 install tushare

2. 用 Tushare 获取股票行情数据，使用的是（　　）函数。

解释：get_hist_data() 能获取近 3 年的日线数据，适合搭配均线数据进行选股和分析。

答案：ts.get_hist_data()

## 11.3 Tushare 保存数据

Tushare 中的数据内容包括股票代码、日期、开盘价、收盘价等。

1. 在 Tushare 中，code 是指（　　）。

A. 股票代码

B. 日期

C. 当网络异常后重试次数

D. 开盘价

解释：股票代码为 code，日期为 date，股票开盘价为 open，设置当网络异常后重试次数为 retry_count。

答案：A

2. 代表涨跌幅的代码是（　　）。

A. price_change

B. p_change

C. open

D. volume

解释：股票价格涨跌幅为 p_change，股票的开盘价为 open，成交量为 volume。

答案：B

3. 代表成交量的代码是（　　）。

A. volume

B. close

C. pause

D. retry_count

解释：volume 为成交量，close 为收盘价，pause 为重试时停顿秒数，retry_count 为网络异常后重试次数。

答案：A

# 第12章 NumPy

内容导读

NumPy（Numerical Python）是 Python 语言的一个扩展程序库，支持大量的多维数组与矩阵运算，针对数组运算提供大量的数学函数库。

NumPy 的设计目的是为科学计算提供支持。NumPy 的前身 Numeric 最早是由 Jim Hugunin 与其他协作者共同开发的，2005 年，Travis Oliphant 在 Numeric 中结合了另一个同性质的程序库 Numarray 的特色，并加入了其他扩展而开发了 NumPy。NumPy 开放源代码，并且由许多协作者共同维护开发。

# 12.1 NumPy 基础

## 12.1.1 NumPy 概述

NumPy 是一个运行速度非常快的数学库，主要用于数组和矩阵计算，包含广播功能函数、整合 C/C++/Fortran 代码的工具、线性代数、傅里叶变换、随机数生成等功能。

1. 下列关于 NumPy 叙述错误的是（　　）

A. 是一个开源的 Python 科学计算库

B. 底层基于 C++ 封装，运行速度快

C. 常用来处理数组

D. 支持矩阵，处理数学问题更加形象

解释：NumPy 底层用 C 语言编写，内部解除了 GIL（全局解释性锁），其对数组的操作速度不受 Python 解释器的限制，处理速度快，效率远高于纯 Python 代码。

答案：B

2. 在 Python 中可以使用 NumPy 模块进行数组和矢量计算（　　）。

答案：对

3. 有数组 n=np.arange(24).reshape (2,–1,2,2)，则 n.shape 的返回结果是（　　）。

A. (2,3,2,2)　　B. (2,2,2,2)

C. (2,4,2,2)　　D. (2,6,2,2)

解释：这里 –1 表示未知，程序将根据其他值自动计算这个值的大小，题目中有 24 个数字，已知行列有 2×2×2= 8 ，所以未知数为 24/8 = 3。

答案：A

## 12.1.2 NumPy ndarray 对象

ndarray 对象是用于存放同类型元素的多维数组，是 NumPy 中的基本对象之一，另一个是 func 对象。

1. 下列代码的输出结果是（　　）。

```
import numpy as np
data=np.array([2,5,6,8,3])
# 构造一个简单的数组
print(data)
```

A. [2 5 6 8 3]　　B. [2 5]

C. [2 5 6]　　D. [8 3]

解释：输出结果为直接打印整个 data 数组。

答案：A

2. 下列关于 ndarray 对象描述正确的是(　　)。

A. ndarray 对象中可以存储不同类型的元素

B. ndarray 对象中存储元素的类型必须是相同的

C. ndarray 对象不支持广播操作

D. ndarray 对象不具备矢量运算能力

解释：ndarray 对象中元素的类型必须是相同的。

答案：B

3. 创建 ndarray 对象时，可以使用（　　）参数来指定元素类型。

A. dtype　　B. dtypes

C. type　　D. types

解释：创建一个 ndarray 只需调用 NumPy 的 array 函数即可，函数定义如下：

```
numpy.array(object,
dtype = None,
copy = True,
order = None,
```

```
subok = False,
ndmin = 0)
```

故选 A。

答案：A

## 12.1.3 NumPy 数据类型

NumPy 支持的数据类型比 Python 内置的数据类型要多很多，基本上可以和 C 语言的数据类型对应，其中部分类型对应 Python 内置的数据类型。常见的数据类型有 bool（布尔类型）；int（整数类型，如 int 32 或 int 64）；float（浮点数类型，如 float64）。

1. 以下属于 NumPy 中的基本数据类型的是（　　）。

A. bool　　B. intc
C. int8　　D. 以上都属于

解释：bool 为布尔数据类型，int8 为字节 -128 ~ 127，intc 与 C 语言的 int 类型一样，一般是 int 32 或 int 64。NumPy 中常见的数据类型还有 float 浮点数，uint8 无负号整数（0 ~ 255），complex 128 为复数。

答案：D

2. NumPy 支持比 Python 更多的数据类型。（　　）

解释：NumPy 支持的数据类型比 Python 内置的类型要多很多，基本上可以和 C 语言的数据类型对应上，其中部分类型对应为 Python 内置的类型。

答案：对

3. ndarray 对象的数据类型可以通过 type() 方法进行转换。（　　）

解释：ndarray 对象的数据类型可以通过 astype() 方法进行转换。

答案：错

## 12.1.4 NumPy 数组的常见属性

NumPy 数组的维数称为秩（rank），秩就是轴的数量，即数组的维度。

1. 下列选项中，不属于 ndarray 对象属性的是（　　）。

A. shape　　B. dtype
C. ndim　　D. map

解释：A 选项，shape：数组的维度，对于矩阵为 n 行 m 列；B 选项，dtype：ndarray 对象的元素类型；C 选项，ndim：秩，即轴的数量或维度的数量；无 map 属性，故选择 D。

答案：D

2. 已知 a=np.arange(12)，c=a.view()，那么 c is a 的结果为 True，c.base is a 的结果为 True。（　　）

解释：c is a 的结果为 False，c = a.view()，得到的是复制后的 a。

答案：错误

3. 在 Python 中使用 NumPy 模块可以进行数组和矢量计算。（　　）

答案：正确

## 12.1.5 NumPy 创建数组并初始化

在 NumPy 中创建数组时，np.array() 用于创建指定的矩阵；np.empty() 用于创建随机初始化数矩阵；np.ones() 用于创建全是 1 的矩阵；np.zeros() 用于创建全是 0 的矩阵。

1. NumPy 中使用（　　）创建全为 0 的矩阵。

A. zeros()　　B. ones()

C. empty()　　D. arange()

解释：zeros() 创建全为 0 的矩阵，ones() 创建全为 1 的矩阵，empty() 创建随机产生数据的矩阵，arange() 由指定范围内数字创建矩阵。

答案：A

2. 关于创建 ndarray 对象。下列描述错误的是（　　）。

A. list() 函数可以创建一个 ndarray 对象

B. 通过 ones() 函数创建元素值都为 1 的数组

C. ndarray 对象可以使用 array() 函数创建

D. 通过 zeros() 函数创建元素值都是 0 的数组

解释：list() 函数不可以创建一个 ndarry 对象，不过可以将一个列表做为参数传入 array() 函数中创建一个 ndarray 对象。

答案：A

3. 有数组 n=np.arange(24).reshape(2,−1,2,2)，n.shape 的返回结果是（　　）。

A. (2,3,2,2 )　　B. (2,2,2,2)

C. (2,4,2,2)　　D. (2,6,2,2)

解释：这里 −1 表示未知，程序将根据其他值自动计算这个值，题目中有 24 个数字，已知行列有 2×2×2= 8，所以未知数为 24/8 = 3。

答案：A

## 12.1.6 NumPy 根据已有数组创建数组

在 Numpy 中，np.asarray(a, dtype, order) 函数可以根据已有数组创建数组。其中，a 为想要转换成 ndarray 的数据；dtype 为输出的数据类型；order 为当 array 是多维矩阵时输入的方向，其值可以为 C 或 F，C 为行优先；F 为列优先。

1. ndarray 是一个通用的同构数据多维容器，其中的所有元素必须是相同类型的。（　　）

解释：ndarray 是一系列同类型数据的集合。

答案：正确

2. 将元组列表 x = [(1,2,3),(4,5)] 转换为 ndarray，可以使用（　　）。

解释：np.asarray() 可以将其他形式的数据转换为 ndarray。

答案：y = np.asarray(x)

3. np.where(condition, x, y)，基于条件 condition，返回值来自 x 或 y。（　　）

解释：当满足条件时返回 x，否则返回 y。相当于：

```
if(condition):
    return x
else:
    return y
```

答案：正确

## 12.1.7 NumPy 从数值范围创建数组

本节讲解 np.arange(start, stop, step, dtype) 函数，用指定数值范围的数据创建数组。其中，start 表示起始数字，默认为 0；stop 表示结尾数字，不包含在生成的数组中；step 表示步长，表示两个相邻数字的差；dtype 为数据类型。

1. 有以下代码：

```
import numpy as np
x = np.arange(5)
print(x)
```

其输出结果为：[1 2 3 4 5]。（　　）

解释：结果应为 [0 1 2 3 4]，NumPy 包中的使用 arange 函数创建数值范围并返回 ndarray 对象，函数格式如下：numpy.arange(start, stop, step, dtype)。其中 start 表示起始数字，默认为 0。stop 表示停止截止数字，不包含在生成的数组中。step 表示步长，表示两个相邻数字的差。dtype 则为数据类型。

答案：错

2. 使用 numpy.arange(0, 11, 2) 表示的结果为（　　）。

A. [0, 2, 4, 6, 8]

B. [2, 4, 6, 8, 10]

C. [0, 2, 4, 6, 8, 10]

D. [0, 2, 4, 6, 8, 10, 12]

解释：生成数值范围为 0 起始，11 终止（不包括 11），步长为 2。

答案：C

3. 有以下代码：

```
import numpy as np
a = np.logspace(0,9,10,base=2)
print (a)
```

输出结果为 [1. 2. 4. 8. 16. 32. 64. 128. 256. 512.]。（　　）

解释：np.logspace() 函数用于创建一个等比数列。格式如下：

```
np.logspace(start, stop, num=50,
endpoint=True, base=10.0, dtype=None)
```

其中，start 表示起始值，具体值为 base**start；stop 表示结尾值，具体值为 base**stop；num 为生成数字的个数；endpoint 用于设定是否包含结尾值，默认为包含；base 为底数；dtype 为数据类型。

答案：正确

## 12.1.8 NumPy 一维数组切片

NumPy 利用 [start : stop : step] 进行数组的切片。其中，start 为起始位置索引，包含在切片数组中；stop 为结束位置索引，不包含在切片数组中；step 为步长，表示两个相邻索引数字的差。数组中第一个位置数字的索引为 0。

1. 有以下代码：

```
import numpy as np
arr = np.array([1, 2, 3, 4, 5, 6, 7])
print(arr[1:5])
```

输出结果为（　　）。

A. [1 2 3 4 5]　　B. [1 2 3 4]

C. [2 3 4 5 6]　　D. [2 3 4 5]

解释：结果取开始 index，不取结尾 index，NumPy 第一个数的 index 为 0。

答案：D

2. 有以下代码：

```
import numpy as np
arr = np.array([1, 2, 3, 4, 5, 6, 7])
print(arr[4:])
```

输出结果为（　　）。

A. [5 6 7]　　B. [1 2 3 4]

C. [4 5 6 7]　　D. [1 2 3]

解释：[4:] 表示从 arr 中自 index 为 4 的数开始（包含此数）到结尾对应的所有元素。

答案：A

3. 有以下代码：

```
import numpy as np
arr = np.array([1, 2, 3, 4, 5, 6, 7])
print(arr[-3:-1])
```

输出结果为（　　）。

A. [5 6]　　B. [5 6 7]
C. [4 5 6]　　D. [4 5]

解释：倒数第一个数的 index 为 -1，[-3:-1] 包含倒数第三个数，不包含倒数第一个数，所以输出 5 和 6。

答案：A

## 12.1.9 NumPy 多维数组的切片

NumPy 中利用 [start:stop:step，start:stop:step] 进行二维数组的切片（几维数组对应几个 start:stop:step），由外到内一层层切割。其中，start 为起始位置索引，包含在切片数组中；stop 为结束位置索引，不包含在切片数组中；step 为步长，表示两个相邻索引数字的差。数组中第一个位置数字的索引为 0。

1. 下列关于多维数组切片的描述正确的是（　　）。

A. 在选取元素时可以传入一个切片

B. 在选取元素时可以传入多个切片

C. 在选取元素时可以将切片与整数索引混合使用

D. 在选取元素时不可以传入一个切片

答案：ABC

2. 获得二维数组 m 第 3 列全部数据的代码为（　　）。

A. m[:,3]　　B. m[3,:]
C. m[:,2]　　D. m[2,:]

解释：index 从 0 开始，所以要 index3 应取 2，[] 中第一个数字控制行，第二个数字控制列。

答案：C

3. 代码：

```
import numpy as np
b= np.mat(np.arange(20).reshape(4,5))
print(b[1:3,2:5])
```

输出结果为：

```
[[  7   8   9 ]
[12 13 14 ]]
```

解释：第一步得到 b 为 4*5 的矩阵：

```
[[ 0  1  2  3  4]
 [ 5  6  7  8  9]
 [10 11 12 13 14]
 [15 16 17 18 19]]
```

先取第一维中下标为 1、2 的部分，即 [1:3] 所定义的部分，得到

```
[[5  6  7  8  9]
 [10 11 12 13 14]]
```

再取第二维中下标为 2,3,4 的部分（即 [2:5] 所定义的部分）得到

```
[[ 7  8  9]
 [12 13 14]]
```

答案：对

4. 代码

```
import numpy as np
c = np.arange(60).reshape(3,4,5)
print(c[:2,2:4,1:4])
```

输出结果为：

```
[[[ 9 10 11]]


 [[21 22 23]]]
```

解释：结果应该是

```
[
 [[11 12 13]
[16 17 18]]
```

```
 [[31 32 33]
  [36 37 38]]
]
```

c 的值应该是

```
[[[ 0  1  2  3  4]
  [ 5  6  7  8  9]
  [10 11 12 13 14]
  [15 16 17 18 19]]

 [[20 21 22 23 24]
  [25 26 27 28 29]
  [30 31 32 33 34]
  [35 36 37 38 39]]

 [[40 41 42 43 44]
  [45 46 47 48 49]
  [50 51 52 53 54]
  [55 56 57 58 59]]]
```

是一个长度分别为 3、4、5 的三维数组。

c[:2,2:4,1:4] 从外向内一层一层切割，切割不改变矩阵维度。首先是“:2”，它相当于 0:2，从 c 中取出 index 从 0 到 2（不含 2）的两个元素，即

```
[[[ 0  1  2  3  4]
  [ 5  6  7  8  9]
  [10 11 12 13 14]
  [15 16 17 18 19]]

 [[20 21 22 23 24]
  [25 26 27 28 29]
  [30 31 32 33 34]
  [35 36 37 38 39]]]
```

此时截取出来的还是一个三维数组，然后，是“2:4”，它从这个三维数组中截取数据，得到的是 index 从 2 到 4（不含 4）的数据，即

```
[[[10 11 12 13 14]
  [15 16 17 18 19]]

 [[30 31 32 33 34]
  [35 36 37 38 39]]]
```

最后是“1:4”，它从上面这个三维数组中截取出 index 从 1 到 4（不含 4）的数据，就得到

```
[[[11 12 13]
  [16 17 18]]

 [[31 32 33]
  [36 37 38]]]
```

答案：错

## 12.1.10 NumPy 数组的高级索引

NumPy 比一般的 Python 序列提供更多的索引方式。除了之前看到的用整数和切片的索引外，数组可以由整数数组索引、布尔索引及花式索引。

1. 下列关于 ndarray 索引说法正确的有（　　）。

A. 可以使用整数进行索引

B. 可以使用整数数组进行索引

C. 可以使用元组进行索引

D. 可以使用布尔数组进行索引

解释：ndarray 支持使用整数、整数数组、布尔数组进行索引

答案：ABD

2. x 为 NumPy 数组，x[x>5] 返回的值为 x 中所有大于 5 的数组成的 array。（　　）

解释：NumPy 中可以利用 bool 数组进行索引。

答案：正确

3. 以下代码的结果为（　　）。

```
import numpy as np
x=np.arange(16).reshape((4,4))
print(x[[1,3]])
```

A. [[4 5 6 7] [12 13 14 15]]

B. [[0 1 2 3] [8 9,10,11]]

C. [[1 5 9 13] [3 7 11 15]]

D. [[0 4 8 12] [2 6 10 14]]

解释：花式索引指利用整数数组进行索引。花式索引以索引数组的值作为目标数组的某个轴的下标来取值。对于使用一维整型数组作为索引，如果目标是一维数组，索引的结果是对应位置的元素；如果目标是二维数组，索引的结果是对应下标的行。

答案：A

## 12.1.11 NumPy bool 表达式索引

NumPy 可以利用 bool 表达式进行索引，使用方式为 array[bool]。

1. NumPy 数组 a，a[~np.isnan(a)] 得到的值为（　　）。

A. a 中所有 Nan 值

B. a 中所有非 Nan 值

C. 代码错误

D. 数组 a 本身

解释：NumPy可以利用bool表达式进行索引，np.isnan(a) 得到一个 bool 数组，a 中 Nan 值部分为 True，非 Nan 值部分为 False；~表示非的意思，将 True 变成 False，False 变成 True。所以得到的是 a 中所有非 Nan 值。

答案：B

2. 想要得到 NumPy 数组 a 中所有非复数元素，可以利用函数（　　）。

A. np.iscomplex()　　B. np.isNan()

C. np.issubdtype()　　D. np.isinf()

解释：iscomplex() 用于判断是否为复数；isNan() 用于判断是否为 Nan 值；issubdtype() 用于判断括号中第一个值是否属于第二个值的类；isinf() 用于判断是否为无限大（infinity）。

答案：A

3. 想要得到 NumPy 数组 a 中所有无限大元素，可以利用函数（　　）。

A. ~ np.iscomplex()

B. ~ np.isNan()

C. ~ np.issubdtype()

D. ~ np.isinf()

答案：D

## 12.1.12 NumPy 广播

广播 (Broadcast) 是 NumPy 对不同形状 (shape) 的数组进行数值计算的方式，对数组的算术运算通常在相应的元素上进行。

1. 下面描述属于广播机制的是（　　）。

A. 让所有输入数组都向其中形状最长的数组看齐，形状中不足的部分都通过在前面加 1 补齐

B. 输出数组的形状是输入数组形状的各维度上的最大值

C. 如果输入数组的某个维度和输出数组的对应维度的长度相同或者其长度为 1 时，这个数组能够用来计算，否则出错

D. 当输入数组的某个维度的长度为 1 时，沿着此维度运算时都用此维度上的第一组值

答案：ABCD

2. 代码：

```
a = np.array([[1,2,3],[4,5,6]])
b = np.array([1,2,3])
print(a + b)
```

结果为（ ）。

A. [[2 4 6] [4 5 6]]

B. [[2 4 6] [5 7 9]]

C. [[1 2 3] [5 7 9]]

D. [[1 2 3] [4 5 6]]

解释：a+b 相当于对矩阵 a 中每行增加数组 b 中对应位置的值。

答案：B

3. 代码：

```
a = np.array([[ 1,2,3],[4,5,6]])
print(a*5)
```

结果为：([[ 5 10 15] [20 25 30]])。（ ）

解释：a*5 相当于使矩阵 a 中每个元素乘以 5 。

答：对

4. 请阅读下列一段示例程序，最终输出的结果为（ ）。

```
import numpy as np
arr1 = np.array([[0], [1], [2]])
arr2 = np.array([1, 2])
result = arr1 + arr2
print(result.shape)
```

A. (3, 2)　　B. (2, 3)

C. (3, 0)　　D. (2, 0)

解释：3x1 的二维数组与长为 2 的一维数组相加，等效于

```
[[0 0]
 [1 1]
 [2 2]]
与
[[1 2]
 [1 2]
 [1 2]]
相加
```

结果为

```
[[1 2]
 [2 3]
 [3 4]]
```

答案：A

## 12.1.13 NumPy（Python）迭代器

迭代是访问集合元素的一种方式。迭代器是一个可以记住遍历位置的对象。迭代器从集合的第一个元素开始访问，直到所有的元素被访问完结束。迭代器只能往前，不会后退。

1. 关键字（ ）用于测试一个对象是不是一个可迭代对象的元素。

解释：a in b 表示判断 b 中是否有 a，如果有，则返回 True，否则返回 False。

答案：in

2. 在 Python 中，当作为条件表达式时，空值、空字符串、空列表、空元组、空字典、空集合、空迭代对象及任意形式的数字 0 都等价于 False。（ ）

答案：正确

3. Python 的文件对象是可以迭代的。（ ）

解释：Python 可以对文件进行迭代，获取文件中每行的内容。

答案：正确

### 12.1.14 NumPy 高级迭代

NumPy 迭代器对象 numpy.nditer 提供一种灵活访问一个或者多个数组元素的方式。迭代器最基本的任务是可以完成对数组元素的访问。具体使用方法为 for x in np.nditer(a, order='C') :，其中，a 为迭代的 array ；order ='C' 表示行优先，order ='F' 表示列优先。

1. nditer 访问默认是行优先。(　　)

解释：nditer 默认的访问顺序为 C 顺序，即行优先。

答案：正确

2. 代码：

```
a = np.arange(0,60,5)
a = a.reshape(3,4)
for x in np.nditer(a, order =  'F'):
    print(x, end=", " )
```

结果为：

A. 0, 5, 10, 15, 20, 25, 30, 35, 40, 45, 50, 55,

B. 0, 20, 40, 5, 25, 45, 10, 30, 50, 15, 35, 55,

C. 0, 20, 40, 5, 25, 45, 10, 30, 50, 15, 35, 55

D. 0, 5, 10, 15, 20, 25, 30, 35, 40, 45, 50, 55

解释：前两步得到的（3*4）数组 a 为

```
[[0 5 10 15]
 [20 25 30 35]
 [40 45 50 55]]
```

用 nditer 迭代时，C 顺序为行序优先，F 顺序为列序优先。另外，最后输出的是一个逗号。

答案：B

3. 下列代码中（1）处填入（　　），输出结果为 0, 3, 1, 4, 2, 5。

```
import numpy as np

a = np.arange(6).reshape(2, 3)
print(a)
print(a.T)
for x in np.nditer(__(1)__):
    print(x, end=", ")
print('\n')
```

A. a　　B. a.copy(order='F')

C. a.T　　D. a.T.copy(order='C')

解释：a 和 a.T 的遍历顺序是一样的，结果为 0, 1, 2, 3, 4, 5, 因为它们在内存中的存储顺序也是一样的；a.copy(order = 'C') 和 a 的遍历顺序一样，因为默认是按行访问；所以 B 正确；但是 a.T.copy(order = 'C') 与 a.T 的遍历结果是不同的，是因为它和前两种的存储方式是不一样的；所以 D 正确。

答案：BD

## 12.2 NumPy 数组操作与教学

### 12.2.1 NumPy 数组变形折叠

NumPy 利用reshape(a, newshape,order) 进行数组的变形。其中，a 为变形前的数组；newshape 为变形后数组的形状，即行和列；order 为新数组的顺序，C 表示行优先，F 表示列优先。

NumPy 利用 np.ndarry.flatten(order) 将指定数组转换成一个一维展开数组的拷贝。其中，ndarry 为要展开的数组；order 为展开顺序。

np.ravel(order) 的功能与 np.ndarry.flatten (order) 一致，只不过返回的是原数组的视图，对生成数组的修改会影响原数组的值。

1. 阅读如下代码：

```
import numpy as np
a = np.arange(8).reshape(2,4)
print (a.flatten(order = 'F'))
```

其结果为 [0 4 1 5 2 6 3 7]。(　　)

解释：F 表示列优先，np.ndarry.flatten (order) 将指定数组转换成一个一维展开数组的拷贝。其中，ndarry 为要展开的数组；order 为展开顺序。

答案：正确

2. NumPy 将向量转换成矩阵使用（　　）。

A. reshape()　　B. ravel()

C. arange()　　D. random()

解释：reshap() 将向量转换成指定维矩阵，ravel() 将多维矩阵转换成一维向量，arange() 得到从起点到终点的、指定步长的向量，random() 得到随机数字。

答案：A

3. NumPy 中矩阵转成向量使用（　　）。

A. reshape()　　B. resize()

C. arange()　　D. random()

解释：reshape() 只能将矩阵改成 1×n 的 array，本质上还是矩阵，resize() 才可以将矩阵转换成向量。arange() 得到从起点到终点的、指定步长的向量，random() 用于得到随机数字。

答案：B

4. 有数组 n = np.arange(24).reshape(2,−1,2,2)，n.shape 的返回结果是（　　）。

A. (2,3,2,2 )　　B. (2,2,2,2)

C. (2,4,2,2)　　D. (2,6,2,2)

解释：这里 -1 表示未知，程序将根据其他值自动计算该值，题目中有 24 个数字，已知行列有 2*2*2=8，所以未知数为 24/8 = 3。

答案：A

5. 阅读下列代码，输出结果是（　　）。

```
import numpy as np
a = np.arange(24).reshape(3,8)
b = a.copy()
c = a.ravel()
d = b.flatten()

print(a is c)
print(b is d)
```

A. False False　　B. True True

C. False True　　D. True False

解释：flatten 返回一份数组拷贝；ravel 返回的是数组视图；所以 a、b、c、d 是 4 个不同的对象。

答案：A

6. 阅读代码，下列说法正确的是（　　）。

```
import numpy as np
a = np.arange(24).reshape(3,8)
b = a.copy()
c = a.ravel()
d = b.flatten()
c[1] = 100
d[1] = 100
```

A. 修改 c，a 中相应的数也改变了

B. 修改 c，a 中相应的数不改变

C. 修改 d，b 中相应的数也改变了

D. 修改 d，b 中相应的数不改变

解释：flatten 返回一份数组拷贝，对拷贝所做的修改不会影响原始数组；ravel 返回的是数组视图，修改会影响原始数组。

答案：D

### 12.2.2 NumPy 数组翻转操作

本节讲解 numpy 中 4 个对数组进行维度变换的方法。transpose()、ndarray.T 翻转数组的维度顺序；rollaxis 向后滚动指定的轴；swapaxes 交换数组的两个轴。

1. NumPy 数组的转置可以通过(　　)实现。

A. transpose()　　B. reshape()
C. T　　D. transform()

解释：Numpy 数组的转置使用 transpose 方法、T 属性以及 swapaxes 方法 3 种方式实现。
答案：AC

2. ndarray 对象中的 swapaxes() 方法可以将两个轴进行转换。(　　)

答案：对

3. 对于 np.ndarray 数组 A 的转置操作，A.T 与 A.transpose() 完全等价。(　　)

解释：.T，适用于一、二维数组；对于高维数组，transpose 需要用到一个由轴编号组成的元组，才能进行转置。
答案：错

4. 阅读下列代码，结果中 6 的坐标为 (　　)。

```
import numpy as np
a = np.arange(8).reshape(2, 2, 2)
b = np.rollaxis(a, 2, 0)
c = np.swapaxes(b, 0, 1)
print(np.where(c == 6))
```

A. [1, 0, 1]　　B. [0, 1, 1]
C. [1, 1, 0]　　D. 以上都不对

解释：6 的初始坐标为 [1, 1, 0]，np.rollaxis (a, 2, 0) 将轴 2 滚动到轴 0（宽度到深度），6 的坐标变成 [0, 1, 1]；np.swapaxes(b, 0, 1) 现在交换轴 0（深度方向）到轴 1（高度方向），6 的坐标变成 [1, 0, 1]。

答案：A

## 12.2.3　NumPy 数组维度操作

NumPy 中使用 broadcast_to 将数组广播到新形状，具有给定形状的原始数组的只读视图。它通常不连续。根据 NumPy 的广播规则，如果阵列与新形状不兼容，会抛出 ValueError。此外，NumPy 中 expand_dims 函数通过在指定位置插入新轴来扩展数组形状；squeeze 函数用于从给定数组的形状中删除一维的条目。

1. 阅读下列代码，输出结果正确的是 (　　)。

```
import numpy as np
x = np.array([[[0], [1], [2]]])
res = np.squeeze(x, axis=1).shape
print(res)
```

A. (3,)　　B. (3, 1)
C. (1, 3)　　D. 抛出异常

解释：squeeze 的作用是从数组 shape 中删除一维条目。如果 axis 不为 None，并且被压缩的轴的长度不为 1，抛出 ValueError。
答案：D

2. 1 行 2 列的数组可以广播到 shape 为 (3, 4, 2) 的三维数组。(　　)

解释：例如数组 [1, 2]，执行下列代码成功运行：

```
import numpy as np
a = [1, 2]
b  = np.broadcast_to(a ,(3, 4, 2))
print(b)
```

输出结果为：

```
[[[1 2]
  [1 2]
  [1 2]
```

```
 [1 2]]

[[1 2]
 [1 2]
 [1 2]
 [1 2]]

[[1 2]
 [1 2]
 [1 2]
[1 2]]]
```

答案：对

## 12.2.4 NumPy 数组组合与切割

本节介绍函数 hstack()、vstack()、concatenate()、split() 的使用。

- numpy.hstack(tup) 用于组合两个数组。其中，tup 为要组合的数组。hstack 中的 h 代表 horizontal，即为水平合并。
- numpy.vstack(tup) 用于组合两个数组。其中，tup 为要组合的数组。vstack 中的 v 代表 vertical，即为垂直合并。
- numpy.concatenate((a1, a2, ...), axis=0, out=None) 用于组合两个数组。其中，a1、a2 为要组合的数组；axis 表示沿哪个轴进行组合；out 为返回数组的位置。例如，想把返回的合成数组放到一个大的多维数组中，就可以使 out 等于相对应的位置。
- numpy.split(ary, indices_or_sections, axis=0) 用于切割数组。其中，ary 为要切割的数组。indices_or_sections 如果是一个整数 n，则将原数组切割成 n 个数组；如果是一个 list 有序整数，则表示每个切割点对应的位置。axis 为沿着哪个轴切割。

1. 对数组的垂直合并使用的函数为 hstack。(　　)

解释：hstack() 为多个数组的水平合并；vstack() 为多个数组的垂直合并。

答案：错误

2. 以下代码的结果为 [[ 1 2 3 11 21 31] [ 4 5 6 7 8 9]]。(　　)

```
a=np.array([[1,2,3],[4,5,6]])
b=np.array([[11,21,31],[7,8,9]])
np.concatenate((a,b),axis=1)
```

解释：axis = 1，限定合并时为水平合并。

答案：正确

3. 以下代码执行后，x2 的结果为（　　）。

```
x = np.arange(10)
x1,x2,x3 = np.split(x,[3,7])
```

A. [3 4 5 6 7]

B. [3 4 5 6]

C. [4 5 6]

D. [0 1 2 3 4 5 6 7 8 9]

解释：split 中每个区间包含开头，不包含结尾。x1 为 [0 1 2], x2 为 [3 4 5 6 ],x3 为 [7 8 9 10]。

答案：B

## 12.2.5 NumPy 数组元素内部操作

本节介绍数组元素的添加删除等元素内部操作，具体包括以下几项。

- resize：返回指定形状的新数组。
- append：将值添加到数组末尾。
- insert：沿指定轴将值插入到指定下标之前。
- delete：删除某个轴的子数组，并返回删除后的新数组。
- unique：查找数组内的唯一元素。

1. 对 (2, 3) 的数组 m 进行 m.resize(3, 2) 后，原数组 m 保持不变。(　　)

解释：reshape() 不改变原数组，resize() 改变原数组。

答案：错

2. NumPy 中，函数 append、insert、delete 在未提供 axis 轴参数时，始终是一个一维数组。(　　)

解释：三个函数的情况一样，如果未提供轴参数，则输入数组将展开。

答案：对

3. 阅读以下代码，输出结果正确的是（　　）。

```
a = np.array([[1,2,3],[4,5,6]])
print(np.append(a, [[7,8,9]],axis = 0))
```

A. [1 2 3 4 5 6 7 8 9]

B. [[1 4 7] [2 5 8] [3 6 9]]

C. [[1 2 3] [4 5 6] [7 8 9]

D. [[1, 2, 3, 4, 5, 6, 7, 8, 9]]

解释：numpy.append 函数在数组的末尾添加值。追加操作会分配整个数组，并把原来的数组复制到新数组中。属性 axis：默认为 None；当 axis 为 0 时，列数要相同；当 axis 为 1 时，数组是加在右边，行数要相同。

答案：C

4. numpy.unique 函数的属性中，设置为 true 时，能够得到去重数组的索引数组的是（　　）。

A.return_index　　B.return_indices

C.return_inverse　　D.return_counts

解释：A 项，return_index：如果为 true，返回原始数组中唯一值的首次出现的索引。

B 项，不存在。

C 项，return_inverse：如果为 true，返回从唯一数组重建原始数组的索引。

D 项，return_counts：如果为 true，返回每个唯一值出现在原始数组中的次数。

答案：C

## 12.2.6 NumPy 位操作与补码

NumPy 中以“bitwise_”开头的函数是位操作函数，包含以下几个函数。

- bitwise_and()：对数组元素执行位与操作。
- bitwise_or()：对数组元素执行位或操作。
- invert()：按位取反。
- left_shift()：向左移动二进制表示的位。
- right_shift()：向右移动二进制表示的位。

1. 对数组元素执行位与操作，使用函数(　　)。

A. bitwise_and　　B. bitwise_or

C. invert　　D. left_shift

解释：bitwise_or() 为对数组元素执行位或操作，invert() 为按位取反，left_shift() 将数组元素的二进制形式向左移动到指定位置，右侧附加相等数量的 0。

答案：A

2. np.left_shift(10,2) 得到的结果为（　　）。

A. 40　　B. 20

C. 60　　D. 120

解释：10 的二进制表示为 1010，40 的二进制表示为 101000。

答案：A

3. np.invert(np.array([13], dtype = np.uint8)) 得到的结果为（　　）。

A. 252　　B. 360

C. 242　　D. 56

解释：13 的 8 位二进制表示为 0001101，242 的二进制表示为 11110010。

答案：C

## 12.2.7 NumPy 字符串

NumPy 中的字符串类型为 numpy.string_ 或 numpy.unicode_。它们基于 Python 内置库中的标准字符串函数，这些函数在字符数组类（numpy.char）中定义。

1. 将数组元素转换为大写，使用函数（　　）。

A. upper()　　B. lower()
C. title()　　D. capitalize()

解释：capitalize() 将字符串中的第一个字母转换为大写，title() 将字符串的每个单词的第一个字母转换为大写，lower() 将数组元素转换为小写，upper() 将数组元素转换为大写。

答案：A

2. np.char.multiply('nan ',3) 的结果为（　　）。

A. nan nan nan　　B. nannannan
C. nananan　　D. nan  nan  nan

解释：multiply 相当于将字符串"nan"合在一起，注意有空格。

答案：A

3. 使用函数（　　）指定分隔符对字符串进行分隔，并返回数组列表。

A. split()　　B. strip()
C. join()　　D. replace()

解释：strip() 可以移除元素开头或结尾处的特定字符；join() 可以通过指定分隔符来连接数组中的元素；replace() 可以使用新字符串代替字符串中的所有子字符串。

答案：A

## 12.2.8 NumPy 全局预览

本节为 NumPy 的一个小结。

1. NumPy 中产生全为 1 的矩阵，使用的方法是 empty()。（　　）

解释：empty() 用于创建随机数字的矩阵；ones() 用于创建全为 1 的矩阵。

答案：错误

2. 属于 numpy.random 函数的是（　　）。

A. seed()　　B. permutation()
C. rand()　　D. 以上都是

解释：seed() 用于生成随机数种子；rand(shape) 用于生成指定 shape 的随机数组；permutation() 用于返回一个随机排列。

答案：D

## 12.2.9 NumPy 数学函数

NumPy 中的数学函数用于处理简单的加、减、乘、除：add()、subtract()、multiply() 和 divide()。

复杂的数学函数包括：numpy.reciprocal() 函数，用于返回参数逐个元素的倒数，如 1/4 倒数为 4/1；numpy.power() 函数，将第一个输入数组中的元素作为底数，计算它与第二个输入数组中相应元素的幂；numpy.mod() 函数，计算输入数组中相应元素相除后的余数；numpy.remainder() 函数，也产生相同的结果。需要注意的是，数组必须具有相同的形状，符合数组的广播规则。

1. 以下代码的结果为（　　）。

```
a = np.array([10,100,1000])
b = np.array([1,2,3])
print (np.power(a,b))
```

A. [10 10000 1000000000]
B. [10 10000 1000000]
C. [1 1024 3^1000]
D. [10 100 1000]

解释：np.power(a,b) 表示以 a 为底、以 b 中对应位置上的数为幂进行运算。

答案：A

2. 以下代码的结果为（　　）。

```
a = np.array([10,100,1000])
print (np.power(a,2))
```

A. [10 10000 1000000000]

B. [100 10000 1000000]

C. [1 1024 3^1000]

D. [10 100 1000]

解释：np.power(a,2) 表示以 a 中每个元素为底，以 2 为幂进行运算。

答案：B

### 12.2.10 NumPy 常见数组计算

本节介绍 NumPy 常见数组计算，包括简单的加、减、乘、除：add()、subtract()、multiply() 和 divide()，以及其他重要的算术函数。

1. NumPy 中的数学函数 add()、subtract()、multiply()、divide() 在计算时，数组必须具有相同的形状或符合数组广播规则。

答案：对

2. 下列 NumPy 数学函数中，能够计算输入数组中相应元素相除后的余数的是（　　）

A. reciprocal()　　B. remainder()

C. power()　　D. mod()

解释：A 项，numpy.reciprocal() 函数返回参数逐元素的倒数。如 1/4 倒数为 4/1。

C 项，numpy.power() 函数将第一个输入数组中的元素作为底数，计算它与第二个输入数组中相应元素的幂。

答案：BD

### 12.2.11 NumPy 统计计算

NumPy 提供了很多统计函数，用于从数组中查找最小元素 np.min()、最大元素 np.max()、标准差 np.std() 和方差 np.var() 等。

1. 有关基本数组统计方法的说法正确的是（　　）。

A. sum 表示对数组中全部或某轴向的元素求和，零长度的数组的 sum 为 0

B. mean 表示算术平均值，零长度的数组的 mean 为 NaN

C. min、max 分别表示最小值和最大值

D. 以上都正确

答案：D

2. 以下代码的输出结果为（　　）。

```
import numpy as np
a = np.repeat(np.arange(5).reshape([1,-
    1]),10,axis = 0)+10.0
b = np.random.randint(5, size= a.shape)
c = np.argmin(a*b, axis=1)
b = np.zeros(a.shape)
b[np.arange(b.shape[0]), c] = 1
print(b)
```

A. Hello World!

B. 一个 shape = (5,10) 的随机整数矩阵

C. 一个 shape = (5,10) 的 one-hot 矩阵

D. 一个 shape = (10,5) 的 one-hot 矩阵

解释：变量 a 通过 np.repeat() 得到一个 10×5 的矩阵，np.random.randint() 生成一个 10×5 的随机数矩阵，np.argmin() 返回最小值所在的位置，生成一个 1×10 的矩阵，np.zeros() 生成一个 10×5 的全为 0 的矩阵。最后一行使

10×5 矩阵的对应位置变成 1，生成 one-hot 矩阵。

答案：D

## 12.2.12 NumPy 数组排序

NumPy 提供多种用于数组排序的方法。这些排序方法可以实现不同的排序算法，每个排序算法的不同主要取决于执行速度、最坏情况性能、所需的工作空间和算法的稳定性。

1. numpy.sort() 会返回原数组的排序副本。(　　)

答案：对

2. 关于数组排序，下列说法正确的是(　　)。

A. 当数组使用 sort() 方法后，数组默认从小到大进行排序

B. 当数组使用 sort() 方法后，数组内容的重新排列不会产生新数组

C. sort() 方法可以对任何一个轴上的元素进行排序

D. sort() 方法排序不会修改数组本身

答案：ABC

3. 对下列代码中的 NumPy 数组执行 sort() 方法，结果正确的是(　　)。

```
import numpy as np
arr = np.array([[6, 2, 7], [3, 6, 2]])
arr = np.sort(arr)
print(arr)
```

A. [[2 6 7] [2 3 6]]

B. [[2 6 7] [6 3 2]]

C. [[7 6 2] [6 3 2]]

D. [[7 6 2] [2 3 6]]

解释：numpy.sort() 函数格式如下：

numpy.sort(a,axis=-1,kind='quicksort', order=None)

参数说明：

a：要排序的数组。

axis：默认为 -1，按最后一个轴排序；该例中最后一个轴即为 1，相当于 axis=1。

kind：排序方式，默认为 'quicksort'（快速排序）。

order：当数组定义了字段属性时，可以按照某个属性进行排序；默认为 None。

答案：A

## 12.2.13 大端与小端

大端模式是指数据的高字节保存在内存的低地址中，而数据的低字节保存在内存的高地址中，这样的存储模式有点类似于把数据当作字符串顺序处理：地址由小向大增加，而数据从高位向低位放，这和通常的阅读习惯一致。

小端模式是指数据的高字节保存在内存的高地址中，而数据的低字节保存在内存的低地址中，这种存储模式将地址的高低和数据位的权值有效地结合起来，高地址部分的权值高，低地址部分的权值低。

1. 表达式 1001 == 0x3e7 的结果是(　　)。

A. false　　B. False

C. true　　D. TRUE

解释：1001 的十六进制表示为 0x09 。

答案：B

2. 小端模式，数据的高字节保存在内存的高地址中，低字节保存在低地址中。(　　)

答案：正确

3. NumPy 中 array 类型的 int8、int16、int32、int64 分别等价于 i1、i2、i4、i8 。“>” 和 “< ” 代表大、小端，默认为大端。

解释：NumPy 中 array 类型默认为小端。
答案：错误

### 12.2.14 副本与视图

副本是一个数据的完整的拷贝，如果对副本进行修改，它不会影响原始数据，物理内存不在同一位置。

视图是数据的一个别称或引用，通过该别称或引用可以访问、操作原有数据，但原有数据不会产生拷贝。如果对视图进行修改，会影响原始数据，物理内存在同一位置。

1. ndarray.view() 方法会创建一个新的数组对象，更改该方法创建的新数组的维数不会更改原始数据的维数。(     )

答案：正确

2. 使用切片创建视图，修改数据会影响原始数组。(     )

解释：对视图的修改会直接反映到原数据中。
答案：正确

3. 简单的赋值不会创建数组对象的副本。相反，它使用原始数组的相同 id() 访问。id() 返回 Python 对象的通用标识符，类似于 C 语言中的指针。此外，一个数组的任何变化都反映在另一个数组上。(     )

答案：正确

### 12.2.15 NumPy 矩阵库

NumPy 中包含一个矩阵库 numpy.matlib，该模块中的函数返回的是一个矩阵 matrix，而不是 ndarray 对象。

1. NumPy 矩阵库返回一个新的矩阵的函数是(     )。

A. matlib.empty()　　B. matlib.zeros()
C. matlib.ones()　　D. matlib.eye()

解释：empty() 返回一个新的元素值随机的矩阵，zeros() 生成全是 0 的矩阵，ones() 生成全是 1 的矩阵，eyes() 生成对角线矩阵。
答案：A

2. np.matlib.eye(n = 2, M = 2, k = 1) 返回的矩阵为(     )。

A. [[1.  0.][0. 1.]]　　B. [[0.  1.][1. 0.]]
C. [[0. 1.][0. 0.]]　　D. [[0. 0.][1. 0.]]

解释：matlib.eye() 生成对角线矩阵，k = 1 表示索引为 1 的对角线为 1。
答案：C

3. numpy.matlib.zeros() 可以创建一个以 0 填充的矩阵。(     )

答案：正确

### 12.2.16 NumPy 线性代数

本节介绍 numpy.linalg 模块。numpy.linalg 模块包含线性代数的函数。使用这个模块可以计算逆矩阵、求特征值、解线性方程组及求解行列式等。

1. 线性代数（如矩阵乘法、矩阵分解、行列式以及其他方阵数学等）是任何数组库的重要组成部分。NumPy 提供一个用于矩阵乘法的

dot 函数（既是一个数组方法，也是 NumPy 命名空间中的一个函数）。(　　)

答案：正确

2.(　　)是常用的 numpy.linalg 函数。

A. diag()　　B. trace()

C. dot()　　D. eig()

解释：diag() 用于创建对角线数组，trace() 用于计算对角线元素的和，dot() 用于矩阵乘法，eig() 用于计算方阵的本征值和本征向量。

答案：ABCD

3. 常用的 numpy.linalg 函数 eig() 可以计算方阵的本征值和本征向量。(　　)

解释：eig() 用于计算方阵的本征值和本征向量。

答案：正确

## 12.2.17 NumPy 绘制函数曲线

Matplotlib 是 Python 的绘图库，它可以与 NumPy 一起使用，提供一种有效的 MATLAB 开源替代方案。

1. Matplotlib 的引入通常约定是 import matplotlib.pyplot as plt。(　　)

答案：正确

2. Matplotlib 的图像都位于 Figure 对象中。(　　)

解释：使用 matplotlib 时，调用 plt.figure 函数来创建画布。

答案：正确

3. 将图表保存为 SVG 文件，只需输入 plt.savefig('figpath.svg')。(　　)

解释：savefig() 用来保存当前图片。

答案：正确

## 12.2.18 NumPy 高级绘图

本节为 12.31 节内容的补充。

1. 关于 Series.plot 方法的说明，正确的有(　　)。

A. label 用于图例的标签

B. style 是将要传给 matplotlib 的风格字符串

C. alpha 用于图表的填充不透明 (0~1)

D. use_index 将对象的索引用作刻度标签

答案：ABCD

2. 在 Matplotlib 库中，日期型时间序列图的绘制既可以调用 pyplot 模块的 API 函数 plot_date()，也可以调用实例方法 plot_date()。(　　)

答案：正确

3. x 轴和 y 轴的刻度可以用 xticks 和 yticks 进行限制。(　　)

答案：正确

## 12.2.19 NumPy 序列化

NumPy 可以读写磁盘上的文本数据或二进制数据。NumPy 为 ndarray 对象引入了一个简单的文件格式：npy。npy 文件用于存储重建 ndarray 所需的数据、图形、dtype 和其他信息。常用的 I/O 函数有以下几种。

- load() 和 save()：读写文件数组数据的两个主要函数，默认情况下，数组是以未压缩的原始二进制格式保存在扩展名为

.npy 的文件中。

- savez()：用于将多个数组写入文件，默认情况下，数组是以未压缩的原始二进制格式保存在扩展名为 .npz 的文件中。
- loadtxt() 和 savetxt()：用于处理正常的文本文件（.txt 等）。

1. NumPy 能够读写磁盘上的文本数据或二进制数据。(　　)

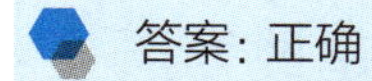

答案：正确

2. np.save() 和 np.load() 是读写磁盘数组数据的两个主要函数。默认情况下，数组是以未压缩的原始二进制格式保存在扩展名为 .npy 的文件中。(　　)

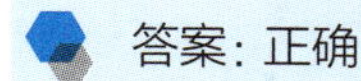

答案：正确

3. 将多个数组保存到一个压缩文件，用到的函数为 numpy.savez()。(　　)

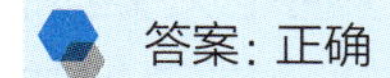

答案：正确

# 第13章 Pandas

内容导读

Pandas 是 Python 的数据分析支持库，提供了快速、灵活、明确的数据结构，旨在简单、直观地处理关系型、标记型数据。Pandas 的目标是成为 Python 数据分析实践与实战的必备高级工具，其长远目标是成为最强大、最灵活、可以支持任何语言的开源数据分析工具。经过多年不懈的努力，Pandas 离这个目标已经越来越近了。

# 13.1 Pandas 数据访问与数据结构

Python Data Analysis Library（Pandas）是基于 NumPy 的一种工具，该工具是为了解决数据分析任务而创建的。Pandas 纳入了大量库和一些标准的数据模型，提供高效操作大型数据集所需的工具。Pandas 提供大量可以快速便捷地处理数据的函数和方法。

## 13.1.1 Pandas 用于分析数据

Pandas 适用于处理以下类型的数据。

- 与 SQL 或 Excel 表类似的，含异构列的表格数据。
- 有序和无序（非固定频率）的时间序列数据。
- 带行与列标签的矩阵数据，包括同构或异构型数据。
- 任意其他形式的观测、统计数据集，数据转入 Pandas 数据结构时不必事先标记。

1. 以下有关 Pandas 的说法中不正确的是（　　）。

A. Pandas 是基于 NumPy 数组构建的，特别是基于数组的函数和不使用 for 循环的数据处理

B. Pandas 含有使数据清洗和分析工作变得更快、更简单的数据结构和操作工具

C. Pandas 是专门为处理表格和混杂数据设计的

D. Pandas 只能独立使用

解释：Pandas 基于 NumPy 开发，可以与其他第三方科学计算支持库完美集成。

答案：D

2. Pandas 采用了大量的 NumPy 编码风格，但二者最大的不同是，Pandas 是专门为处理表格和混杂数据设计的，而 NumPy 更适合处理统一的数值数组数据。（　　）

解释：与 NumPy 数组不同，Pandas 数据都包含标签。

答案：正确

3. Pandas 是基于 NumPy 数组构建的，特别是基于数组的函数和不使用 for 循环的数据处理。（　　）

解释：Pandas 和 NumPy 被设计出来的原因之一，就是提供基于数组的函数和更强大的、不使用 for 循环的数据处理手段。

答案：正确

## 13.1.2 Pandas 操作数据行与列

Pandas 数据结构就像是低维数据的容器。例如，DataFrame 是 Series 的容器，Series 是标量的容器。使用这种方式可以在容器中以字典的形式插入或删除对象。

1. 仅由一组数据即可产生最简单的 Series。（　　）

解释：Series 为带标签的一维同构数组。

答案：正确

2. DataFrame 中的数据是以一个或多个字典存放的。（　　）

解释：DataFrame 中的数据是以一个或多个 Series 存放的。

答案：错误

3. 以下关于 Pandas 的数据结构 Series 的说法中正确的有（　　）。

A. Series 是一种类似一维数组的对象，它由一组数据（各种 NumPy 数据类型）及一组与之相关的数据标签（即索引）组成

B. 仅由一组数据即可产生最简单的 Series

C. Series 的字符串表现形式为：索引在左边，值在右边

D. 与普通 NumPy 数组相比，可以通过索引的方式选取 Series 中的单个值或一组值

答案：ABCD

## 13.1.3 Pandas 结合 Tushare 选择行与列

Tushare 数据以 Pandas Dataframe 的形式呈现。之后数据的选取与 Pandas Dataframe 的选取相同。Tushare 中最常用的获取股票历史信息的 get_hist_data() 函数返回的就是一只股票，以时间为标签，以这只股票的开盘价、收盘价、波动等为列名的一个 Dataframe。

1. 获取 df 后三行数据，以下正确的有（　　）。

A. df.head(3)　　B. df[–3:]

C. df[–3:–1]　　D. df.tail(3)

解释：df.head() 用于获取表头数据，切片包含开头，不包含结尾；df.tail() 用于获取表尾数据。

答案：CD

2. 以下 loc 的使用不正确的是（　　）。

A. df.loc[–1]　　B. df.loc["A" == 5]

C. df.loc[2,:]　　D. df.loc[:,"A" == 5]

解释：loc 可以使用切片、名称 (index、columns)，也可以切片和名称混合使用；但是 loc 不能使用不存在的索引来充当切片取值，例如，索引为 –1。

答案：A

3. iloc 可以用 –1 作为索引。（　　）

解释：iloc 可以用整数作为索引。

答案：正确

## 13.1.4 Pandas 选择多列与计次

本节介绍 Pandas 中多列信息的处理。在 Pandas 中可以使用 [] 切片快速获得表中对应的行和列，需要注意的是，如果 [start:end] 选取的是对应行的信息，则 [:,[start:end]] 选取的是对应列的信息。

1. 获取 df 前三行数据，以下正确的有（　　）。

A. df.head(3)　　B. df[0:3]

C. df[1:3]　　D. df.tail(3)

解释：df.head() 用于获取表头数据，切片包含开头，不包含结尾。

答案：AB

2. 选取 df 某列数据，以下正确的有（　　）。

A. df['name','id']　　B. df.iloc[:,[1,2]]

C. df[1:3]　　D. df[0:2]

解释：选取列，以列名为索引即可。B 选项为通过 iloc 选取列，C、D 选项为选取行。

答案：AB

3. iloc 可以使用列名作为索引。（　　）

解释：iloc 只能用整数取值。

答案：错误

## 13.1.5 Pandas 对比数据框架索引

Pandas 中主要有两种索引方法：loc 和 iloc。loc 通过标签名或列名获取相关数据，也可以通过布尔型数据得到对应数据。iloc 通过整数获取相关数据，也可以通过布尔型数据得到对应数据。

1. Pandas 最重要的一个功能是，它可以对不同索引的对象进行数学运算。（　　）

答案：正确

2. Pandas 对象的一个重要方法是 reindex，其作用是创建一个新对象，该对象的数据符合新的索引。(    )

解释：例如代码，s1.reindex(index=['A', 'B', 'C', 'D', 'E'], fill_value = 10)。

答案：正确

3. 属于 Pandas 的基本功能是（    ）。

A. 重新索引

B. 用 loc 和 iloc 进行选取

C. 算术运算和数据对齐

D. 以上都属于

解释：Pandas 中用 reindex 进行重新索引，loc 通过行标签索引数据，iloc 通过行号索引数据。

答案：D

### 13.1.6 Pandas 类型 Series

Series 是一维数组，与 NumPy 中的一维 Array 类似。二者与 Python 基本的数据结构 List 也很相近，其区别是：List 中的元素可以是不同的数据类型，而 Array 和 Series 中只允许存储相同的数据类型，这样可以更有效地使用内存，提高运算效率。

1. Series 可以是多维的。(    )

解释：Series 是一维的有轴坐标的 ndarray。

答案：错误

2. 一个 Series 中可以包含多种数据类型。(    )

解释：Series 中数据的本质是 ndarray，一个 Series 只能包含一种数据类型。

答案：错误

3. 去除一个 Series 中的重复数据可以使用 s.remove_duplicate()。(    )

解释：remove_duplicate 的作用就是去除 Series 中的重复数据。

答案：正确

### 13.1.7 Pandas 实战 DataFrame

DataFrame 是带标签的、大小可变的二维异构表格。其很多功能与 R 语言中的 data.frame 类似。可以将 DataFrame 理解为 Series 的容器。

1. DataFrame 的 duplicated() 返回一个布尔型 Series，表示各行是不是重复行。(    )

解释：duplicated() 的作用就是用于检查重复行。

答案：正确

2. 以下选项中可用于在 Pandas 中创建 DataFrame 的是（    ）。

A. 标量值

B. ndarray

C. Python 的字典类型数据

D. 以上皆可

解释：除此之外，narray、列表等都可以用来创建 DataFrame。

答案：D

### 13.1.8 Pandas DataFrame 与 Series 计算

DataFrame 是 Series 的容器，在进行运算时首先将 Series 的索引值和 DataFrame 的索引值匹配，然后进行向量化运算。向量化运算时相当于利用了 NumPy 中广播的性质，将 Series 广播成一个 DataFrame，然后对两个 DataFrame 中相同位置的内容进行运算。

1. Series 与 DataFrame 运算，首先将 Series

的索引值和 DataFrame 的索引值相匹配，然后进行向量化运算。(　　)

答案：正确

2. 以下代码运行后，a[0] 结果为 (　　)。

```
s = pd.Series([1, 2, 3, 4])
df = pd.DataFrame({
    0: [10, 20, 30, 40],
    1: [50, 60, 70, 80],
    2: [90, 100, 110, 120],
    3: [130, 140, 150, 160]
})
a = df+s
```

A. 11 21 31 41

B. 11 51 91 131

C. 11 20 30 40

D. 11 50 90 130

解释：a[0] 结果为 s[0] 与 df[0] 向量化相加的结果。同理，a[1] 结果为 s[1] 与 df[1] 向量化相乘的结果。

答案：A

## 13.2 Pandas 数据读写

### 13.2.1 Pandas 处理 CSV、XLS、JSON 数据

read_csv(filepath) 读取 CSV 文件，filepath 为想要读取 csv 文件路径。

read_excel(*args, **kwargs) 读取 Excel 文件，*args 可以为文件名或打开的文件，**kwargs 一般为 index 文件中的列名。

read_json(filepath) 读取 JSON 文件，filepath 为想要读取 json 文件路径。

1. pandas.read_csv() 方法有类型推断功能，也就是说，不需要指定列的类型到底是数值、整数、布尔值，还是字符串。(　　)

答案：正确

2. 利用 DataFrame 的 to_csv() 方法，可以将数据写到一个以逗号分隔的文件中。(　　)

解释：CSV 文件全称就是 Comma-Separated Value，即“逗号分隔的值”。当然，在实际应用中，也可以用空格或 Tab 键来分隔各值。

答案：正确

3.read_csv() 和 read_table() 是最常用的将表格型数据读取为 DataFrame 对象的函数。(　　)

答案：正确

### 13.2.2 Pandas 处理 MySQL 数据库

Pandas 可以与 MySQL 数据库连接。Pandas 模块提供 read_sql_query() 函数，实现对数据库的查询，DataFrame 的 to_sql() 函数实现对数据库的写入。这两个函数的用法如下。

（1）read_sql_query(sql, engine)：用于查询数据库。其中，sql 为 SQL 语句；engine 为连接数据库的相关配置。例如，MySQL 的用户为 root，密码为 123456，端口为 3306，数据库名称为 test，则 engine 为“mysql+pymysql://root:123456@localhost:3306/test”。

（2）to_sql(name='example', con= engine, schema=None, if_exists='replace', index=False, index_label=None, chunksize=None, dtype=None, method=None)：用于将表格和数据写入数据库。其中，example 为表格名称，con 为所连接数据库的相关配置，index 表示是否存储列，if_exists 为当表存在情况下的处理方式。具体

有以下三种。

（1）fail：如果目标数据库中存在对应的表，则不做任何操作。

（2）replace：如果表存在，则删除表，再建立一个新表，把数据插入。

（3）append：如果表存在，则把数据插入；如果表不存在，则创建一个表，再把数据插入。

1. Pandas 写入数据库数据的 to_sql() 方法的参数有（ ）。

A. index：是否将 DataFrame 的索引保存为列

B. name：要存的表名，如果没有会创建

C. con：数据库连接

D. if_exists：如果在目标数据库中，表已经存在怎么操作

答案：ABCD

2. Pandas 模块提供 read_sql_query() 函数，实现对数据库的查询，DataFrame 的 to_sql() 函数实现对数据库的写入。（ ）

答案：正确

## 13.3 Pandas 数据处理

### 13.3.1 None 与 np.nan 用于数据缺失处理

缺失的数据类型主要有 None 和 np.nan，np.nan 是一个 float 类型的数据，None 是一个 NoneType 类型的数据。在 ndarray 中显示时，np.nan 会显示 NaN（Not a Number），如果进行计算，结果会显示为 NaN；None 显示为 None，并且对象为 object 类型，如果进行计算，结果会报错，所以 ndarray 中无法对有缺失值的数据进行计算。在 Series 中显示时，二者都会显示为 NaN，均可以视作 np.nan。进行计算时可以通过 np.sum() 得到结果，此时 NaN 默认为 0.0。

1. 下列函数中用于删除 NaN 值的是（ ）。

A. df.dropna() B. df.isna()

C. df.dropnan() D. df.notna()

解释：isna() 和 notna() 为判断是否为 NaN 值，C 选项中的函数不存在。

答案：A

2. Pandas 中提供大量方便处理缺失数据的函数。（ ）

解释：fillna() 可以填补缺失值，dropna() 可以删除包含 NaN 值的数据行。

答案：正确

3. fillna() 可以通过字典填充不同内容。（ ）

解释：df.fillna({ 'A':10, 'B':20}) 表示将列名 A 下的 NaN 值都填充为 10，列名 B 下的 NaN 值都填充为 20。

答案：正确

### 13.3.2 Pandas 处理缺失数据

Pandas 中有以下几个用于处理缺失数据的函数。

- dropna()：默认为删除全表中所有的 NaN 值。
- isna()：如果数据为 NaN 值，则返回 True；否则返回 False。
- notna()：和 isna() 相反，如果数据为 NaN 值，则返回 False；否则返回 True。
- fillna()：可以在指定位置填充指定值。

1. Pandas 的目标之一就是尽量轻松地处理缺失数据。（ ）

解释：例如，dropna() 用于删除缺失值，

isna()、notana() 用于判断缺失值，fillna() 用于填补缺失值。

答案：正确

2. 对于数值数据，Pandas 使用浮点值 NaN 表示缺失数据。(　　)

答案：正确

3. Pandas 中采用 R 语言中的惯用法，即将缺失值表示为 NA。(　　)

解释：Pandas 中的缺失值表示为 NaN。

答案：错误

## 13.3.3 Pandas 处理数据的多层索引

层次化索引（hierarchical indexing）是 Pandas 中的一个重要功能，它可以在一个轴上有多个（两个以上）索引，这就表示它能够以低维度形式表示高维度的数据。

1. 层次化索引能够以低维度形式表示高维度的数据。(　　)

答案：正确

2. 在使用层次化索引时，可以重新调整某条轴上各级别的顺序，或者根据级别上的值对数据进行排序。(　　)

答案：正确

3. 对 DataFrame 来说，只有列能够进行层次化索引。(　　)

解释：层次化索引能在一个轴上拥有多个（两个以上）索引。

答案：错误

## 13.3.4 Pandas 多层索引的索引与切片

在 Pandas 的多层索引中，可以使用 [] 切片获取对应的数据。Series 是一维数据结构，DataFrame 为二维数据结构，索引时，df[start:end,start:end] 中的第一个 start:end 确定想要查找的行的范围；第二个 start:end 确定想要查找的列的范围。

1. 有许多用于重新排列表格型数据的基础运算。这些函数也称作重塑（reshape）或轴向旋转（pivot）运算。(　　)

解释：pivot 根据列对数据表进行重塑，reshape 根据行对数据表进行重塑。

答案：正确

2. 层次化索引为 DataFrame 数据的重排任务提供了一种良好、一致性的方式。(　　)

答案：正确

3. 多个时间序列数据通常是以所谓的“长格式”（long）或“堆叠格式”（stacked）存储在数据库和 CSV 文件中的。(　　)

答案：正确

## 13.3.5 Pandas 多层索引的聚合与统计

本节介绍 Pandas 中多层索引后的汇总统计。使用 DataFrame 的 describe() 方法可以对多层索引的数据进行统计分析。如果是数字，则返回 DataFrame 中数据的个数、均值、标准差、最小值、最大值及数据类型。如果是 str 字符，则返回个数、种类、sort 后第一个值、众数及数据类型。

1. describe() 用于一次性产生多个汇总统计。(　　)

解释：df.describe() 就是把数据的统计信息打印出来。

答案：正确

2. 下列描述和汇总统计方法的说明正确的有(　　)。

A. count()：非 NaN 值的数量

B. min()：计算最小值

C. sum()：计算值的总和

D. var()：计算样本值的标准差

解释：var() 用于计算方差，st() 用于计算标准差。

答案：ABC

## 13.3.6 Pandas 数据的拼接

Pandas 中利用 concat() 函数进行拼接。

pd.concat(objs, axis=0, join='outer')：objs 为想要拼接的 DataFrame 数据；axis 为拼接的轴；join 为拼接的方式。

1. Pandas 对象中属于数据合并方式的是(　　)。

A. pandas.merge 可以根据一个或多个键将不同 DataFrame 中的行连接起来

B. pandas.concat 可以沿着一条轴将多个对象堆叠到一起

C. 实例方法 combine_first 可以将重复数据拼接在一起，用一个对象中的值填充另一个对象中的缺失值

D. 以上都是

答案：D

2. 数据集的合并（merge）或连接（join）运算是通过一个或多个键将行连接起来的。(　　)

解释：merge() 利用 left_on 和 right 参数，或者用 Python 中的 join() 函数进行连接。

答案：正确

3. 在 DataFrame 中的连接键位于其索引中时，可以传入 left_index=True 或 right_index=True（或两个都传入），以说明索引应该用作连接键。(　　)

答案：正确

## 13.3.7 Pandas 股票数据拼接

股票数据拼接本质就是 DataFrame 的拼接，使用 concat() 函数。本节只是将其应用在股票场景中。可以观看配套视频进一步学习。

1. merge() 方法默认的连接方式为内连接。(　　)

解释：merge() 默认为内连接，可以通过 how 参数改变。

答案：正确

2. join() 方法基于 column 连接，merge() 方法基于 index 连接。(　　)

解释：join() 方法是基于 index 连接 DataFrame，merge() 方法是基于 column 连接。

答案：错误

3. concat() 方法是拼接函数，有行拼接和列拼接，默认是行拼接，拼接方法默认是外拼接（并集），拼接的对象是 Pandas 数据类型。(　　)

答案：正确

## 13.3.8 Pandas 对不匹配数据的拼接

本节介绍 concat() 函数中的 outer 外连接。

outer外连接可以连接所有数据，不匹配的数据补充NaN值。

1. outer外连接只连接匹配选项。(　　)

解释：inner内连接只连接完全匹配选项，outer外连接可以连接所有数据，不匹配的数据补充NaN值。

答案：错误

2. 在concat()函数中，join_axes参数用于其他n–1轴的特定索引，而不是执行内部/外部设置逻辑。(　　)

答案：正确

3. concat()函数没有左连接和右连接。(　　)

解释：concat()函数只有inner和outer两种连接。

答案：正确

### 13.3.9 Pandas数据归并

Pandas利用merge()方法进行归并操作。

Pandas.merge(df1, df2, how= inner, on = ××)，将df1与df2根据指定的列名××进行合并，这里××可以是一个键，也可以是多个键，如果不指定on，则会根据所有相同的列名进行归并。how指定连接方式，默认为内连接，也可以是外连接、左连接或右连接。

1. pandas对象中的数据归并方式有(　　)。

A. pandas.merge()可以根据一个或多个键将不同DataFrame中的行连接起来

B. pandas.concat()可以沿着一条轴将多个对象堆叠到一起

C. 实例方法combine_first()可以将重复数据拼接在一起，用一个对象中的值填充另一个对象中的缺失值

D. 以上都是

答案：D

2. 数据集的归并（merge）运算是通过一个或多个键将行连接起来。(　　)

答案：正确

### 13.3.10 Pandas左右归并

Pandas中左连接和右连接分别为how = left和how = right。左连接会保留第一个DataFrame中的所有数据，将右边的数据根据匹配归并进来。右连接会保留第二个DataFrame中的所有数据，将左边的数据根据匹配归并进来。

1. 左连接基于左边位置DataFrame的列进行连接，参数on设置连接的共有列名。(　　)

解释：没有匹配的项会由NaN补充。

答案：正确

2. concat()函数没有左右连接。(　　)

解释：concat()函数只有内、外连接。

答案：正确

3. join()函数默认为内连接。(　　)

解释：join()函数默认为左连接。

答案：错误

### 13.3.11 Pandas内归并与外归并

本节介绍Pandas中的内连接和外连接。内连接只将两个DataFrame之间完全匹配的数据（如两个DataFrame列名id下都有1）归并在一起，其他数据则丢弃。外连接不会丢弃这些数据，在无法匹配的地方都补充NaN值。

1. 内连接只连接匹配数据，不会补充 NaN 值。( )

答案：正确

2. join() 函数与 merge() 函数一样，都没有左右连接。( )

解释：join() 函数和 merge() 函数都具有四种连接。

答案：错误

3. join() 函数默认为外连接。( )

解释：join() 函数默认为左连接。

答案：错误

## 13.3.12 Pandas 列冲突

列冲突指两个数据表具有相同列名且列名下的数据内容不同。例如，表格 A 中含有 {"id": 1, "Age": 37}，表格 B 中含有 {"id": 1, "Age": 33}，如果此时合并两个 DataFrame，就会发生列冲突。

1. 以下解决列冲突的方法中正确的有 ( )。

A. 设置 suffixes 参数

B. 更改原数据集中的列名

C. 更改原数据集中的 index 名

D. 设置 how 参数

解释：index 名为行名，how 参数设定的是连接方式。

答案：AB

2. 对列名 age 设置 suffixes=[_x,_y]，合并 df 中 age 显示的列名为 ( )。

A. age_x,age_y B. _x,_y

C. age1,age2 D. 1,2

解释：suffixes 后缀加在列名后。

答案：A

3. 有列冲突的数据不会显示在合并结果中。( )

答案：正确

## 13.3.13 Pandas 处理数据归并关系

Pandas 的两个 DataFrame 中数据的对应关系可能为一对一、一对多（多对一）及多对多，在进行数据归并时，归并后的数据结果也不太一样。对于一对一关系的两个 DataFrame 的归并，归并后的数据结果是一个新的 DataFrame，它将来自两个输入的信息组合在一起。对于一对多关系的两个 DataFrame 的归并，其实质是对有重复项的数据的归并，归并后的数据结果是一个新的包含重复项的 DataFrame。对于多对多的归并，相对复杂点，从定义上来说，如果两个要归并的 DataFrame 的 key 列都包含重复项，则结果是多对多归并，合并结果是包含两个 DataFrame 中的重复项目的新的 DataFrame。

1. 归并时有可能 df1 中的一行数据要和 df2 中的多行数据合并。( )

解释：此为数据的一对多归并。

答案：正确

2. 当一对多归并发生时，有些数据不会显示在新建的表格中。( )

解释：此为数据的一对多归并的特性。

答案：正确

3. 只有当两个表中的所有数据完美匹配时，才能发生一一对应。( )

解释：两表中只有一组数据完美匹配，其他数据都不匹配时也是一一对应。

答案：错误

## 13.3.14 Pandas 删除重复数据

本节介绍 Pandas 中的 drop_duplicate() 函数。drop_duplicate() 函数生成一个原 DataFrame 的副本，其中没有任何重复数据，如果设置了 keep = last，则保留最后一次出现的重复项；否则默认保留第一次出现的重复项。

1. drop_duplicate() 函数默认改变原数据集。(　　)

解释：drop_duplicate() 函数会生成数据副本。

答案：错误

2. 在 drop_duplicate() 中设置 keep=last，可以保留第一次出现的项。(　　)

解释：keep = first 表示保留第一次出现的重复项。

答案：错误

## 13.3.15 Pandas 与 NumPy 协同处理数据

Pandas 中的 Series 就是 NumPy 中的 ndarray 数据类型。在 NumPy 中使用的 np.std() 求标准差，np.var() 求方差，np.min() 求最小值等函数，其对象都可以是 Pandas 中的 DataFrame。

1. 获得 DataFrame 中数据的标准差的函数为(　　)。

A. np.std(df)　　B. np.min(df)

C. np.var(df)　　D. np.abs(df)

解释：min() 为求最小值函数，var() 为求方差函数，abs() 为求绝对值函数，std() 为求标准差函数。

答案：A

2. df.drop(df[(np.abs(df)>5).any(axis =1)].index) 的作用是删除所有绝对值小于 5 的行。(　　)

解释：df[(np.abs(df)>5).any(axis =1)].index 通过 NumPy 中的条件获得索引。

答案：正确

3. 计算 NumPy 中元素个数的方法是(　　)。

A. np.sqrt()　　B. np.size()

C. np.identity()　　D. np.count()

解释：np.sqrt() 用于计算平方根，np.identity() 用于创建对角线方阵（即行与列相等的矩阵），np.size() 用来返回数组元素的个数，NumPy 中没有 np.count() 这个函数。

答案：B

# 13.4 Pandas 数据分析

## 13.4.1 Pandas_take 随机抽样排序

Pandas 的 Series 和 DataFrame 的 take(indices, axis, is_copy, **kwargs) 函数沿轴返回给定位置索引中的元素。其中，indices 为索引，axis 可以是 0/index 或 1/columns，分别用于指定从行还是列中取数据，is_copy 表示已经废弃不用，**kwargs 是为了和 NumPy 中的 take() 兼容，不影响输出。

1. take() 函数由 index 参数给定一个整数数组，返回对应的位置。(　　)

答案：正确

2. 将 axis 设为 0 时，也可以通过 take() 函数获取一整列的内容。(　　)

解释：axis = 0 时获取的是一整行的数据，axis=1 时获取的才是索引对应列名的数据。

答案：错误

3. df.take(index = [2,3]) 获取表中第二行和第三列的数据。(　　)

解释：获取的是第二行和第三行数据。

答案：错误

### 13.4.2 Pandas 聚合操作

本节介绍 Pandas 中的 groupby() 函数，一般使用这个函数的情况如下：数据表中有一个列名叫部门，其下数据为 {" 研发 ", " 销售 ", " 人力 " }，则 df.groupby(" 部门 ") 会返回一个表来统计“研发”“销售”“人力”分别有多少数据。借由此表也可以使用 get_group() 函数查询具体每个分组下的所有数据。

1. Pandas 提供基于行和列的聚合操作，groupby() 可理解为是基于行的，agg() 是基于列的。(　　)

答案：正确

2. 使用 get_group() 可以查询具体每个分组下的所有记录。(　　)

答案：正确

3. pandas.agg() 可以使用对 df 有效的 sum、min 等函数，也可以使用自定义函数。

答案：正确

### 13.4.3 Pandas 自定义聚合计算

DataFrame.agg(func, axis = 0, *args, ** kwargs) 是 DataFrame 的聚合函数，其参数的含义如下。

- func：函数、字符串、字典或字符串 / 函数列表，是用于聚合数据的函数。如果是函数，则必须在传递 DataFrame 或传递给 DataFrame.apply() 时工作。对于 DataFrame，如果键是 DataFrame 列名，则可以传递 dict。可接受的组合是字符串函数名称，功能，功能列表，列名称 -> 函数 ( 或函数列表 )。
- axis：{'0 或 index','1 或 columns'}，默认为 0。0 或 index，将函数应用于每列；1 或 columns 表示将函数应用于每行。
- *args：传递给 func 的位置参数。
- **kwargs：传递给 func 的关键字参数。

1. 定义函数 max_cut_min 后，只需使用 df.agg("top3":max_cut_min)，即可使用自定义函数。(　　)

答案：正确

2. df.agg() 和 df.apply() 可以互相替换。(　　)

解释：虽然两个函数都可以使用自定义函数，但是 agg() 还有聚合效果，有些函数如果显示 top3，就无法通过 agg() 实现。

答案：错误

3. 对 groupby 后的数据表使用 describe() 函数可以获得大量的基础数据。(　　)

解释：describe() 函数自动计算的字段有 count ( 非空值数 )、unique ( 唯一值数 )、top ( 频数最高者 )、freq ( 最高频数 )。

答案：正确

# 第14章 Matplotlib

**内容导读**

Matplotlib 是 Python 的一个二维绘图库，它以各种硬拷贝格式和跨平台的交互式环境生成出版质量级别的图形。通过 Matplotlib，开发者仅需要几行代码，便可以生成图表、直方图、功率谱、条形图、误差图、散点图等。

## 14.1 Matplotlib 简单绘图

Matplotlib 库由各种可视化类构成，内部结构复杂，受 MATLAB 启发，Matplotlib.pyplot 是绘制各类可视化图形的命令子库，相当于快捷方式。

1. Matplotlib 的引入通常约定是：import matplotlib.pyplot as plt。(　　)

解释：matplotlib 一般以别名 plt 引入。
答案：正确

2. Matplotlib 的图形都位于 Figure 对象中。(　　)

解释：使用 Matplotlib 时都是先调用 plt.figure() 函数创建画布。
答案：正确

3. 将图表保存为 SVG 文件，只需输入 plt.savefig('figpath.svg')。(　　)

解释：savefig() 函数在当前文件夹中保存当前图片。
答案：正确

## 14.2 NumPy 整合 Matplotlib 绘图

Matplotlib 是 Python 的绘图库，它可以与 NumPy 一起使用，提供一种有效的 MATLAB 开源替代方案。

1. np.linspace() 函数中默认包含起始点，不包含结尾点。(　　)

解释：linspace(a,b,number) 生成一个介于 a 和 b 之间、具有 n 个数的等差数列，如果需要，可以通过设置 endpoint = False 参数去掉 b。
答案：错误

2. Matplotlib 可以将 ndarray 作为输入画出来。(　　)

解释：使用 plt.plot(x,y) 函数可以绘制 ndarray，其中的 x，y 参数可以是 ndarray 数据类型。
答案：正确

3. Matplotlib 对 x 轴命名的方式为调用函数 plt.xlabel()。(　　)

答案：正确

## 14.3 NumPy、Pandas、Matplotlib 集成绘图

Matplotlib 可以与 Pandas 一起使用，还可以将 Pandas 中的数据作为绘图参数。

1. GeoPandas 沿用了 Pandas 的数据类型，所以 GeoPandas 中也只有两种数据类型，分别是 GeoSeries 和 GeoDataFrame。(　　)

解释：GeoPandas 是一个开源项目，它的目的是在 Python 下更方便地处理地理空间数据。
答案：正确

2. Matplotlib 绘制折线图，可以添加标签。(　　)

解释：可以使用 plt.text(x, y, text) 函数添加标签。其中，x，y 表示文字在图中的位置 ;text 为文本内容。
答案：正确

3. 以下关于 GeoPandas 的相关说法中正确的是（　　）。

A. GeoSeries 对应 Series，只有一列，其中的每个元素都代表地理空间图形，有可能是点、线或者面

B. GeoDataFrame 是包含 GeoSeries 的数据结构，它是多列的，但其中一列必然是 GeoSeries 列，这个 GeoSeries 列称作 GeoDataFrame 中的几何列

C. GeoDataFrame 的其他列，可以是几何图形的名字、属性等信息，如国家的人口、面积、GDP 等

D. 以上说法都正确

答案：D

## 14.4 数据工程师必备 DataView

使用 Matplotlib 可以绘制大量的统计图，如用 plt.scatter() 绘制离散点图，用 plt.bar() 绘制柱状图，用 plt.hist() 绘制直方图等。

1. plt.bar() 绘制的是（　　）。

A. 散点图　　B. 柱状图
C. 点线图　　D. 直方图

解释：散点图由 plt.scatter() 绘制，折线图由 plt.plot() 绘制，柱状图由 plt.bar() 绘制，直方图由 plt.hist() 绘制。

答案：B

2. plt.bar() 函数可以绘制水平柱状图。（　　）

解释：水平柱状图由 plt.barh() 绘制。

答案：错误

3. 直方图中用 bins 参数划分区间。（　　）

解释：bins 参数可以是一个数，代表划分成几个区间，也可以是一个 list 有序数，表示某两个值为一个范围。

答案：正确

## 14.5 Pandas 中 Series 与 DataFrame 绘图详解

Matplotlib 可以使用 plot(label, style, alpha, use_index) 函数将 Pandas 中的 Series 和 DataFrame 绘制成统计图。其中，label 参数用于设置图例的标签，style 参数用于设置 Matplotlib 图表的显示样式，alpha 参数用于设置图表的填充透明度（0~1），use_index 参数将对象的索引用作刻度标签。

1. Pandas 有许多能够利用 DataFrame 对象数据的组织特点来创建标准图表的高级绘图方法。（　　）

答案：正确

2. 关于 Series.plot() 方法的说明正确的有（　　）。

A. label 用于设置图例的标签

B. style 表示传给 Matplotlib 的风格字符串

C. alpha 表示图表的填充不透明（0~1）

D. use_index 将对象的索引用作刻度标签

解释：此四项都为 plot() 方法的参数。

答案：ABCD

3. Series 和 DataFrame 都有一个用于生成各类图表的 plot() 方法。（　　）

解释：Series.plot() 和 DataFrame.plot() 两个方法可以用于生成各类图表。

答案：正确

## 14.6 Matplotlib 载入数据

本节涉及通过Pandas从CSV等文件载入数据。

1. pandas.read_csv() 有类型推断功能，因为列数据的类型不属于数据类型。也就是说，不需要指定列的类型到底是数值、整数、布尔值还是字符串。其他的数据格式，如 HDF5、Feather 和 msgpack，会在格式中存储数据类型。(　　)

答案：正确

2. 利用 DataFrame 的 to_csv() 方法可以将数据写到一个以逗号分隔的文件中。(　　)

答案：正确

3. read_csv() 和 read_table() 是最常用的将表格型数据读取为 DataFrame 对象的函数。(　　)

答案：正确

## 14.7 Matplotlib 样式

matplotlib.pyplot.style.avaliable 提供样式美化方法。

1.matplotlib.pyplot.style.avaliable 中包含可美化的样式。(　　)

答案：正确

2. 在 plot() 函数中输入 “.–” 即可画出点线图。(　　)

解释：“o-” 也可以画出点线图，点要比使用 “.-” 画的大。

答案：正确

3. grid() 函数可以用于添加网格背景。(　　)

解释：grid() 函数用于绘制网格，还可以通过 linewidth 参数调整网格宽度。

答案：正确

## 14.8 Matplotlib 子图

Matplotlib 可以使用 plt.subplot()、plt.subplots() 或 figure.add_subplot() 函数在一张图中绘制多个统计图。

1. Matplotlib 中绘制子图的方式有（　　）。

A. 通过 plt 的 subplot()

B. 通过 figure 的 add_subplot()

C. 通过 plt 的 subplots()

D. 以上都不可以

答案：ABC

2. subplot() 函数中的三个参数依次代表子图位置、子图总行数、子图总列数。(　　)

解释：顺序应为子图总行数、子图总列数、子图位置。子图的位置是按照行优先来计算的。假设调用 subplot(2, 2, 1)，说明子图分成 2 行 2 列，一共四个位置，其位置编号如图 14–1 所示。这个子图位于编号为 1 的位置，即左上角，如果以 subplot(2, 2, 4) 调用，则该子图位于右下角。

| 1 | 2 |
| --- | --- |
| 3 | 4 |

图 14–1　子图的位置编号

答案：错误

3. 希望第一行显示两张图，第二行显示一张图，三张图的设定参数应为（　　）。

A. 221，222，212

B. 222，222，221

C. 211，212，222

D. 222，222，222

解释：参数中的三个数字依次为子图总行数、子图总列数、子图位置，所以 221 和 222 表示第一行的两张图，212 表示第二行的一张图。

答案：A